市政行业职业技能培训教材

污水化验监测工

建设部人事教育司组织编写

U0196101

中国建筑工业出版社

图书在版编目(CIP)数据

污水化验监测工/建设部人事教育司组织编写.
—北京：中国建筑工业出版社，2004（2023.7重印）
市政行业职业技能培训教材
ISBN 978-7-112-06881-4

Ⅰ.污… Ⅱ.建… Ⅲ.污水分析-技术培训
-教材 Ⅳ.X703

中国版本图书馆 CIP 数据核字(2004)第 112314 号

市政行业职业技能培训教材
污水化验监测工
建设部人事教育司组织编写

*

中国建筑工业出版社出版、发行（北京西郊百万庄）
各地新华书店、建筑书店经销
建工社（河北）印刷有限公司印刷

*

开本：850×1168毫米 1/32 印张：9¾ 字数：260千字
2005年1月第一版 2023年7月第十二次印刷
定价：**25.00**元
ISBN 978-7-112-06881-4
(20921)

本书内容包括：污水监测与处理基本知识、化学基础知识、水质监测实验室基础知识、溶液的配制与标定、常规水质分析方法基本操作、分析化学理论知识、有机化学基础知识、水微生物学、仪器分析、误差与数据处理、质量保证与实验室管理、安全常识及工作要求。

* * *

责任编辑：田启铭　姚荣华　胡明安
责任设计：孙　梅
责任校对：刘　梅　张　虹

出 版 说 明

为深入贯彻《建设部关于贯彻<中共中央、国务院关于进一步加强人才工作的决定>的意见》，落实建设部、劳动和社会保障部《关于建设行业生产操作人员实行职业资格证书制度的有关问题的通知》（建人教［2002］73号）精神，加快提高建设行业生产操作人员素质，培养造就一支高素质的技能人才队伍，根据建设部颁发的市政行业《职业技能标准》、《职业技能岗位鉴定规范》，建设部人事教育司委托中国市政工程协会组织编写了本套"市政行业职业技能培训教材"。

本套教材包括沥青工、下水道工、污泥处理工、污水处理工、污水化验监测工、沥青混凝土摊铺机操作工、泵站操作工、筑路工、道路养护工、下水道养护工等10个职业（工种），并附有相应的培训计划大纲与之配套。各职业（工种）培训教材将初、中、高级培训内容合并为一本，其培训要求在培训计划大纲中具体体现。全套教材共计10本。

本套教材注重结合市政行业实际，体现市政行业企业用工特点，理论以够用为度，重点突出操作技能训练和安全生产要求，注重实用与实效，力求文字深入浅出，通俗易懂，图文并茂。本套教材符合现行规范、标准、工艺和新技术推广要求，是市政行业生产操作人员进行职业技能培训的必备教材。

本套教材经市政行业职业技能培训教材编审委员会审定，由

4

中国建筑工业出版社出版。

　　本套教材作为全国建设职业技能培训教学用书，可供高、中等职业院校实践教学使用。在使用过程中如有问题和建议，请及时函告我们，以便使本套教材日臻完善。

建设部人事教育司

2004 年 10 月

前　言

为了适应建设行业污水化验监测工职业技能岗位培训和职业技能岗位鉴定的需要，我们编写了《污水化验监测工》培训教材。

本教材根据建设部颁发的污水化验监测工《职业技能岗位标准》、《职业技能岗位鉴定规范》要求编写而成。

本教材的主要特点是：整个工种只有一本书，不再分为初级工、中级工和高级工三本书，内容上基本覆盖了"岗位鉴定规范"对初级工、中级工、高级工的知识要求。本教材主要包括水质监测概述、化学基础知识、水质监测实验室基础知识、水质分析方法基本操作、分析化学、有机化学、水微生物学、仪器分析、误差与数据处理、质量保证与实验室管理及实验室安全常识等方面的知识，内容全面。本教材注重突出职业技能教材的实用性，对基本知识、专业知识和相关知识有适当的比重，尽量做到简明扼要。由于全国地区差异、行业差异较大，使用本教材时可以根据本地区、本行业、本单位的具体情况，适当增加一些必要的内容。

本教材的编写得到了建设部人事教育司、中国建筑工业出版社、中国市政工程协会教育专业委员会和北京市市政工程总公司人事部的大力支持，在编写过程中参照了国家有关标准、规范。由于编者水平有限，书中可能存在若干不足之处，希望读者在使用过程中提出宝贵意见，以便不断改进完善。

编　者

目　　录

一、污水监测与处理基础知识

（一）水质和水体污染

随着工农业生产的发展，人们对水的需求量日益增加，同时也使废水排放量增加。这些废水的排放使某些有害物质进入水体，引起水体发生物理和化学上的变化，使水体受到污染。目前，我国的水污染问题非常严峻，因此必须全面开展水污染监测和治理工作，解决水体污染问题。

1. 水体污染的来源

根据污染物产生的主要来源，水体污染可分为自然污染和人为污染。自然污染主要是自然原因所造成的，如特殊地质条件使某些地区的某种化学元素大量富集、降雨淋洗大气和地面后夹带各种物质流入水体、海水倒灌使河水的矿化度增加等等。人为污染是人类生活和生产活动中产生的废水对水的污染，它包括生活污水、工业废水、医院污水及餐饮服务业用水等。人为污染是水体污染的主要污染源。

2. 工业废水、生活污水的定义

工业废水是指在工业生产中排出的废水，是对水体产生污染的最主要的污染源。工业废水的主要来源是各种生产车间和矿场。由于各种工厂的生产类别、工艺过程、使用的原材料及用水性质不同，工业废水的成分千差万别，变化很大。

生活污水是指人们日常生活中用过的水，包括从厕所、浴室、厨房、洗衣房等处排出的水。它来自住宅、公共场所、机关、学校、医院、商场以及工厂的生活间。其成分复杂，杂质种类繁多。悬浮杂质有泥沙、矿物废料和各种有机物；胶体和高分子物质有淀粉、糖类、纤维素、脂肪、蛋白质、油类、洗涤剂等；溶解物质有含氮化合物、硫酸盐、磷酸盐、氯化物、有机物的分解物等；另外还有病原微生物，如寄生虫卵和肠道传染病菌等。

生活污水水质比较稳定，一般不含有毒物质，但含有机物较多、卫生情况较差；工业废水往往含有多种有害成分。无论是工业废水还是生活污水，都会对人类健康、工农业生产和自然环境造成危害。危害的程度取决于污染物的性质和浓度。

3. 水体污染的分类

水体污染一般可分为物理性污染、化学性污染和生物性污染。

(1) 物理性污染

指引起水体的色度、浊度、悬浮性固体、水温和放射性等指标明显变化的物理因素造成的污染。

1) 悬浮固体

悬浮固体是指水中含有的不溶性物质，它们是由生活污水、垃圾和一些工农业生产活动如采矿、采石、建筑、食品、造纸等产生的废物泄入水中或农田的水土流失所引起的。悬浮物质影响水质外观，使水体浑浊，妨碍水中植物的光合作用，减少氧气的溶入，对水生生物不利，而且会在水底形成污泥层，危害底栖生物的繁殖，影响渔业生产。如果悬浮颗粒上吸附一些有毒、有害的物质，则危害更大。

2) 热污染

热污染来自热电厂、原子能发电站及各种工业过程中的冷却水，若不采取措施，直接排入水体，水温的升高不仅可能直接杀死某些生物，还会使溶解氧含量降低，水中存在的某些有毒物质的毒性增加，危害鱼类及水生生物的生长。所以水温也是污水监测的常规项目之一。

3) 放射性物质

放射性污染来自于原子能工业、放射性矿藏的开采、核爆炸的试验、核电站的建立以及同位素在医药、工业、研究等领域中的应用，其中对人体健康有重要意义的放射性物质有锶 – 90（^{90}Sr）、铯 – 137（^{137}Cs）、碘 – 131（^{131}I）等。放射性污染对环境的影响很大，对人体的危害更为严重。

4）色度、浊度

植物的根、叶及其腐植质进入水体会造成水体的色度和浊度急剧增大。

（2）化学性污染

化学性污染是指排入水体的碱、酸、无机和有机化合物造成的水体污染。

1）无机酸、碱及盐类

酸污染主要来自矿山排水和工业废水。矿山排水中的酸主要是含硫矿物经空气氧化与水作用而形成。含酸多的工业废水有酸洗、粘胶纤维生产及酸法造纸等。碱污染主要来自碱法造纸、化学纤维生产、制碱、制革、炼油等工业废水。酸碱污染使水体的pH值发生变化，抑制或杀灭细菌和其他微生物的生长，妨碍水体自净，还会腐蚀排水管道及污水处理构筑物。有些工业废水（如矿山排水）中常含有不少无机盐类。无机盐类含量过高会造成管道及构筑物的腐蚀，使污水下渗，污染地下水。

2）无机有毒物质

污水中的无机有毒物质主要是重金属及其化合物等有潜在长期影响的有毒物质，这类物质不易被生物降解，而某些金属离子及其化合物还能被生物吸收并通过食物链富集，进而影响人体健康，其中汞、镉、铅等危害性较大。其他还有氰化物、砷（特别是三价）、铬（六价）等。

水中的汞来源于汞极电解食盐厂、汞制剂农药厂、用汞仪表厂等的废水。有机汞的毒性高于无机汞，中毒后会引起神经损害、瘫痪、精神错乱等症状。

水中的镉来源于金属矿山、冶炼厂、电镀厂、某些电池厂、特种有机玻璃制造厂和化工厂的废水。镉有很高的潜在毒性，在人体内累积会引起贫血、肾脏疾病、骨质疏松。

铅主要来源于冶炼厂、电池厂、油漆厂等的废水。铅能毒害神经系统和造血系统，引起精神迟钝、贫血等。

氰化物的毒性很大，水中的 CN^- 遇酸会生成毒性更大的挥发性 HCN。氰化物主要来源于电镀、煤气、冶金等工业的废水。氰化物中毒会导致呼吸困难，全身细胞缺氧而窒息死亡。

砷在冶金、玻璃陶瓷、制革、染料和杀虫剂行业的废水中广泛存在，砷中毒会引起细胞代谢紊乱、肾衰退、胃肠道失常等。

铬来源于电镀、冶炼、制革、颜料等行业的废水。铬中毒会引起皮肤溃疡、贫血、肾炎等。

3）有机有毒物质

有机有毒物质种类很多，主要是各种有机农药、多环芳烃、酚类等。这些物质来自农田排水和有关的工业废水，如塑料、油漆、炼焦等行业。它们之中有些是化学性质很稳定的，如有机氯农药和多氯联苯等都是人工合成的物质，极难被生物所分解。有些有机物质如稠环芳烃和芳香胺等还有致癌作用。

4）需氧污染物质

生活污水、牲畜污水和某些工业废水（食品、造纸等行业）中所含的碳水化合物、蛋白质、脂肪等有机物质可在微生物的生物化学作用下进行分解，在其分解过程中需要消耗氧气，故称之为需氧污染物质。如果这类污染物质排入水体过多，将会大量消耗水中的溶解氧，造成溶解氧缺乏，从而影响水中鱼类和其他水生生物的生长。水中溶解氧降到 4mg/L 以下时，鱼类就难以生存。水中的溶解氧耗尽后，有机物将进行厌氧分解而产生出大量硫化氢、氨、硫醇等难闻气体，使水质进一步恶化。需氧污染物质是水中最常见的一种污染物质。监测项目如溶解氧、生化需氧量、化学需氧量等。

5）植物营养物质

生活污水及某些工业废水中经常含有一定量的磷、氮等植物营养物质。施用磷肥和氮肥的农田排水中也会有残留的磷和氮。

合成洗涤剂的大量使用，使含洗涤剂的污水中也含有不少磷。水体中含磷、氮的量较高时，会使藻类等浮游生物及水生植物大量繁殖，这种情况称为"富营养化"，严重者更有可能形成"赤潮"。所谓赤潮，是指水中浮游生物爆发性增殖而形成的一种变色现象，水体颜色可因浮游生物（特别是藻类）种类不同而呈红、黄、绿、褐或黑色。大量藻类的增殖使鱼类生活的空间减少，且其中的不少藻类不适于作鱼类食料，有些还有毒性。藻类死亡腐败后又分解出大量营养物质，促使藻类进一步发展。如此的恶性循环使水体通气不良，溶解氧下降，水质恶化，鱼虾贝类及养殖生物大量死亡。

6）油类污染物质

随着石油事业发展，油类物质对水体的污染已日益增多。水中的矿物油类主要来源于工业废水，如：炼油和石油化工工业、海底石油开采、油轮压舱以及大气石油烃的沉降等都可使水体遭到严重的油污染，尤其是海洋，受油污染最严重。而生活污水中含有大量的动植物油，主要来源于厨房。

（3）生物性污染

未经处理的生活污水、医院污水等排入水体，引入某些病原菌造成污染。

生活污水，特别是医院污水，和某些工业废水往往含有一些病原微生物。例如某些原来存在于人畜肠道中的病原微生物，如伤寒、霍乱、细菌性痢疾等都可通过人畜粪便的污染而随污水流动四处传播。常见污染水体的病毒菌有肠道病毒、腺病毒和肝炎病毒等。某些寄生虫病如阿米巴痢疾、血吸虫病等以及钩端螺旋体引起的钩端螺旋体病等，也都可通过污水传染。

一定量的污染物进入水体后，经大量水的稀释作用和一系列复杂的物理、化学和生物作用，使污染物的浓度大幅度降低，并在水体的"自净作用"中水质得到改善。但当污染物累积排入，浓度超过水体的受纳容量，水体的"自净功能"衰退或丧失，就会造成水质急剧恶化。

（二）城市污水处理与监测

1. 污水处理

污水处理指用一定的方法把污水中所含的污染物分离出来，或将其转化为无害物质，从而使污水得到净化。

污水中的污染物是多种多样的，往往需要通过几种方法组成的处理系统，才能达到水质要求。

根据处理的程度，污水处理一般分为三个级别：一级处理应用物理处理方法，即用格栅、沉淀池等构筑物，去除污水中不溶解的污染物和寄生虫卵；二级处理应用生物处理方法，即主要通过微生物的代谢作用，将污水中各种复杂的有机物氧化降解为简单的物质；三级处理是用化学反应法、离子交换法、反渗透法、臭氧氧化法、活性炭吸附法等除去磷、氮、盐类和难降解有机物以及用氯化法消毒等的一种或几种方法组成的污水处理工艺。

发达国家的污水处理一般以一级处理为预处理，二级处理为主体，三级处理正在兴起，而且污水处理正向着普及化、大型化和深度化发展，使污水处理厂不仅能处理污水，而且能将污水中的有机物变成能源。如 1985 年投入运行的洛杉矶污水处理厂，每天可以处理 1 亿加仑（37.85 万 m^3）的污泥，然后再将这些污泥加工成燃料；同时，污泥消化还能产生大量甲烷气（沼气），可作火力发电燃料，变废为宝。

下面分别介绍各级污水处理的基本原理。

（1）一级处理

一级处理只去除污水中呈悬浮状态的污染物，用物理法处理即能达到此目的。物理法主要是利用物理作用分离污水中呈悬浮状态的污染杂质，在处理过程中，不改变其化学性质。常用的处理构筑物是格栅、沉砂池和沉淀池。格栅截留污水中的粗大的固形物，沉砂池去除颗粒密度较大的无机物，沉淀池去除颗粒密度比较小的物质。

物理法处理污水水质的主要指标及效果见表 1-1 所示。

物理法处理污水水质的主要指标及效果　　　　表 1-1

主　要　指　标	处 理 效 果（%）
悬浮物（SS）	50～55
蛔虫卵	70～85
五日生化需氧量（BOD$_5$）	25～30

（2）二级处理

二级处理主要任务是较彻底地去除污水中的悬浮物、胶体物和可溶性有机物。生物处理法是最常用的较经济有效的二级处理方法。

生物处理法有多种形式，一般采用生物过滤法和活性污泥法。生物过滤是使污水通过滤料，并利用聚集在滤料表面上的微生物薄膜来吸附和氧化污水中的有机物。用这种方法的构筑物称生物滤池。生物滤池适用于小量污水处理。

活性污泥法利用活性污泥来处理污水。其处理构筑物称曝气池。向曝气池中不断鼓入空气，经一定时间，水中形成繁殖有大量好氧微生物的活性污泥。活性污泥是一种含水率极高（一般在99%以上）处于疏松绒絮状态的污泥，其中繁殖着大量的微生物，微生物的种类随所处理污水的性质不同而异。活性污泥中的微生物具有吸附和氧化污水中有机物的能力。向池中通入空气，保证水中有足够的溶解氧，使污泥能够和污水充分接触，吸附和氧化有机物，从而使污水得到净化。

污水经过生化处理后，有机物变成了污泥，还需进行沉淀，把污泥分离出来，此处理构筑物称为二次沉淀池。

为了消灭污水中的病原体，经过处理的污水，还需进行消毒。一般采用氯消毒。

生化法处理污水水质的主要指标及处理效果见表 1-2 所示。

生化法处理污水水质的主要指标及处理效果　表 1-2

主　要　指　标	处 理 效 果（%）
悬浮物（SS）	70 ~ 90
五日生化需氧量（BOD_5）	70 ~ 95

(3) 三级处理

三级处理的目的是进一步去除二级处理所未能去除的污染物。包括微生物、未能降解的有机物和二级处理来不及降解的氮、磷等导致水体富营养化的可溶性物质。三级处理所使用的方法有生物脱氮法、混凝除磷法或生物除磷法、过滤法、活性碳吸附法、离子交换法等等。通过三级处理 BOD_5 可降到 8mg/L 以下，氮和磷能大部分去除。目前应用较多的 A/O 生物脱氮系统接近于三级处理，但没有达到三级处理的全部要求，有人称它为二级半处理。

有时三级处理后的污水还达不到回用标准，或环境有特殊要求，则需作比三级处理更进一步的处理。例如：用反渗透、电渗析方法作除盐处理，这些为满足高水质要求而采用的处理工艺，称深度处理。

(4) 污泥处理

污泥是污水处理的副产品，污泥中富集了各种有机物、微生物和寄生虫卵等。二级污水处理厂的污泥主要有初沉污泥和剩余生物污泥两种。沉淀池排出的污泥含有大量的水分，其化学成分有碳、氢、氧、氮、磷、钾等元素，在适当处理后，可以利用，污泥处理的目的是为了更有效的利用污泥，并消除它对环境的影响。

处理城市污泥常用的构筑物是消化池。消化后的污泥是肥效极高的有机肥料，肥分容易被农作物吸收，污泥容易脱水，卫生情况改善。消化过程中产生的气体，绝大部分是热值很高的甲烷气，可直接燃烧或作燃料用，还可做其他综合利用。

污泥消化的过程，就是在厌氧条件下微生物对污泥中有机物进行分解的过程。消化后的污泥约有 40% ~ 50% 的有机物得到分解，剩下的是比较稳定的有机物，不再腐化发臭。

2. 城市污水监测

随着水资源的短缺和水污染的加剧，人们普遍重视了水资源的保护、水污染的防治和污水的再利用工作，而污水水质监测正是确定污水处理方案、选择合理的水处理方法和流程、监测水质污染和治理工作的正常运行的重要手段。

(1) 污水监测的目的

污水监测的目的是及时、准确、全面地反映水质现状及发展趋势，为水质管理、规划、污染防治提供科学依据，具体归纳为：

1) 检查各污染源水质是否符合排放标准。

城市污水汇入排水管道，进入污水处理厂，经处理后污水排入水体或用于农田灌溉。排入排水管道的污水必须符合《污水排入城市下水道水质标准》（CJ 3082—1999），并应做到：不阻塞管道；不腐蚀管道；不影响污水处理厂正常运行；不伤害养护工作人员；不排入易爆、易燃物质和有害气体；含有放射性物质和病原体的工业废水和医院污水，必须严格处理、消毒，并按《辐射防护规定》（GB 8703—88）执行。排入其他水体的污水要符合相应水体的水质标准的要求。

2) 对生产过程、生活设施及其他排放源排放的各类废水进行监测，为实现监督管理，控制污染提供依据。

3) 对水污染事故进行应急检测，为分析判断事故原因、危害及采取对策提供依据。

4) 为城市排水设施包括管线位置及管径、污水泵站及污水处理厂的建设、规划和设计提供科学数据。

5) 为国家政府部门制定法规、标准，开展水质管理工作提供有关数据和资料。

(2) 污水监测与调查的类型

1) 排污口监测与调查

进入水域（河流、湖泊、水库等）的排污口数量、排污水量、污染物浓度等都直接影响着水域水质。排污口的监测与调查是水域水质监测的重要内容，下面仅就入河排污口的监测与调查加以介绍。

开展入河排污口监测前应进行必要的现场勘查和社会调查，以确定入河排污口的数量、分布、污水的流向、排放方式和排放规律以及排污单位。根据污水性质和来源，将入河排污口排出的污、废水分为以下类型：

（A）工业废水。

（B）生活污水。

（C）医院污水。

（D）工业废水和生活污水合流的混合污水。

（E）城市污水处理厂出水。

2）污染源监测与调查

引起水体污染的污染源包括工业污染源、城镇生活污染源和农业污染源。

对一个区域内直接污染河道或其他水域的污染源，应通过资料搜集、访问、现场勘查和实地监测等形式进行调查，并将调查到的资料，进行统计整理、绘制图表、整编、建档案。为掌握污染源的变化情况，污染源调查应定期进行，新增与扩建的污染源应及时调查掌握。

（A）工业污染源调查的内容

a. 企业名称、厂址、企业性质、生产规模、产品、产量、生产水平等。

b. 工艺流程、工艺原理、工艺水平、能源和原材料种类及消耗量。

c. 供水类型、水源、供水量、水的重复利用率。

d. 生产布局、污水排放系统和排放规律、主要污染物种类排放浓度和排放量、排污口位置和控制方式，以及污水处理工艺及设施运行状况。

（B）城镇生活污染源调查的内容

a.城镇人口、居民区布局和用水量。

b.医院分布和医疗用水量。

c.城市污水处理厂设施、日处理能力及运行状况。

d.城市排水管网分布状况。

e.生活垃圾处置状况。

（C）农业污染源调查的内容

a.农药的品种、品名、有效成分、含量、使用方法、使用量和使用年限及农作物的品种等。

b.化肥的使用品种、数量和方式。

c.其他农业废弃物。

3）水污染事故调查

大量高浓度污水排入水体，有毒物质大量泄漏或翻沉进入水体，以及其他易出现或突发性出现水质恶化的事件，都属于水污染事故。水污染事故发生后，应及时地进行调查。对重大水污染事故，应有书面调查报告。水污染事故调查有以下内容：

（A）一般水污染事故，应调查发生的时间、水域、污染物数量、人员受害和经济损失情况等。

（B）重大水污染事故，应调查事故发生的原因、过程、采取的应急措施、处理结果、事故直接和潜在或间接的危害、社会影响、遗留问题和防范措施等。

4）水污染动态监测

动态监测是在常规水质监测的基础上，根据各河道污染的主要水质指标，分河段按不同水情和污染状况，采取不同的监测频次，对河道水污染进行跟踪性或监视性监测，以确定污染的影响范围与程度。

动态监测可采取河段（闸坝）定点监测和干支流河道、上下游间追踪监测相结合；河道水量、水质同步监测和入河排污口水量、水质同步监测相结合；现场测定和实验室测定相结合等监测方式。

动态监测的任务是及时掌握河道水量水质变化，对大量高浓度污、废水的排入以及积蓄和下泄，有毒物质大量泄漏或翻沉，以及易出现水质恶化或突发性水污染事故提出预警，为当地政府和有关单位制定或采取防治应急措施提供依据。

有下列情况之一，应进行动态监测：

（A）发生人畜饮用水中毒。

（B）水体受到严重污染，河道（湖、库）出现大面积死鱼。

（C）有大量高浓度污、废水入境。

（D）有大量高浓度污水蓄积的水闸运行前后，或在运行中流量有大的改变。

（E）发生污水坝垮坝、有毒物质大量泄漏。

（F）因水质污染使城市生活、生产正常供水受到影响。

水污染动态监测采样点布设的水域：

（A）易发生水质严重恶化，会危及沿岸城市供水安全的河段。

（B）受严重污染的主要河流出、入境处。

（C）受严重污染的主要支流入干流河口处。

（D）有大量污、废水积蓄的闸坝。

（E）其他重要控制河段。

（3）污水监测项目的确定

污水监测项目的确定原则：

1）优先选择国家或地方的水污染物排放标准和水环境质量标准中要求控制的监测项目。

2）选择对人和生物危害大、对环境质量影响范围广的污染物。

3）选择对排水设施产生危害、对下水道养护人员健康产生影响的监测项目。

4）所选监测项目有"标准分析方法"、"全国统一监测分析方法"，具备必要的分析测定的条件，如实验室的设备、药剂以及具备一定操作技能的分析人员。

5）可根据污染源的特征酌情增加选测项目。

6）对于突发性事故或特殊污染，应重点监测进入水体的污染物，并实行连续的跟踪监测，掌握污染的程度及其变化趋势。

遵循上述原则，首先应该选择能从较广方面反映水质的和综合性较强的水质项目，如 pH 值、悬浮固体、生化需氧量和化学需氧量等，其次对于不同类型的污水再根据具体情况有针对性地选择相应的监测项目。

选择监测项目应从以下几方面考虑：

确定监测项目要考虑排水管道、污水处理厂、环境、人体、水体、渔业、农作物、土壤、地下水等多方面的影响因素，针对不同的监测目的，选取有代表性的项目，使监测数据能说明问题，为污水的规划、治理提供参考。

污水泵站、污水处理厂及主要排水干线的污水量较大，它们的水质和水量对环境影响大，所以此类监测点宜作较全面的分析。分析项目有：pH 值、水温、悬浮物、溶解性固体、总固体、氯化物、硫酸盐、生化需氧量、化学需氧量、氨氮、总氮、总磷、挥发酚、氰化物、汞、六价铬、总铬、铜、锌、铅、镉、氟化物、硫化物、阴离子表面活性剂、细菌总数、大肠菌群和蛔虫卵等项目。

随着我国污水处理厂的大规模建设，对污水处理厂处理效果及出水水质的要求也逐渐规范，《城镇污水处理厂污染物排放标准》（GB18918—2002）即规定了二级污水处理厂出水的水质指标、监测频率以及污泥的指标和排放标准等。除了基本控制项目外，在污水处理厂水质方面还增加了许多选择控制项目，如有机磷农药、挥发性卤代烃等。

污水处理厂的污泥，在我国一般用作农肥。因此污泥的分析项目除了污水处理工艺上所需的项目外，还需分析污泥的肥分和有害物质。分析项目有 pH 值、含水率、灰分、氮、磷、钾、蛔虫卵、酚、氰、汞、铜、锌、铅、铬、镉等。

除上述常规的监测外，对于其他类型的水样，要根据水样的来源、监测目的、水样的清洁程度来确定分析项目。

如生活污水测定项目可选择：pH 值、COD、BOD_5、悬浮物、氨氮、油类、总磷、阴离子洗涤剂等。

医院污水测定项目可选择：pH 值、COD、BOD_5、悬浮物、油类、挥发酚、总氮、总磷、汞、砷、粪大肠菌群、细菌总数、氯化物等。

河水的监测，需根据《地表水环境质量标准》中要求的项目进行分析；对于工业废水则应根据行业性质、工厂的原材料、产品以及产生废水的工艺过程，选择适当的分析项目，特别要注意对量大面广和有毒有害物质的测定。当废水用于灌溉时，要测定废水中是否含有有害于农作物的成分及其含量，有时还要测定废水中的肥分。

（4）监测分析方法的选择

1）水质监测分析方法

水质监测常用分析方法有化学分析法、电化学法、原子吸收分光光度法、离子色谱法、气相色谱法、等离子发射光谱（ICP—AES）法等。

（A）化学分析法

化学分析法包括重量分析法、容量滴定分析法和分光光度法。

a. 重量分析法

使水样中的待测组分转化为另一种固定化学组成的沉淀物。通过称量该化合物的质量，计算出待测组分的含量。

重量分析法准确度高，不需要标准试样或基准试剂，直接用天平称量就可以求出分析结果。常用的重量分析法有两种：一种是挥发法，如固体试样中水分含量的测定；另一种是沉淀分析法，用于水中总固体、溶解固体、悬浮物、硫酸盐、油类等的测定。

b. 容量分析法（又称滴定分析法）

滴定分析是用一种已知准确浓度的溶液（标准溶液），滴加到被测水样中，根据反应完全时消耗标准溶液的体积和浓度，计算出被测物质的含量。滴定分析方法简便，测定结果的准确度也高，不需贵重的仪器设备，被广泛采用，是一种重要的分析方法。根据化学反应类型的不同，滴定分析分为酸碱滴定、沉淀滴定、络合滴定和氧化还原滴定四种方法。该种方法主要用于水中酸碱度、氨氮、化学需氧量、生化需氧量、溶解氧、氯化物、硬度的测定。

c. 分光光度法（又称比色法）

分光光度法是利用棱镜或光栅等单色器获得单色光来测定物质对光吸收能力的方法。它的基本依据是物质对不同波长的光具有选择性吸收作用。在污水监测中可用它测量许多污染物，如砷、铬、酚、氰化物、硫化物等。尽管各种新的分析方法不断出现，但分光光度法仍然是水质监测中的主要分析方法。

（B）仪器分析法

仪器分析法是以被测组分的物理或物理化学性质为基础，借助仪器来测定被测组分含量的方法。它包括光学分析法、电化学分析法和色谱分析法等。

a. 原子光谱法：原子光谱法包括原子吸收、原子发射和原子荧光光谱法。

原子吸收光谱法是基于待测组分的基态原子对待测元素的特征谱线的吸收程度来进行定量分析的一种方法。该法能满足微量分析和痕量分析的要求，在水质监测中广泛应用，如镉、铅、锰、铬、铜、锌、铁、镍等的测定。

发射光谱法是根据气态原子受热或电激发时发射出的特征光谱来对元素进行定性和定量分析的一种方法，已用于废水中重金属多元素的同时测定。

原子荧光光谱法是根据被辐射激发的原子返回基态的过程中伴随着发射出来的一种波长相同或不同的特征辐射（即荧光）的发射强度对待测元素进行定量分析的一种方法。测定项目有：砷、汞、锑、硒等。

b. 红外吸收法：红外吸收光谱是以物质对红外区域辐射的吸收为基础的方法。例如，应用该原理已制成了红外测油仪。

c. 电化学分析法：电化学分析方法是利用物质的电化学性质测定其含量的方法。常用方法有：电导分析法、电位分析法、库仑分析法和溶出伏安法。

d. 色谱分析法：色谱分析是一种物理分离分析方法。它根据混合物在互不相溶的两相（固定相与流动相）中吸收能力、分配系数或其他亲和作用的差异作为分离的依据，当待测混合物随流动相移动时，各组分在移动速度上产生差别而得到分离，从而进行定性、定量分析。

色谱分析法包括气相色谱法、液相色谱法和离子色谱法。

气相色谱法具有灵敏度与分离效能高、样品用量少、应用范围广等特点，已成为苯、二甲苯、多氯联苯、有机氯农药、有机磷农药等有机污染物的重要分析方法。

液相色谱法是近代色谱分析新技术，此法效率高、灵敏度高，可用于高沸点、不能汽化、热不稳定的物质的分析，如多环芳烃、苯并芘、农药等。

离子色谱法是离子交换分离、洗提液消除干扰、电导法进行监测的联合分离分析方法。一次进样可同时测定多种物质，如 F^-、Cl^-、Br^-、NO_2^-、NO_3^-、SO_4^{2-} 等。

（C）在线分析法

在水质监测现场安装在线仪器，对污水水质项目实施在线监测。

2）监测分析方法的选择

对于同一个监测项目，可以选择不同的分析方法，但正确选用监测分析方法，是获得准确测试结果的关键所在。需要指出的是，并不是分析仪器越昂贵、越先进，就一定能获得更理想的测试结果。选择水质分析方法的基本原则如下：

（A）为了使分析结果具有可比性，首先选用国家标准分析方法，统一分析方法或行业标准方法，如因某种原因采用新方法时，必须经过方法验证和比对实验，证明新方法与标准方法或统一方法是等效的。在涉及到污染纠纷的仲裁时，必须用国家标准分析方法；

（B）在某些项目的监测中，尚无"标准"和"统一"分析方法时，可采用 ISO、美国 EPA 和日本 JIS 方法体系等其他等效分析方法，但应经过验证，其检出限、准确度和精密度应能达到质控要求；

（C）方法的灵敏度能满足准确定量的要求；

（D）方法的抗干扰能力要强；

（E）要尽可能选择方法稳定、操作简便、易于普及、试剂无毒或毒性较小的方法。

依据上述原则，根据水样的具体情况选择监测分析方法。对于不同污染程度、不同污染物含量的水样选择方法如下：

（A）水样污染程度不同

在测定同一个项目时，污染程度不同的水样，分析方法的选择上也有不同。

如硫酸盐的测定，污染较严重的水样适合采用重量法（即加入 Ba^{2+} 生成 $BaSO_4$ 沉淀），而较清洁的水样可采用间接 EDTA 滴定法。

（B）污染物含量不同

由于分析方法都有各自的检测范围，应根据样品中被测物含量的高低来选择合适的分析方法。对于高浓度的成分，应选择化学分析法，这样可以避免高倍数稀释操作而引起大的误差。对于低浓度的成分，则可根据已有条件采用分光光度法、原子吸收法或其他仪器分析方法。

如氨氮的测定，含量较高的水样，可采用蒸馏滴定法，含量低于 1mg/L 的水样，可采用分光光度法来测定。

一般的水质标准中都包括各个指标的推荐分析方法，可根据水样的类别和实验室的具体条件选择适用的分析方法。

（三）污水排放标准

水质标准是根据各用户的水质要求和废水排放容许浓度，对一些水质指标做出的定量要求。由于用水目的不同，目前有很多不同侧重点的水质标准，这些标准中的水质指标有异同，在控制限上也有差异。因此要针对水的用途或排放途径选择采用相应的水质标准。

1．污水排放标准

排水监测中常用的水质标准有：《污水综合排放标准》（GB 8978—1996）、《污水排入城市下水道水质标准》（CJ 3082—1999）和《城镇污水处理厂污染物排放标准》（GB 18918—2002）。三个标准侧重点各有不同，见表1-3，表1-4。

（1）《污水综合排放标准》

1）制定目的

控制水污染，保护江河、湖泊、运河、渠道、水库和海洋等地面水以及地下水水质的良好状态，保障人体健康，维护生态平衡，促进国民经济和城乡建设的发展。

2）适用范围

适用于现有单位水污染物的排放管理，以及建设项目的环境影响评价、建设项目环境保护设施设计、竣工验收及其投产后的排放管理。

3）标准节选

第一类污染物最高允许排放浓度（mg/L）　　　　表1-3

序　号	污　染　物	最高允许排放浓度
1	总汞	0.05
2	烷基汞	不得检出
3	总镉	0.1
4	总铬	1.5

序　号	污　染　物	最高允许排放浓度
5	六价铬	0.5
6	总砷	0.5
7	总铅	1.0
8	总镍	1.0
9	苯并（a）芘	0.00003
10	总铍	0.005
11	总银	0.5
12	总 α 放射性	1 Bq/L
13	总 β 放射性	10 Bq/L

第二类污染物最高允许排放浓度（mg/L）

（1997 年 12 月 31 日之前建设的单位）　　　表 1-4

序号	污染物	适 用 范 围	一级标准	二级标准	三级标准
1	pH	一切排污单位	6~9	6~9	6~9
2	色度 （稀释倍数）	染料工业	50	180	
		其他排污单位	50	80	
3	悬浮物 （SS）	采矿、选矿、选煤工业	100	300	
		脉金选矿	100	500	
		边远地区砂金选矿	100	800	
		城镇二级污水处理厂	20	30	
		其他排污单位	70	200	400
4	五日生 化需氧量 （BOD$_5$）	甘蔗制糖、苎麻脱胶、湿法纤维板工业	30	100	600
		甜菜制糖、酒精、味精、皮革、化纤浆粕工业	30	150	600
		城镇二级污水处理厂	20	30	
		其他排污单位	30	60	300

序号	污染物	适 用 范 围	一级标准	二级标准	三级标准
5	化学需氧量 （COD）	甜菜制糖、焦化、合成脂肪酸、湿法纤维板、染料、洗毛、有机磷农药工业	100	200	1000
		味精、酒精、医药原料药、生物制药、苎麻脱胶、皮革、化纤浆粕工业	100	300	1000
		石油化工工业（包括石油炼制）	100	150	500
		城镇二级污水处理厂	60	120	
		其他排污单位	100	150	500
6	石油类	一切排污单位	10	10	30
7	动植物油	一切排污单位	20	20	100
8	挥发酚	一切排污单位	0.5	0.5	2.0
9	总氰化合物	电影洗片（铁氰化合物）	0.5	5.0	5.0
		其他排污单位	0.5	0.5	1.0

（2）《污水排入城市下水道水质标准》（见表1-5）

1）制定目的

保护排水设施，保障设施养护工人的健康，保障城镇污水处理厂的正常运行。

2）适用范围

向城市下水道排放污水的单位和个人。

3）标准节选

污水排入城市下水道水质标准　　　　表1-5

序号	项目名称	单位	最高允许浓度	序号	项目名称	单位	最高允许浓度
1	pH 值		6.0~9.0	19	总铅	mg/L	1.0
2	悬浮物	mg/L	150（400）	20	总铜	mg/L	2.0
3	易沉固体	mg/（L·15min）	10	21	总锌	mg/L	5.0

序号	项目名称	单位	最高允许浓度	序号	项目名称	单位	最高允许浓度
4	油脂	mg/L	100	22	总镍	mg/L	1.0
5	矿物油类	mg/L	20.0	23	总锰	mg/L	2.0 (5.0)
6	苯系物	mg/L	2.5	24	总铁	mg/L	10.0
7	氰化物	mg/L	0.5	25	总锑	mg/L	1.0
8	硫化物	mg/L	1.0	26	六价铬	mg/L	0.5
9	挥发性酚	mg/L	1.0	27	总铬	mg/L	1.5
10	温度	℃	35	28	总硒	mg/L	2.0
11	生化需氧量（BOD_5）	mg/L	100 (300)	29	总砷	mg/L	0.5
12	化学需氧量（COD_{Cr}）	mg/L	150 (500)	30	硫酸盐	mg/L	600
13	溶解性固体	mg/L	2 000	31	硝基苯类	mg/L	5.0
14	有机磷	mg/L	0.5	32	阴离子表面活性剂（LAS）	mg/L	10.0 (20.0)
15	苯胺	mg/L	5.0	33	氨氮	mg/L	25.0 (35.0)
16	氟化物	mg/L	20.0	34	磷酸盐（以P计）	mg/L	1.0 (8.0)
17	总汞	mg/L	0.05	35	色度	倍	80
18	总镉	mg/L	0.1				

注：括号内数值适用于有城市污水处理厂的城市下水道系统

（3）《城镇污水处理厂污染物排放标准》

1）制定目的

加强城镇污水处理厂污染物排放控制和污水资源化利用，保障人体健康。

2）适用范围

城镇污水处理厂出水、废气排放和污泥处置（控制）以及居民小区和工业企业内独立的生活污水处理设施污染物的排放管理。

3）标准节选（见表1-6）

水污染物基本控制项目最高允许排放浓度（日均值）（mg/L）

表1-6

序号	基本控制项目		一级标准		二级标准	三级标准
			A标准	B标准		
1	化学需氧量（COD）		50	60	100	120[①]
2	生化需氧量（BOD$_5$）		10	20	30	60[①]
3	悬浮物（SS）		10	20	30	50
4	动植物油		1	3	5	20
5	石油类		1	3	5	15
6	阴离子表面活性剂		0.5	1	2	5
7	总氮（以N计）		15	20		
8	氨氮（以N计）[②]		5（8）	8（15）	25（30）	
9	总磷（以P计）	2005年12月31日前建设的	1	1.5	3	5
		2006年1月1日起建设的	0.5	1	3	5
10	色度（稀释倍数）		30	30	40	50
11	pH		6～9			
12	粪大肠菌群数（个/L）		10^3	10^4	10^4	

注：1. 下列情况下按去除率指标执行：当进水COD大于350mg/L时，去除率应大于60%；BOD$_5$大于160mg/L时，去除率应大于50%。

2. 括号外数值为水温>12℃时的控制指标，括号内数值为水温≤12℃时的控制指标。

2. 常规水质指标的测定意义

水质指标是衡量水中杂质的标度，能具体表示出水中杂质的种类和数量，是水质评价的重要依据。不同的指标，其测定意义不同，下面分别介绍常规污水监测项目的测定意义。

（1）水温

水温是污水处理中的重要指标，曝气池的水温过高活性污泥易老化，过低生物无法生存和繁殖，一般曝气处理，水温适宜范围为 20～30℃。

（2）pH 值

表示污水的酸碱状况。它是水中氢离子浓度的负对数，其范围为 0～14。污水中 pH 值大小对管道、水泵、闸阀和污水处理构筑物有一定的影响。污水中 pH 值的控制要求是 6～9，过低的 pH 值可能产生危险。如污水中的硫化物会在酸性条件下，生成 H_2S 气体，H_2S 浓度高时会使操作工人头痛、流涕、窒息甚至死亡。因此发现 pH 值降低必须加强监测，寻找污染源，采取措施消除其危害。生化处理的 pH 值允许范围是 6～10，过高或过低都可能影响或破坏生物处理。

（3）悬浮固体

该项指标是污水厂最基本的数据之一。测定进水和出水的悬浮固体，可用来反映污水通过初沉池、二沉池处理后，悬浮固体减少的情况，它是反映构筑物沉淀效率的主要依据。

（4）化学需氧量（COD）

化学需氧量是指用化学方法氧化污水中有机物所需要氧化剂的量，以氧的 mg/L 表示。COD 可间接反映水质有机物污染的程度，对污水处理厂的运行有指导意义，城市污水厂进水的 COD 值一般约为 300～800mg/L。

（5）生化需氧量（BOD_5）

是指在有氧条件下，水中的微生物分解有机物时所需要的氧量，以氧的 mg/L 表示。BOD_5 反映污水被有机物污染的程度。

对于污水处理厂来说，该指标的用途为：

1）反映污水受有机物污染程度。城市污水处理厂进水的 BOD_5 一般可达 100～350mg/L。

2）用以表示污水处理厂的处理效果。进、出水 BOD_5 的差除以进水 BOD_5 即为 BOD_5 去除率，是重要的衡量指标。

3）用来计算处理构筑物的运转参数，反映污水处理厂运转的技术经济数据，如去除每千克 BOD_5 耗电量（度），去除每千克 BOD_5 需要的空气量。

4）衡量污水可生化程度。

（6）溶解氧（DO）

指溶解于水中的氧量。它与大气压力、温度等有密切关系。

地表水中的溶解氧，受有机物，水藻的影响很大，当被严重污染后，在缺氧的情况下，有机物发生腐败，使水发臭。

测定溶解氧的意义：

1）溶解氧的测定对水源自净作用的研究很重要，可以帮助了解该水源自净作用进行的速度，反映水体中耗氧与溶解氧的平衡关系。如：$BOD_5 > 10mg/L$ 时，溶解氧为 0，说明该水体严重污染；BOD_5 在 3 ~ 7mg/L 时，说明该水体是一般污染；$BOD_5 < 3mg/L$ 时，溶解氧接近饱和，说明没有被污染。

2）与水生动物的生存有密切关系。在水中 $DO < 4mg/L$ 时，许多鱼类就不能生存，可能发生窒息而死亡。

3）在生化处理过程中观察和控制工艺运转充氧能力，监督运转情况。根据溶解氧值的大小来调节空气供应量，了解曝气池内的耗氧情况以及判断在各种水温条件下，曝气池耗氧速率。在运转中，要求曝气池内的溶解氧在 1mg/L 以上，过低的溶解氧值表明曝气池内缺氧，过高的溶解氧不但浪费能耗，且可能造成污泥松碎、老化。

（7）含氮化合物

含氮化合物指标包括总氮、氨氮、亚硝酸盐氮、硝酸盐氮。总氮包含有机氮和各种无机氮化物。含氮有机物在好氧分解过程中，最终会转化为氨氮、亚硝酸盐氮、硝酸盐氮、水和二氧化碳等无机物。因此测定上述几个指标可反映污水分解过程以及经处理后无机化程度。当二级污水处理厂出水中只有少量亚硝酸盐氮

24

出现时，说明该处理出水尚不稳定，当氧量不足时，它还会还原成氨氮。只有当处理厂出水中含有硝酸盐氮时，说明污水中的有机氮大多数转化为无机物，出水排入自然水体后是较为稳定的。

（8）氯化物

指污水中氯离子的含量。水用于灌溉或养鱼时，氯化物含量过高会造成农作物坏死或鱼类死亡。用于工业冷却水也是不利的。

（9）含磷化合物

磷的化合物是微生物生长的营养物质，水中磷含量过高会造成水体富营养化。天然水中磷的含量较微，但近年来由于大量使用含磷的合成洗涤剂，使生活污水中含磷量显著增加。

（10）重金属

城市污水尤其是工业废水中常含有各种金属有毒物质，如铜、锌、铅、镉、铬、汞等，通常称之为重金属。这些重金属对人体危害很大，经过污水处理后，重金属可能沉积于污泥中，污泥施用于农田，则会对农作物的生长有危害，重金属还会通过食物链进入人体，给人体健康带来很大危害。因此监测这些重金属的含量是非常必要的。

（11）无机有毒物质

主要有氰化物、砷、硫化物等。氰化物、含砷化合物都是剧毒物质，对水生生物及人体都有非常大的危害。

（12）有机有毒物质

包括挥发酚、苯系物、苯胺、有机磷农药、卤代烃、多环芳烃等。这些有机有毒物质很难被生物分解，有些有机物质如稠环芳烃和芳香胺等还被认为是致癌物质。

思 考 题

1. 污水中的污染物分类。

2. 简述污水处理的级别。

3. 什么是水污染动态监测？什么情况下应进行动态监测？

4.污水水质监测的目的是什么？

5.水质监测常用分析方法有哪些？

6.《污水排入城市下水道水质标准》（CJ3082—1999）中的分析项目有几项？分别是什么？

7.简述污水处理厂中 BOD_5 的测定意义。

8.简述溶解氧的测定意义。

二、化学基础知识

(一) 化学基本概念

污水化验监测工的工作就是利用化学知识对污水进行化验监测，因此化学基础知识是污水化验监测工的必修课程。我们在初中已经开始了化学的学习，知道化学是一门研究物质的组成、结构、性质、变化及其应用的自然科学。

了解物质的性质、认识物质之间的转化规律是我们学习化学的主要目的，只有掌握了这些知识，才可以预见和控制物质的变化，从而利用物质的变化制造各种各样的物品。要正确了解物质的变化，首先要学习有关物质结构的初步知识。

1. 分子

人们通过科学实验已经证实，物质都是由许许多多肉眼看不见的微粒构成的。构成物质的微粒有多种，分子是其中的一种微粒。如氧气是由大量的氧分子聚集而成的，水是由大量的水分子聚集而成的，不同物质的分子彼此不同。

构成物质的分子体积和质量都很小，同时还具有一些其他性质：

(1) 分子总是在不断地运动；

(2) 分子相互之间有一定的空隙；

(3) 分子是保持物质化学性质的最小微粒。

分子既然是保持物质化学性质的最小微粒，显然同种物质的分子，化学性质相同；不同种物质的分子，化学性质不同。由分子构成的物质，如果是由同种分子构成的，就是纯净物；由不同种分子混合而成的，则是混合物。通常可利用不同种分子各自的特性，来分离混合物，提取纯净物。

2．原子及相对原子质量

（1）原子

分子是由更小的微粒——原子构成的。原子在化学反应中不能再分为更小的微粒。科学上把这种在化学变化中不能再分的微粒，称之为原子。由于它们在化学变化中不能再分，因此原子是化学变化中的最小微粒。在化学变化中，分子可以分解成原子，原子再重新组合成分子，原子在反应前后并没有改变，所以化学反应实质上是原子重新组合的过程。

原子的体积和质量都非常小，原子也总是在不停地运动。分子和原子都是构成物质的基本微粒。水、酒精、氧气、氧化汞等物质，是由它们各自的分子构成的。而这些分子，则是由原子构成的。分子可由同种原子构成，也可由不同种原子构成，有些物质，则直接由原子构成。例如，金刚石是由许多碳原子构成，金属铁是由许多铁原子构成。

原子虽小，但它还是由更小的微粒所构成。实验证明：任何原子都是由居于原子中心的带正电的原子核和核外带负电的电子构成的。原子核是由质子和中子两种微粒所构成。

每个质子带 1 个单位的正电荷，中子不带电，原子核所带的正电荷总数（通常称核电荷数）就等于核内质子数；每个电子带 1 个单位的负电荷，核外电子所带负电荷总数就等于核外电子数。由于原子核所带电量和核外电子的电量相等，但电性相反，因此原子显电中性。对于任何电中性的原子，其核内质子数、核电荷数、核外电子数都是相等的。

（2）相对原子质量

原子的质量很小，如果以千克为质量单位来表示原子的质量，对于书写、记忆和使用都极不方便。因此国际上以碳—12 原子质量的 1/12（$1.6606 \times 10^{-27} kg$）作为标准，用其他原子的质量跟它相比较所得的数值，就是这种原子的相对原子质量。例如：

碳原子质量的 1/12 是：$\dfrac{1.9927 \times 10^{-26}\text{kg}}{12} = 1.6606 \times 10^{-27}\text{kg}$

氢的相对原子质量是：$\dfrac{1.6736 \times 10^{-27}\text{kg}}{1.6606 \times 10^{-27}\text{kg}} = 1.0078 \approx 1$

氧的相对原子质量是：$\dfrac{2.6561 \times 10^{-26}\text{kg}}{1.6606 \times 10^{-27}\text{kg}} = 15.9948 \approx 16$

钠的相对原子质量是：$\dfrac{3.8176 \times 10^{-26}\text{kg}}{1.6606 \times 10^{-27}\text{kg}} = 22.9893 \approx 23$

由上述计算可知，相对原子质量是一种相对比值。

3. 元素及元素符号

元素是具有相同的核电荷数（即质子数）的同一类原子的总称。

氧元素就是所有核电荷数为 8 的氧原子的总称。氧分子是由氧原子构成的，水分子是由氧原子和氢原子构成的，二氧化碳分子是由氧原子和碳原子构成的，这三种分子中的氧原子都有 8 个质子，因而是同一类原子，即这三种物质中都含有氧元素。氢元素是所有核电荷数为 1 的氢原子的总称，氢气、水中都含有氢元素。铁元素是所有核电荷数为 26 的铁原子的总称，铁矿石、钢铁中都含有铁元素。

现在已知的化合物已超过了 3000 多万种，但组成这些物质的元素并不多，目前发现只有 115 种，这一百余种元素组成了形形色色的各种物质。

有些物质是由同种元素组成的，如氧气由氧元素组成，铁由铁元素组成，这种只由一种元素组成的纯净物叫做单质。有些物质是由不同种元素组成的，如水由氢和氧两种元素组成，碱式碳酸铜由氢、氧、碳和铜四种元素组成，这种由不同种元素组成的纯净物叫做化合物。

在化学上采用不同的符号表示各种元素，这种符号叫元素符号。元素符号的书写有严格的规定，第一个字母必须大写，如有第二个字母必须小写。例如，Mg 表示镁元素，Co 表示钴元素，表 2-1 列出了一些常见元素的名称和元素符号。

常见元素的名称和元素符号

表 2-1

元素名称	元素符号	元素名称	元素符号
氢	H	钠	Na
氮	N	镁	Mg
氧	O	铝	Al
氟	F	钾	K
氖	Ne	钙	Ca
氯	Cl	锰	Mn
氩	Ar	铁	Fe
碳	C	铜	Cu
硅	Si	锌	Zn
磷	P	银	Ag
硫	S	汞	Hg

（二）分子式及相对分子质量

1. 分子式

分子式是用元素符号来表示物质分子组成的式子。在写分子式时必须遵守每种纯净化合物的化学组成都是一定不变的。例如，用 CO_2 来表示二氧化碳的组成，二氧化碳的分子式 CO_2 表示 1 个二氧化碳分子中有 1 个碳原子和 2 个氧原子。

单质分子式的写法：单质是由同种元素组成的。金属单质和固态非金属单质用元素符号来代表它们的分子式。稀有气体由单原子分子构成，用元素符号表示它们的分子式。有些非金属气体单质如氮气、氧气等都是由双原子分子构成的，因而这些单质的分子式分别用 N_2、O_2 表示。右下角的小数字表示这些单质 1 个分子里所含的原子数。

化合物分子式的写法：化合物是由不同种元素组成的。因此首先必须知道此种化合物是由哪几种元素组成的，其次还要知道

30

各组成元素的原子个数之比，才能写出该化合物的分子式。具体写法为先写出组成这种化合物的各元素的元素符号，然后在每种元素的右下角，标明各组成元素的原子个数。由金属元素跟非金属元素组成的化合物的分子式，一般把金属的元素符号写在左方，把非金属的元素符号写在右方。例如，氯化钠的分子式是NaCl 书写氧化物的分子式时，一般把氧的元素符号写在右方。例如，三氧化硫的分子式是 SO_3。

应该注意的是，元素符号右下角的数字、元素前面的数字、分子式前面的数字在意义上是完全不同的。例如：

N_2 表示 1 个氮分子是由 2 个氮原子构成的；

$2N$ 表示 2 个氮原子；

$6N_2$ 表示 6 个氮分子；

NH_3 表示 1 个氨分子是由 1 个氮原子和 3 个氢原子构成的。

化合物名称的读法，应注意各组成元素的先后读出顺序。一般是从右向左读作"某化某"，有些物质还要读出分子式中各元素的原子个数。例如：CuO 读作氧化铜，SO_3 读作三氧化硫。

2. 相对分子质量

分子式中各原子的相对原子质量的总和，叫做相对分子质量。

根据分子式可以进行很多与物质组成有关的化学计算：

（1）计算物质的相对分子质量

例如：氯化钠的分子式是 NaCl

NaCl 的相对分子质量 = 23 + 35.5 = 58.5

（2）计算组成物质的各元素的质量比

例如：二氧化碳的分子式是 CO_2

二氧化碳中碳元素和氧元素的质量比是 12：（16×2）

= 3:8

（3）计算物质中某一元素的质量分数

例如：计算氯酸钾（$KClO_3$）中氧元素的质量分数

$KClO_3$ 的相对分子质量 = 39 + 35.5 + 16×3 = 122.5

氯酸钾中氧的质量分数：

$$\frac{30}{KClO_3} \times 100\% = \frac{16 \times 3}{122.5} \times 100\% = 39.2\%$$

3. 化合价

我们把一种元素一定数目的原子和其他元素一定数目的原子化合的性质，叫做这种元素的化合价。化合价有正价和负价。

在由阴、阳离子通过静电作用构成的物质里，元素化合价的数值，就是这种元素的一个原子得失电子的数目。失电子的原子带正电，元素的化合价是正价；得电子的原子带负电，元素的化合价是负价。

在由原子通过共用电子对构成的物质里，元素化合价的数值，就是这种元素的一个原子和其他元素的原子形成共用电子对的数目。化合价的正负由电子对的偏移来决定，电子对偏向哪种原子，哪种元素就为负价；电子对偏离哪种原子，哪种元素就为正价。如氯化氢中，氢为 + 1 价，氯为 – 1 价。

在化合物里其得失电子总数或共用电子对"偏向""偏离"的数目是相等的，所以，其正负化合价的代数和为零。

由于元素的化合价表明形成化合物时一个原子能和其他原子相结合的数目，因此，在单质分子里，元素的化合价为零。

在化合物里，氢通常显 + 1 价，氧通常显 – 2 价；金属元素通常显正价，但在非金属氧化物（如 CO_2）里，另一非金属元素（C）通常显正价。

许多元素具有可变的化合价，这是由于这些元素的原子在不同条件下得失电子或形成共用电子对的数目不同所致。例如，铁可显 + 2 价、 + 3 价。

（三）化学方程式及其配平

1. 化学方程式及其含义

参加化学反应的各反应物质量的总和等于反应后各生成物质

量的总和，这个规律叫做质量守恒定律。

根据质量守恒定律，采用反应物和生成物的分子式来表示化学反应，这种用分子式来表示化学反应的式子叫做化学方程式。

化学方程式表示某个化学反应，表示参加反应的各反应物和生成物之间的量的关系，其反映了化学反应中"质"和"量"两方面的含义，如：

$$C \quad + \quad O_2 \quad \xrightarrow{点燃} \quad CO_2$$
$$1 \times 12 \qquad 1 \times (16 \times 2) \qquad 1 \times (12 + 16 \times 2)$$

质量比 12∶32∶44

"质"的含义：碳和氧气在点燃的条件下发生化学反应，生成二氧化碳。

"量"的含义：每 12 份质量的碳与 32 份质量的氧气反应，生成 44 份质量的二氧化碳，质量比为 12∶32∶44，每 1 个碳原子与 1 个氧分子反应，生成 1 个二氧化碳分子。

2. 化学方程式的书写

书写原则：（1）以化学反应事实为依据。（2）遵守质量守恒定律，即反应前后原子的种类必须相同，原子的数目必须相等。

书写的主要步骤：

（1）根据实验事实确定反应物和生成物。

把反应物写在左边，生成物写在右边，中间用箭头相连，若反应物或生成物不止一种，则用"＋"号连接。

（2）配平化学方程式。

在各反应物和生成物的分子式前面配上适当的数字，使反应前后每一种元素的原子总数相等，此过程叫化学方程式的配平，配平化学方程式有很多种方法，常用的是奇偶数原子关系配平法。

1）找出配平的关键原子。即原子的个数较多，且在反应式两边是一单一双的原子。例如，对磷在空气中燃烧的反应来说，氧原子个数较多，且在反应式两边是一单一双，所以氧原子是配平的关键。

$$\_\_ P + \_\_ O_2 \longrightarrow \_\_ P_2O_5$$

2）在含单数关键原子的分子式前配数字 2，将单数变成双数。

$$\_\_ P + \_\_ O_2 \longrightarrow 2 P_2O_5$$

3）由已确定的分子式前面的数字推出其他分子式前面的数字。

由 P_2O_5 前面的数字 2 可知，反应式右边的氧原子总数为 10，磷原子总数为 4。所以反应式左边 O_2 前应配 5，P 前应配 4。

$$4 P + 5O_2 \longrightarrow 2 P_2O_5$$

4）检查。确认反应式两边各种元素的原子总数相等。

（3）注明反应条件和某些生成物的状态符号。

如果有气体生成，则在气态物质分子式的右边标出"↑"符号，如果反应在溶液中进行，应在生成的沉淀物分子式右边标出"↓"符号。

3. 根据化学方程式的计算

根据化学方程式中各种物质的质量关系，可计算用一定数量的反应物能制备多少生成物，或制备一定数量的生成物需多少反应物。

在计算时应注意：（1）化学方程式必须配平。（2）有关物质的相对分子质量必须正确。

【例1】 若使 5.8g 氯酸钾完全分解，可以产生多少克氧气？

【解】 设能生成氧气的质量为 x。

写出反应的化学方程式，算出已知物和待求物的相对分子质量，分别写在对应的分子式下面，将已知质量和所求质量写在相应物质的相对分子质量下面。

$$2KClO_3 \xrightarrow{\text{催化剂}} 2KCl + 3O_2\uparrow$$

$$2 \times 122.5 \qquad\qquad 3 \times 32$$

$$5.8g \qquad\qquad\qquad x$$

列比例式，解未知质量

$$\frac{2 \times 122.5}{5.8g} = \frac{3 \times 32}{x}$$

$$x = \frac{5.8g \times 3 \times 32}{2 \times 122.5} = 2.3g$$

答：5.8g氯酸钾完全分解能产生2.3g氧气。

【例2】 标准状况下，氢气的密度是0.09g/L，要充满体积为4L的氢气球，需要多少克锌与足量的稀硫酸反应？

分析：此题需要根据锌和稀硫酸的反应式，及锌和氢气的质量进行计算。首先应将氢气的体积换算成质量。

【解】 氢气的质量：0.09g/L × 4L = 0.36g

设制取0.36g氢气所需锌的质量为 x

$$Zn + H_2SO_4 \longrightarrow ZnSO_4 + H_2 \uparrow$$

$$65 \qquad\qquad\qquad\qquad 2$$

$$x \qquad\qquad\qquad\qquad 0.36g$$

列比例式：　　　　　$\frac{65}{x} = \frac{2}{0.36g}$

得：　　　　　$x = \frac{65 \times 0.36g}{2} = 11.7g$

答：标准状况下制取4L氢气需11.7g锌和稀硫酸反应。

思　考　题

1. 原子是_____中的最小微粒，分子是_____的最小微粒，元素是具有_____的同一类原子的总称。

2. 写出下列元素的元素符号：

铬、铁、镉、钠、氧、硫、碳、氮、锰、氢。

3. 写出下列分子式的名称：

SO_2、P_2O_5、KCl、H_2S、$KClO_3$、$KMnO_4$。

4. 计算二氧化硫的相对分子质量。

5. 配平下列反应的化学方程式：

$$Fe + O_2 \xrightarrow{\text{点燃}} Fe_3O_4$$

$$KClO_3 \xrightarrow{\Delta} KCl + O_2 \uparrow$$

$$Na_2CO_3 + Ca(OH)_2 \longrightarrow CaCO_3 \downarrow + NaOH$$

6. 3.1g磷在氧气中完全燃烧，可生成多少克五氧化二磷？

三、水质监测实验室基础知识

(一) 常用仪器设备

实验室仪器设备一般分为分析仪器和辅助设备，常用的小型分析仪器有分析天平、分光光度计、酸度计等，常用辅助设备包括电热鼓风干燥箱、高温炉、电热恒温水浴锅、生化培养箱、电动离心机等。

1. 常用辅助设备

(1) 电热鼓风干燥箱

又称烘箱，主要用于物品的干燥和干热灭菌，工作温度为 $50 \sim 250℃$。

使用注意事项：

1) 使用前应检查电源，并有良好的地线；

2) 烘箱内的温度一般都在表盘上以数字显示，但为避免数字表盘出现故障影响实验结果，应注意在烘箱顶部小孔内插入温度计，使用前检查温度计温度与表盘显示温度是否一致；

3) 烘箱无防爆装置，切勿将易燃、易爆及挥发性物品放入箱内加热，箱体附近也不要放置易燃、易爆物品；

4) 待烘干的物质应放在玻璃器皿或瓷皿中，不得用纸盛装或垫衬，合理摆放，水分多的放在上层；

5) 保持箱内清洁，避免所干燥物品交叉污染；

6) 烘干洗净的仪器时，应尽量控水后再放入烘箱。

(2) 高温炉

常用的高温炉是马弗炉，最高使用温度一般可达 $1200℃$，常用于有机物灰化、重量分析等工作，如污泥的挥发份和灰份的分析。

使用注意事项：

1）要有专用电闸控制电源；

2）周围禁止存放易燃、易爆物品；

3）灼烧样品时应严格控制升温速度和最高炉温，避免样品飞溅腐蚀污染炉膛；

4）新炉应先在低温下烘烤数小时，以免炸膛；

5）不宜在高温下长期使用以保护炉膛；

6）使用完毕，要待温度降至200℃以下方可打开炉门。

（3）电热恒温水浴锅

用于恒温加热和蒸发等，常用的有2孔、4孔、6孔、8孔，单列式或双列式。工作温度从室温至100℃。

使用方法及注意事项：

1）在水浴锅内加入适量的水，水位绝对不能低于电热管，以免烧坏电热管；

2）将调温旋钮顺时针旋至所需温度位置，打开电源，加热指示灯亮，观察温度计，到达所需温度后，微调调温旋钮，使指示灯恰能亮、灭交替变化，使用时随时注意水浴槽是否有渗漏现象；

3）不要将水溅到控制箱部分，以免发生漏电；

4）较长时间不用时，应将水排净，擦干箱内，以免生锈。

（4）电动离心机

是利用离心沉降原理将沉淀同溶液分开的设备。使用时应注意以下几点：

1）为防止旋转中碰破离心管，离心机的套管底部应垫以棉花；

2）离心管应对称安放，如果只处理一只离心管，则需在对称位置上放置一个盛有等量水的离心管，以保持平衡；

3）启动时应先低速开始，运转平稳后再逐渐过渡到高速，关机后任其自然停止转动，不能用手强制停止转动；

4）如果离心管打碎在套管中，应立即取出碎玻璃，清洗套管，以免腐蚀。

（5）生化培养箱

在污水监测中，生化培养箱主要用于 BOD_5 的培养，是一种专用恒温设备。使用方法及注意事项：

1）利用底部调节螺丝使箱体安置平稳；

2）接通电源（电源应有良好接地），打开"电源"开关，此时数字显示的是箱内的实际温度；

3）温度调节：按下温度设定按钮，数字显示即为设定值，旋转温度调节钮至所需温度值，松开按钮，即已设定好控制温度，此时，如设定值大于培养箱内的实际温度，加热指示灯亮，加热器接通电源加热；如培养箱内温度大于设定值，制冷指示灯亮，制冷器工作；如加热指示灯和制冷指示灯均暗，则培养箱处于恒温状态；

4）箱内不需照明时，应将面板上的照明开关置于"关"的位置，以免影响上层温度；

5）温度调节好后，不能再把控温旋钮来回旋转，以免压缩机启动频繁，影响压缩机寿命；

6）培养箱应安装在避光、阴凉的地方，设备与墙必须有 10cm 以上距离，箱体外壳应可靠接地。

（6）电热套

电热套是用玻璃纤维丝与电热丝编织成的半圆形内套，外边加上金属外壳，中间填上保温材料，根据内套直径的大小分为 50mL、100mL、150mL、200mL、250mL 等规格，最大可到 3000mL。此设备不用明火加热，使用较安全。由于它的结构是半圆形的，在加热时，烧瓶处于热气流中，因此，加热效率较高。

使用时应注意，不要将药品洒在电热套中，以免加热时药品挥发污染环境，同时避免电热丝被腐蚀而断开。用完后放在干燥处，否则内部吸潮后会降低绝缘性能。

（7）搅拌器

一般用于搅拌液体反应物，搅拌器分为电动搅拌器和电磁搅拌器两种，水质分析中常用的是电磁搅拌器。

电磁搅拌器由电机带动磁体旋转，磁体又带动反应器中的磁子旋转，从而达到搅拌的目的。电磁搅拌器一般都带有温度和速度控制旋转钮，使用后应将旋钮回零，使用时应注意防潮防腐。

(8) 旋转蒸发器

旋转蒸发器可用来回收、蒸发有机溶剂，达到浓缩萃取液的目的。它利用一台电机带动可旋转的蒸发器（一般用圆底烧瓶）、冷凝管、接收瓶。此装置可在常压或减压下使用。由于蒸发器在不断旋转，可不加沸石而不会暴沸。同时，液体附于壁上形成了一层液膜，加大了蒸发面积，使蒸发速度加快。

使用时应注意：

1) 减压蒸馏时，当温度高、真空度低时，瓶内液体可能会暴沸。此时，及时转动插管开关，通入冷空气降低真空度即可。对于不同的试剂，应找出合适的温度与真空度，以平稳地进行蒸馏；

2) 停止蒸发时，先停止加热，再切断电源，最后停止抽真空。若烧瓶取不下来，可趁热用木槌轻轻敲打，以便取下。

2. 常用分析仪器

(1) 天平

在水质化验分析中经常遇到要准确称量一些物质的问题。而称量的准确性将直接影响化验结果的准确性和精密度。因此化验人员要熟悉和掌握有关天平的使用和保养等一些基本知识。

1) 天平的分类

天平的分类方法很多，按其结构特点可分为机械天平和电子天平。

2) 机械天平的使用和维护

(A) 天平的使用和维护

a. 称量前的检查

天平在使用前应进行以下检查：天平是否水平、天平称盘是否清洁、砝码是否齐全、机械加码指数盘是否在"000"的位置。

b. 零点测定

接通电源，旋开升降旋钮，投影屏上可以看到移动的标尺投影。待稳定后，标尺的"0"应与屏幕上的刻线重合，使零点为"0.0"，如两者不重合，可用调屏杆调节光屏左右位置，使两线重合，如果偏差较大，不易调整，可用天平梁上的平衡砣调节之。

c. 称量

① 直接法 将被称量物品放在天平左盘上，在天平右盘上加砝码至天平平衡。由于称量前已将天平的零点调在"0"处，则所有的砝码量即为所称物品的质量。

② 减量法 先将被称量物用台式天平粗称其质量，然后放在调好零点的分析天平左盘上，把比粗称略重的砝码放在右盘上，缓慢启动升降旋钮，观察光屏上的标尺移动方向。如果标尺向负方向移动，表示砝码略重，应关闭升降旋钮，适当减去砝码或圈码；如果标尺向正方向移动，并出了标盘端线，则表示砝码比物品轻，此时应关闭升降旋钮，加上适当的砝码或圈码。如此重复操作，直至读出被称物品的准确读数。

称量完毕，记下物品的质量，关闭升降旋钮，取出物品，关好天平门，将圈码指数盘恢复至"000"位置，切断电源。

（B）天平在使用时应注意的问题

a. 天平应安放在固定的水泥台上，以免振动，天平室应不受阳光照射，并防止腐蚀性气体侵蚀。

b. 天平箱内应保持清洁、干燥，并应定期检查和更换干燥剂（变色硅胶）。

c. 称量前应检查天平是否处于正常状态，开启或关闭天平应缓慢转动升降旋钮，以防损坏刀口。

d. 被称量的物品，一定要放在适当的容器内（如称量瓶、烧杯等），一般不得直接放在天平盘上进行称量；不可称量热的物品。称量潮湿或有腐蚀性的物品时，应放在密闭的容器中进行。

e. 取放砝码或称量物品时应使用侧门，开关侧门时动作要轻缓，以免天平发生位移，放好称量物或砝码后应立即关闭侧门，以减少灰尘和潮气的侵入。

f. 绝不可使天平的称量超过其最大称量限度，以免损坏天平。

g. 每次取、送称量物或加减砝码、圈码时，一定要先关升降旋钮，待天平稳定后再进行操作。绝对禁止在天平摆动过程中取送物品，或加减砝码、圈码。

h. 为了确保称量的准确性，每台天平只能使用固定配套的砝码，不能随意借用其他天平的砝码。

i. 使用砝码时，只能用镊子夹取，严禁用手拿取。

j. 砝码只可放在砝码盒中或天平盘中，不可放在其他地方；砝码用毕必须放回盒中原来固定位置，严禁乱丢乱放。

k. 对于同一试样分析，其样品的称量应使用同一台天平和同一盒砝码，以减少称量的系统误差。

l. 称量完毕，必须关闭升降旋钮，将砝码放回盒内原位置，圈码复原，关好侧门，切断电源，套上天平罩，并记录好天平使用情况。

m. 要保持天平的清洁，定期清除各部位灰尘；玛瑙刀口和刀承可用绸布蘸无水乙醇擦拭，其他部位用软毛巾或鹿皮轻轻拂拭。

n. 天平有故障时应请有经验的专业人员检查、修理，不准随意拆卸乱动。

3）电子天平的使用及维护

电子天平是天平中最新发展的一种。目前大多数水质监测实验室均使用电子天平。电子天平具有操作简单、智能化等优越性。市场上电子天平种类很多，不同厂家生产的电子天平结构和使用方法略有不同。

（A）电子天平的使用

电子天平的型号很多，不同型号的电子天平操作步骤有很大差异，因此，要按仪器使用说明书的操作程序使用天平，在此，仅介绍电子天平通用的使用方法。

a. 开机

天平接通电源，预热至指示时间。按动"ON"键，显示器亮，并显示仪器状态。

b. 校准天平

天平校准前应把所有物品从称盘中取走，关闭所有挡风窗，按仪器使用说明书将天平调至校准模式，按"CAL"天平校准键，校准天平，使天平准确无误。

c. 称量

① 直接称量：按"TAR"键，显示器显示零后，置被称物于称盘，待数字稳定后，该数字即为被称物的质量。

② 去皮重：置被称容器于称盘上，天平显示容器质量，按"TAR"键，显示零，即去皮重，再置被称物于容器，这时显示的是被称物的净重。

d. 关天平

轻按"OFF"键，显示器熄灭。

（B）电子天平的维护

a. 天平应置于稳定的工作台上，避免振动、阳光照射、气流和腐蚀性气体侵蚀。

b. 工作环境温度：20 ± 5℃，温度波动不大于1℃/h；相对湿度：50%~75%。其余维护工作可参考天平说明书要求。

c. 天平箱内应保持清洁、干燥。被称量的物品，一定要放在适当的容器内（如称量瓶、烧杯等），一般不得直接放在天平盘上进行称量；不可称量热的物品。称量潮湿或有腐蚀性的物品时，应放在密闭的容器中进行。

d. 绝不可使天平的称量超过其最大称量限度，以免损坏天平。

e. 天平有故障时应请有经验的专业人员检查、修理，不准随意拆卸。

（2）分光光度计

目前污水化验分析多使用721型、751型或其他类型的分光光度计。

1）721型分光光度计

（A）分光光度计的构造

图3-1为721型分光光度计的结构示意图。由光源1发出白光，由透镜2聚光，经过平面反射镜3转角90°，反射至入射狭缝4，狭缝正好位于球面准光镜5的焦面上，当入射光经准光镜反射后，以一平行光束射向棱镜6，色散光经棱镜背面镀铝面反射又依原路线稍偏转一个角度反射回来，再经准光镜反射，通过出光狭缝4，经透镜2聚光而投射到吸收池7上，透射光经光门8射到光电管10上，所产生生光电流经放大后输入微安表，可直接读出吸光度或透光率的读数。

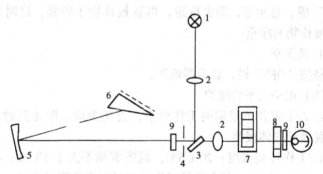

图3-1　721型分光光度计结构示意图
1—光源；2—透镜；3—反光镜；4—狭缝；5—准光镜；
6—棱镜；7—吸收池；8—光门；9—保护玻璃；10—光电管

从分光光度计的结构示意图可看出，分光光度计主要由光源、单色器、吸收池、检测器、显示器等五个部件构成。

a. 光源：以6～12V的钨丝灯作光源，单色光的波长范围为360～800nm。入射光的光源必须稳定，故应使用稳压器提供稳定的电源电压，以保证光源输出的稳定性。

b. 单色器：单色器的作用是将钨丝灯发出的复合光分解为单色光。单色器由入射狭缝、色散元件（棱镜或光栅）、准光镜和出光狭缝组成。其中色散元件是关键部件，当复合光通过棱镜时，被色散为波长由长到短的单色光，只要转动波长刻度盘，即可改变出光波长。精度稍高的仪器还可利用改变出光狭缝的宽度来提高单色光的纯度。

c. 吸收池：吸收池又称比色杯或比色皿，它是由无色透明的耐腐蚀玻璃制成，用来盛放被测溶液和参比溶液。每台仪器通常配有厚度为 0.5cm、1.0cm、2.0cm、3.0cm、5.0 cm 等规格的吸收池供选用。同一规格的吸收池，彼此之间的透光率误差应小于 0.5%。吸收池应保持清洁，不能用手拿透光玻璃面，以防沾污或磨损，不能用毛刷刷洗，也不能用粗糙布或纸来擦，一般用蒸馏水洗涤，用绸布或擦镜纸擦拭。

d. 检测器：分光光度计常用的检测器是光电管或光电倍增管。光电管是一个二极管，管内装有一个阳极和一个光敏阴极。阴极表面镀有碱金属或碱金属氧化物等光敏材料。当受光照射时，阴极发射电子射向阳极而产生电流，电流的大小与光的强度成正比。光电管输出的电信号很弱，经放大后输入显示器。

e. 显示器：显示器的作用是把放大的信号以适当的方法显示或记录下来，721 型分光光度计的显示器是指针式的微安电表，在微安电表的标尺上刻有透光率和吸光度两种刻度。

透光率 T 的刻度是从左至右为 100 等分，吸光度 A 的刻度是不均等的，从右至左逐渐增加（这是因为吸光度为透光率的角对数。当 $T=0$ 时，$A=\infty$；当 $T=100$ 时，$A=0$，所以 T 值变化范围为 0% ~ 100%，A 变化范围为 0 ~ ∞。$T=0$ 或 $A=\infty$ 表示入射光全部被溶液吸收，没有光线透过溶液；$T=100\%$ 或 $A=0$ 表示入射光全部透过溶液，没有光线被溶液吸收。

（B）721 型分光光度计的使用方法及维护

a. 使用方法：

① 仪器未接通电源前，应先检查仪器是否接地，电表指针是否指零，如不指零则应调节电表下面的校正螺丝使指针指零。

② 接通电源，打开比色皿暗箱箱盖，使电表指针位于零位。预热 20min 并按要求选择单色光波长和相应的放大器灵敏度。

③ 调整零位电位器，使电表指针重新处于零位。

④ 将盛有蒸馏水的比色皿置于光路中，盖上比色皿暗箱盖，使光电管受到透射光的照射，旋转光量调节器（标有 "100%" 的旋钮），使指针指在透光率为 100% 处。

⑤ 重复③、④的步骤，调整透光率的 "0" 位和 "100%" 的位置，待稳定后即可进行测定。

⑥ 在测量时把待测溶液推入光路，盖上暗箱盖，表针即偏转并稳定地指示出其光密度值。

⑦ 更换待测溶液时，一定要打开暗箱盖，使光闸遮断光路，保证光电管免受不必要的光照。

⑧ 测定结束后把盛有溶液的比色皿取出，把干燥剂袋子放入暗箱，切断电源，盖好暗箱，罩好仪器罩。

b. 注意事项

① 测定前比色皿要先用蒸馏水洗涤 2~3 次，再用被测溶液洗涤 2~3 次，确保被测溶液的浓度不受影响。

② 溶液装入比色皿后，要用擦镜纸将比色皿外面擦干（溶液较多时，可先用滤纸吸去大部分液体，再用擦镜纸擦），擦时注意保护透光面。拿比色皿时，只能捏住毛玻璃的两边，切忌触拿透光面。

c. 分光光度计的维护

① 防震：分光光度计应安放在牢固的工作台上。

② 防腐蚀：使用时应防止腐蚀性气体（如 SO_2、H_2S 及酸雾等）侵蚀仪器机件，并应注意比色皿及比色皿架的清洁。

③ 防潮：分光光度计应放在比较干燥的地方，并在仪器中放硅胶，如发现硅胶变色，应及时更换。

④ 防止光照：分光光度计应放在半暗室中。要避免强光直

接照射和长时间连续使用，以延长使用寿命。

2）751 型分光光度计

（A）分光光度计的构造

751 型分光光度计是在 721 型基础上生产的一种紫外、可见和近红外分光光度计。其工作原理与 721 型相似，而波长范围较宽（200～1000nm），精密度也较高。

为了适应其工作波长，751 型配有两种光源，当波长在 320～1000 nm 时用钨丝白炽灯，在 200～320nm 时用氢弧灯；其光电管也有两种，200～625nm 范围内用紫敏光电管，625～1000nm 范围内用红敏光电管。为了防止玻璃对紫外光的吸收，751 型的棱镜、透镜等都由石英制成。

（B）分光光度计的使用方法

①打开稳压电源及所需光源灯（钨丝灯 6V，适用波长 320～1000nm；氢弧灯调至 300mA，适用波长 200～320nm）。

②将灯罩上反射镜转到所需光源灯（"钨丝灯"或"氢弧灯"）位置上。

③使暗电流控制闸门处于"关"位置；将选择开关拨到"校正"位置。

④调节暗电流旋钮使电流指零。

⑤将灵敏度调节旋钮调到相应位置。

⑥将波长刻度旋到所需波长上。

⑦选择相应波长的光电管，在波长 200～320nm 范围内测定时，将手柄推入，此时选用的是紫敏光电管；当使用波长范围是 320～1000nm 时，将手柄拉出，此时选用的是红敏光电管。

⑧根据波长选用比色皿：在 350nm 以上波长测量时，可用玻璃比色皿；在 350nm 以下波长测量时，必须使用石英比色皿。

⑨将比色皿放入托架内（其中第一个槽内放装有空白溶液的比色皿，另一个槽内放装有待测溶液的比色皿），将空白溶液置于光路中，盖好盖板。

⑩调读数电位器使透光率为 100%。

⑪把选择开关拨到"×1"的位置上。

⑫拉开暗电流控制闸门，使单色光进入光电管。

⑬调节狭缝大致使电表指示为零，再用灵敏度旋钮细调，使电表指针准确指在零上。

⑭将待测溶液推入光路中，此时电表指针偏离"0"位。旋转读数电位器刻度盘，重新使电表指针指在零上。

⑮待电表指针稳定后，将暗电流控制闸门重新关上，以保护光电管，勿使其因受光时间过长而疲劳。

⑯读取透光率和相应的吸光度。此时应注意：如果选择开关放在"×1"档时，透光率范围为0%～100%，相应的吸收范围是∞～0；当透光率小于10%时，则可将选择开关放在"×0.1"档上，得到的读数较为精确。此时读出的透光率数值应除以10，或相应地对读出的吸光度加1。

3）其他类型的分光光度计

其他类型的分光光度计的使用方法按仪器使用说明书进行操作。

（3）酸度计

1）酸度计

酸度计又叫 pH 计，是测定溶液 pH 值的最常用仪器。不同型号的酸度计，其测量精度和范围各有不同，常用的几种酸度计的测量精度分别为 0.1、0.02、0.01。

2）pH 的测定

（A）电极的准备

① 新玻璃电极或久置不用的玻璃电极，应预先置于 pH = 4 的标准缓冲溶液中浸泡一昼夜。使用中若发现有污渍，最好在 0.1mol/L HCl，0.1mol/L NaOH，0.1mol/L HCl 循环浸泡各 5min，用纯水洗净后，再在 pH = 4 的缓冲液中浸泡。

② 甘汞电极使用前应在饱和 KCl 稀释 10 倍后的稀溶液中浸泡。贮存时把上端的注入口旋紧，使用时则启开，应经常注意从注入口注入饱和 KCl 溶液至一定液位。

（B）仪器校正

仪器开启半小时后，按规定对仪器进行调零、温度补偿和满刻度校正等工作。

（C）pH 定位

按具体情况，选择下列一种定位：

a. 单点定位 选用与被测水样相近的标准缓冲液。定位前先用纯水冲洗电极及样杯 2 次以上。然后用干净滤纸将电极底部水滴轻轻吸干（勿擦拭，以免电极底部带静电而导致读数不稳定）。

将定位液倒入样杯中，浸入电极，稍摇动样杯数秒钟，测量水样温度（与定位液温度一致），将仪器定位至该 pH 值，重复调零、校正及定位 1~2 次，直至稳定时为止。

b. 两次定位 先取 pH = 7 的标准缓冲液依上法定位。电极冲洗干净后，将另一定位标准缓冲液倒入样杯内，（若被测水样为酸性，选 pH = 4 的标准液；若为碱性则选 pH = 9 的标准液）依上法定位，重复 1~2 次至稳定时为止。

（D）水样测定

将样杯及电极用纯水冲洗干净，再用被测水样冲洗 2 次以上，然后浸入电极进行 pH 测定，待 pH 计读数稳定后，所测值即为溶液的 pH 值。

在更换每一个待测样品时，应用水充分淋洗电极，再用滤纸吸去水滴并擦干，最后用待测液淋洗，以消除相互影响。

3）酸度计的使用及维护

①酸度计应放在清洁、干燥的室内；工作环境温度 0~40℃；湿度不大于 85%，电源电压 220V ± 10%，频率 50Hz，被测溶液温度 5~60℃。

②注意保持仪器输入端电极插头、插孔的干燥清洁；不测量时，应将接续器插入指示电极的插孔内，防止灰尘及湿气侵入。

③因 pH 玻璃电极球泡的敏感膜薄而易碎，故应注意切勿与烧杯和其他硬物碰撞。球泡沾上污物可用脱脂棉擦拭或用

0.lmol/L HCl 清洗，新的或长期不用的电极在使用前应在纯水中浸泡活化 24h 以上。

④使用甘汞电极要注意下端瓷芯不能堵塞。并注意补充玻璃管内的参比溶液，使其液面不低于内参比电极的甘汞糊状物。

⑤使用仪器时，切不可太用力扳动旋钮或开关。特别是温度补偿旋钮，更应轻轻转动，以防止紧固螺丝位置变动，造成 pH 值温度校正不准确。

⑥仪器至少预热 15 ~ 20min，方可使用。若连续长时间测定试样，一般中途要用标准缓冲液再次定位，以保证仪器的准确性。

⑦测量完毕，须先放开读数开关，再移去待测溶液避免指针剧烈摆动，造成"打针"，影响以后测量的准确性。

⑧标准缓冲溶液配制要准确可靠。

(二) 常用玻璃器皿

1. 常用玻璃器皿的种类及用途 （见表 3-1）

玻璃仪器一览表　　　　　　　　表 3-1

仪　器	规　格	一般用途	使用注意事项
试管	以管口直径×管长表示，如：25mm × 100mm、15mm × 150 mm、10mm×70mm 等	反应容器，便于操作、观察，用药量少	(1) 可直接加热，但不能骤冷；(2) 加热时用试管夹夹持，管口不要对着人，使受热均匀，盛放液体不要超过试管容积的1/3

仪 器	规 格	一般用途	使用注意事项
离心管	分有刻度和无刻度，以容积表示，如25mL、15mL、10mL等	少量沉淀的分离和辨认	不能直接用火加热，必要时可用水浴加热
烧杯	以容积表示，如500mL、250mL、100mL、50mL等	反应容器，一般用于配制溶液	(1) 可加热至高温，使用时注意不要使温度变化过于剧烈； (2) 加热时底部应垫石棉网，使受热均匀
烧瓶	有平底和圆底之分，以容积表示，如1000mL、500mL、250mL等	反应容器，反应物较多，且需要长时间加热时用	(1) 可加热至高温，使用时注意不要使温度变化过于剧烈； (2) 加热时底部应垫石棉网，使受热均匀
锥形瓶（三角瓶）	以容积表示，如250mL、100mL、50mL等	反应容器，振荡比较方便，适用于滴定操作	(1) 可加热至高温，注意不要使温度变化过于剧烈； (2) 加热时底部应垫石棉网，使受热均匀

仪　器	规　格	一般用途	使用注意事项
碘量瓶	以容积表示，如 250mL、100mL等	用于碘量法有关的容量分析，也可用于其他滴定分析	（1）塞子及瓶口边缘的磨砂部分应注意勿擦伤，以免产生漏隙； （2）滴定时打开塞子，用蒸馏水将瓶口及塞子上的溶液洗入瓶中
量筒和量杯	以所能量度的最大容积表示， 量筒：如250mL、100mL、50mL、10mL等 量杯：如100mL、50mL、10mL等	用于液体体积计量	（1）不能加热； （2）不可作溶液配制的容器之用
移液管	分为无分度（单标线）和分度吸管两种，以所能量取的最大容积表示。 单标线吸管（大肚吸管）：如100mL、25mL、10mL等； 分度吸管（直吸管）：如10mL、5mL、1mL等	用于精确量取一定体积的液体	使用前洗涤干净，用待吸液润洗

仪 器	规 格	一般用途	使用注意事项
 容量瓶	以容积表示，如1000mL、250mL、100mL、50mL等	配制准确浓度的溶液时用	（1）不能受热； （2）不能在其中溶解固体试剂
 滴定管和滴定管架	滴定管分酸式和碱式，无色和棕色，以容积表示，如50mL、25mL等	（1）滴定管用于滴定操作或精确量取一定体积的溶液； （2）滴定架用于夹持滴定管	（1）碱式滴定管盛碱性溶液，酸式滴定管盛酸性溶液，二者不能混用； （2）碱式滴定管不能盛氧化性溶液； （3）见光易分解的滴定溶液宜用棕色滴定管； （4）酸式滴定管活塞应用橡皮筋固定，防止滑出跌碎
 漏斗	以口径和漏斗颈长表示，如6cm长颈漏斗，4cm短颈漏斗等	用于过滤或倾注液体	不能用火直接加热，必要时可用水浴漏斗套加热

仪　器	规　格	一般用途	使用注意事项
 分液漏斗和 滴液漏斗	以容积和漏斗形状表示（筒形、球形、梨形），如100mL球形分液漏斗、50mL筒形滴液漏斗等	（1）滴液漏斗用于往反应液中滴加较多的液体； （2）分液漏斗用于互不相溶的液—液分离	活塞应涂油，用橡皮筋固定，防止滑出跌碎
 试剂瓶	材料：玻璃或塑料； 规格：分广口和细口，无色和棕色，以容积表示，如 1000mL、500mL、250mL 等	广口瓶盛放固体试剂，细口瓶盛放液体试剂	（1）不能加热； （2）取用试剂时，瓶盖应倒放； （3）盛碱性溶液要用橡皮塞或塑料瓶； （4）见光易分解的物质用棕色瓶
 蒸发皿	材料：瓷质或玻璃； 规格：分有柄、无柄，以容积表示，如 10mL，50mL 等	用于蒸发浓缩	可耐高温，能直接用火加热，高温时不能骤冷

仪 器	规 格	一般用途	使用注意事项
坩埚	材料：瓷质、石英、银、铁、镍、铂等；规格：以容积表示，如 50mL、40mL、30mL 等	用于灼烧固体	（1）放在泥三角上，直接用火加热，不需用石棉网；（2）取下的灼热坩埚不能直接放在桌上，要放在石棉网上；（3）灼热的坩埚不能骤冷
滴瓶	有无色和棕色两种，以容积表示，如 125mL、60mL 等	盛放每次操作只需少量的液体试剂，用滴管滴加	（1）碱性试剂要用带橡皮塞的滴瓶盛放；（2）见光易分解的物质用棕色瓶
布氏漏斗和抽滤瓶	布氏漏斗以直径表示，如 10cm、8cm、6cm；抽滤瓶以容积表示，如 500mL、100mL 等	减压过滤	停止抽滤时，应先使抽滤瓶与空气接通，防止倒吸

55

仪　器	规　格	一般用途	使用注意事项
 玻璃砂芯漏斗	以砂滤板微孔孔径的大小分为6种型号： G_1（20～30μm）、 G_2（10～15μm）、 G_3（4.9～9μm）、 G_4（3～4μm） G_5（1.5～2.5μm）、 G_6（1.5μm以下）	用于过滤，也可用于悬浮物的测定	（1）应选择合适孔度的漏斗； （2）干燥和烘烤沉淀时，最高不超过500℃，最适于只需在150℃以下干燥的沉淀； （3）不宜用于过滤胶状沉淀或碱性较强的溶液
 漏斗架	木质或有机塑料	过滤时放漏斗用	固定螺丝要拧紧
 表面皿	以直径表示，如 15cm、12cm、9cm等	盖在蒸发皿或烧杯上，以免液体溅出或灰尘落入	不能用火直接加热

仪 器	规 格	一般用途	使用注意事项
坩埚钳	材料：铁或铜合金，表面常镀镍或铬	夹持坩埚和坩埚盖	（1）不能和化学药品接触，以免腐蚀； （2）放置时，使钳尖朝上； （3）夹持高温坩埚时，钳尖需预热
干燥器	以直径表示，如22cm、18cm等	（1）定量分析时，将烘干或灼烧后的蒸发皿、称量瓶、坩埚等置于其中冷却； （2）存放试剂或样品，以免吸收水分	（1）灼烧物体放入干燥器前温度不能过高； （2）经常检查干燥剂是否失效，一般采用硅胶为干燥剂，当硅胶由蓝色变为粉色时即失效，应放入烘箱内烘烤
干燥管	有直形、弯形和普通磨口之分。磨口的还按塞子大小分为几种规格。如14号磨口直形、19号磨口弯形等	防止对反应有副作用的气体进入反应体系	干燥剂置于球形部分，不宜过多
称量瓶	以外径（mm）×高（mm）表示；分扁形和高形	要求准确称取一定量的固体样品时用	（1）不能直接用火加热； （2）盖与瓶配套，不能互换

仪　器	规　格	一般用途	使用注意事项
铁架台	包括铁架、铁圈和铁夹	用于固定反应容器	避免腐蚀，不要接触试剂

2. 玻璃器皿的洗涤

实验中所用的玻璃器皿不清洁或被污染会造成误差，甚至会出现相反的实验结果，因此玻璃器皿的洗涤是实验中的重要步骤。洗净的玻璃器皿应洁净透明，其内外壁能被水均匀地润湿且不挂水珠。

（1）洗涤方法

1）实验中常用的烧杯、锥形瓶、量筒等可用毛刷蘸合成洗涤剂刷洗，再用自来水冲洗干净，最后用纯水润洗三次，用纯水润洗时要遵循"少量多次"的原则，顺壁冲洗并摇荡，以节约用水。

2）滴定管、移液管、容量瓶等有精密刻度的玻璃量器，不宜用毛刷刷洗。视其脏污的程度，选择合适的洗涤液，必要时可用热的洗涤液浸泡一段时间再用自来水和纯水洗净。

3）成套的组合仪器，除把各部分分别洗涤外，由于有些部位不易清洗，应安装起来用水蒸气洗涤一定的时间，以除去前次实验的残留物。

4) 有些实验项目对洗涤液有特殊要求，如用于测定磷酸盐的器皿不能用含磷的洗涤剂清洗；用于测定铬的器皿不能用铬酸洗液洗涤；用于测定重金属的玻璃器皿，要用 1 + 1 的硝酸 – 水溶液洗涤，或用 10% 的硝酸溶液浸泡 8h 以上；分光光度计的比色皿要避免用铬酸洗液洗涤浸泡，以免重铬酸盐附着在玻璃上。特殊洗涤要求在测定项目的操作规程中都有规定，可参照执行。

(2) 常用的洗涤剂

1) 铬酸洗液

铬酸洗液是含有饱和重铬酸钾的浓硫酸溶液，它具有很强的氧化性，适宜洗涤无机物、油污和部分有机物。铬酸洗液的配制方法：称取 10g 工业级的重铬酸钾于烧杯中，加 20mL 热水溶解后，在不断搅拌下，缓慢加入 200mL 工业级浓硫酸，溶液呈暗红色，冷却后，转入玻璃瓶中备用。铬酸洗液腐蚀性很强，易烫伤皮肤，烧坏衣物，使用时应注意安全。使用洗液前，应先将仪器用自来水洗净，空尽水，以免洗液被稀释降低洗涤效果。浓硫酸易吸水，用后应注意用磨口塞子塞好，用过的洗液应倒回原瓶，以备下次再用。当洗液变为绿色失效后，不能倒入下水道，应进行废液处理。

必须指出，洗液不是万能的，且由于铬酸洗液有毒，洗过的玻璃器皿表面又常有痕量的铬，近年来洗液的应用已逐渐减少，多采用合成洗涤剂来清洗玻璃器皿。

2) 碱性高锰酸钾洗液

本洗液作用温和，可洗涤有油污的器皿。配制方法：将 4g 高锰酸钾溶于少量水中，加入 10% 氢氧化钠至 100mL。使用本洗液洗涤后，玻璃器皿上如沾有褐色的氧化锰，可用盐酸或草酸洗液除去。碱性高锰酸钾洗液不应在所洗的器皿中长期存留。

3) 纯酸洗液

根据污垢的性质，如水垢或盐类结垢，可直接用 1 + 1 盐酸或 1 + 1 硫酸、10% 以下的硝酸、1 + 1 的硝酸浸泡或浸煮器皿。但加热温度不宜过高，以免浓酸挥发或分解。

4）合成洗涤剂

这类洗涤剂主要是洗衣粉、洗洁精等，适用于洗涤油污和某些有机物。

5）盐酸-乙醇溶液

将化学纯盐酸和乙醇按 1:2 的体积比混合即可，适用于洗涤被有色物污染的比色皿、容量瓶、移液管等。

6）有机溶剂洗涤液

用于洗涤聚合体、油脂及其他有机物。可直接取丙酮、乙醚、苯使用或配成氢氧化钠的饱和乙醇溶液使用。

3. 玻璃器皿的干燥

不同的实验目的对玻璃器皿的干燥程度要求不同。应根据玻璃器皿的特点及实验要求来选择合适的干燥方式。

1）空干

倒置在滴水架上，使其自然干燥。

2）烘干

将洗净的玻璃器皿放在 110～120℃ 的清洁烘箱内烘烤 1h 以上，但任何量器均不得用烘干法干燥。

3）吹干

急用时可使用电吹风快速吹干玻璃器皿。吹干前可先用丙酮、乙醇等有机溶剂润洗一下，可更节省时间。

4）烤干

少量小件玻璃仪器可用酒精灯或红外线灯加热烤干。烤干时，应从仪器底部烤起，逐渐将水分赶到出口处挥发掉，注意防止瓶口的水滴倒流到烤热的底部引起玻璃炸裂。反复 2～3 次即可烤干。此法只适用于硬质玻璃仪器，比色皿、比色管、称量瓶等不宜用本法干燥。

（三）化 学 试 剂

1. 化学试剂的规格及用途

根据杂质含量的多少，可以将化学试剂分为若干等级，如表 3-2 所示：

我国的化学试剂等级对照表　　　　表 3-2

级　　别	一级品	二级品	三级品	四级品
中文标志	保证试剂	分析试剂	化学试剂	实验试剂
	优级纯	分析纯	化学纯	工业纯
瓶签颜色	绿色	红色	蓝色	蓝色或棕色
符　　号	G.R.	A.R.	C.P.	L.R.

除以上等级外，还有些特殊用途的高纯试剂，例如："色谱纯"和"光谱纯"试剂，它们的纯度高于一级品，国际上尚无统一的明确规格，国内常用"9"表示其纯度，在规格栏中标以 2 个 9、3 个 9、4 个 9 等。如：

杂质总含量不大于 $1 \times 10^{-2}\%$，其纯度为 4 个 9（99.99%）；

杂质总含量不大于 $1 \times 10^{-3}\%$，其纯度为 5 个 9（99.999%）；

杂质总含量不大于 $1 \times 10^{-4}\%$，其纯度为 6 个 9（99.9999%）。

实验人员必须对化学试剂级别有明确的认识，能够根据实验的要求，合理地选用试剂，既不超规格造成浪费，又不随意降低规格而影响分析结果的准确度。

2. 化学试剂的取用

取用化学试剂应遵循以下原则：

1）取用前先检查试剂的外观、生产日期，不能使用失效的试剂，如怀疑变质，应检验合格后再用，若瓶上标签脱落应及时贴好，防止试剂混淆。

2）取用固体试剂时应遵循"只出不回，量用为出"的原则，取出的多余试剂不得倒回原瓶。要用洁净干燥的药匙，不允许一匙多用，取完试剂要立即盖上瓶盖。一般的固体试剂可以放在干净的硫酸纸或表面皿上称量，具有腐蚀性、强氧化性或易潮解的试剂不能在纸上称量。

3）取用液体试剂时，必须倾倒在洁净的容器中再吸取使用，不得在试剂瓶中直接吸取，倒出的试剂不得再倒回原瓶。倾倒液体试剂时应使瓶签朝向手心，防止流下的液体沾污、腐蚀瓶签。

3. 化学试剂的保存

化学试剂应储存在干燥、清洁的药品柜内（药品柜最好放在阴面避光的房间），试剂瓶外面应擦拭干净，标签上涂蜡。试剂应分类摆放，用后放回原处，易挥发的试剂应储存在通风的室内。应按照试剂的性质妥善保管、使用，以防变质。一般说来，影响试剂变质的因素有以下几种：

1）温度　高温会加速不稳定试剂的变质。

2）空气　空气中的氧易使还原性试剂氧化而破坏；强碱性试剂易吸收二氧化碳而变成碳酸盐；水分可使某些试剂潮解、结块。所以化学试剂应密封贮存，开启取用后立即盖严，必要时蜡封。

3）光照　日光中的紫外线能加速某些试剂的化学反应而使其变质，这些试剂应装在棕色瓶内，必须避光的还要在瓶外包上黑纸，贮存于避光的试剂橱内。

4）杂质　不稳定试剂的纯净与否，会影响其变质情况。所以在取用试剂时要特别防止带入杂质。

5）贮存期　不稳定试剂在长期贮存后可能发生歧化、聚合、分解或沉淀等变化。对这类试剂应分次采购。使用前应注意其出厂日期。如怀疑变质，应检验合格后方可使用。

（四）实 验 用 水

水是最常用的溶剂，配制试剂、标定物质、洗涤均需要大量使用。它对分析质量有着广泛和根本的影响，对于不同用途需要不同质量的水。因此，应根据实验工作的不同要求选用不同等级的水。

1. 实验室用水的质量要求

（1）外观与等级

实验室用水应为无色透明的液体，其中不得有肉眼可辨的颜色及纤絮杂质。

实验室用水分三个等级，应在独立的制水间制备。

1）一级水

基本上不含有溶解杂质或胶态粒子及有机物。它可用二级水经进一步处理制得，例如可将二级水经过石英设备蒸馏或离子交换混合床处理后，再经 $0.2\mu m$ 滤膜过滤来制取。一级水用于制备标准水样或超痕量物质的分析。

2）二级水

常含有微量的无机、有机或胶态杂质。可用蒸馏、反渗透或离子交换法制得的水进行再蒸馏的方法制备。用于无机痕量分析、精确分析和研究工作。

3）三级水

适用于一般化学分析实验。可用蒸馏、反渗透或离子交换等方法制取。

实验室用水的原料水应当是饮用水或比较纯净的水，如有污染，必须进行预处理。

（2）质量指标

实验室用水的质量应符合表 3-3 规定。

实验用水的质量　　　　　　　　　表 3-3

指 标 名 称	一级水	二级水	三级水
pH 值范围（25℃）	—	—	5.0~7.5
电导率（25℃）（$\mu S/cm$）	≤0.1	≤1.0	≤5.0
可氧化物质［以（O）计］（mg/L）	—	<0.08	<0.4

指　标　名　称	一级水	二级水	三级水
吸光度（254nm，1cm 光程）	≤0.001	≤0.01	—
蒸发残渣（105±2℃）（mg/L）	—	≤1.0	≤2.0
可溶性硅［以 SiO_2 计］（mg/L）	<0.01	<0.02	

注：1. 由于在一级水、二级水的纯度下，难于测定其真实的 pH 值，因此，对一级水、二级水的 pH 值范围不做规定。

　2. 一级水、二级水的电导率需用新制备的水"在线"测定。

　3. 由于在一级水的纯度下，难于测定可氧化物质和蒸发残渣，对其限量不做规定。可用其他条件和制备方法来保证一级水的质量。

（3）影响纯水质量的因素

影响纯水质量的主要因素有三个，即空气、容器、管路。

在实验室中制取纯水，不难达到纯度指标。一经放置，特别是接触空气，水质会迅速下降。例如用钼酸铵法测磷及纳氏试剂法测氨，无论用蒸馏水或离子交换水只要新制取的纯水都适用，一旦放置，空白值便显著增高，主要原因是溶解部分空气和容器的污染。

玻璃容器盛装纯水可溶出某些金属及硅酸盐，有机物较少。聚乙烯容器所溶出的无机物较少，但有机物比玻璃容器略多。

纯水导出管，在瓶内部分可用玻璃管，瓶外导管可用聚乙烯管，在最下端接一段乳胶管，以便配用弹簧夹。

（4）贮存

在贮存期间，水样沾污的主要来源是聚乙烯容器可溶成分的溶解或吸收空气中的二氧化碳和其他杂质。因此，一级水不可贮存，使用前制备。二级水和三级水可适量制备，分别贮存在预先经同级水充分清洗过的相应容器中。

各级用水在运输过程中应避免沾污。

2. 实验室用水的质量检验

用于质量检验的各级水样量不得少于 2L。水样应注满于清洁、密闭的聚乙烯容器内。取样时应避免沾污。

各项实验必须在洁净的环境中进行，并应采取适当措施避免沾污。

没有注明其他要求时，均使用分析纯试剂和相应纯度的水。

（1）pH 值测定

用 pH 计测定。按仪器使用说明书的规定，用 pH 值为 5.0～8.0 的标准缓冲溶液校正 pH 计。所选用的标准缓冲溶液，其 pH 值应与被测溶液相接近。一般去离子水的 pH 值在 6.5～7.5 之间。

（2）电导率

用具有温度补偿功能的电导仪测定。如果所用电导仪不具备温度补偿功能，可于测定 t℃电导率后，根据下式计算 25℃的电导率。

$$K_{25} = \alpha (K_t - K_p) + 0.0548$$

式中　K_{25}——25℃的纯水电导率，$\mu S/cm$；

　　　K_t——t（℃）测得的纯水电导率，$\mu S/cm$；

　　　K_p——t（℃）的理论纯水电导率，$\mu S/cm$；

　　　α——t（℃）的换算系数；

　　0.0548——25℃的理论纯水电导率，$\mu S/cm$。

α 和 K_p 可从表 3-4 中查出。

电导率的换算系数 α 和理论纯水电导率 K_p　　　表 3-4

t（℃）	α	K_p（$\mu S/cm$）
0	1.873	0.0111
5	1.625	0.0160
10	1.413	0.0224
15	1.250	0.0308
20	1.111	0.0414

t（℃）	α	K_p（μS/cm）
25	1.000	0.0548
30	0.903	0.0710
35	0.822	0.0908

（3）可氧化物检验

取1000mL二级水，注入烧杯中，加入5.0mL 20%硫酸溶液，混匀。

取200mL三级水，注入烧杯中，加入1.0mL 20%硫酸溶液，混匀。

在上述已酸化的溶液中，分别加入1.00mL 0.01mol/L（1/5 KMnO₄）标准溶液，混匀，盖上表面皿，加热至沸腾并保持5min，溶液的粉红色不得完全消失。

（4）吸光度测定

将水样分别注入1cm和2cm的石英比色皿中，在紫外分光光度计上，于254nm处用1cm比色皿中的水为参比，测定2cm比色皿中水的吸光度，按表3-3所列各相应级别纯水的质量指标进行判断。

如仪器的灵敏度不够时，可适当增加比色皿的厚度。

（5）蒸发残渣的测定

1）仪器

旋转蒸发器：配备500mL蒸馏瓶。

电烘箱：温度可保持在105±2℃。

2）操作步骤

量取1000mL二级水（三级水取500mL），将水样分几次加入旋转蒸发器的蒸馏瓶中，于水浴上减压蒸发（避免蒸干）。待水样最后蒸至约50mL时，停止加热。

将上述预浓集的水样，转移至一个已于105±2℃恒重的玻璃蒸发皿中。并用 5～10mL 水样分 2～3 次冲洗蒸馏瓶，将洗液与预浓集水样合并，于水浴上蒸干，并在 105±2℃的电烘箱中干燥至恒重。残渣质量不得大于 1.0mg。

（6）二氧化硅测定

按 GB 6682—86 中"2.5 二氧化硅的测定"操作，可定量检验水中二氧化硅。通常只作定性检查。取纯水 10mL 注入试管中，加 15 滴 1%钼酸铵溶液和 8 滴草酸—硫酸混合液（4%草酸和 4mol/L 硫酸，按 1:3 混合），摇匀。放置 10min，加 5 滴 1%硫酸亚铁铵溶液（新配），摇匀。如溶液呈蓝色，表示有可溶性硅。

3. 实验用水的制备

纯水是分析工作必不可少的条件之一。因此，在开展分析监测之前，首先要制备出合乎分析要求的纯水，根据实验工作的不同要求选择不同质量的水。市售蒸馏水或去离子水必须经检验合格才能使用。实验室中应配备相应的提纯装置。

（1）蒸馏水

蒸馏水是利用水与水中杂质的沸点不同，用蒸馏法制得的纯水。用此法制备纯水的优点是操作简单，可以除去非离子杂质和离子杂质。蒸馏水的质量因蒸馏器的材料与结构而异。

1）金属蒸馏器

金属蒸馏器内壁为纯铜、黄铜、青铜，也有镀纯锡的。用这种蒸馏器所获得的蒸馏水含有微量金属杂质，只适用于清洗容器和配制一般试液，不适用于痕量元素的分析。

2）玻璃蒸馏器

使用硬质化学玻璃制成的蒸馏器，全部磨口连接，所蒸馏的蒸馏水比较纯净，适用于配制一般定量分析试液，不适用于硼的测定。

3）石英蒸馏器

使用石英蒸馏器所得到的蒸馏水更为纯净，适用于所有痕量元素的测定工作。但是石英蒸馏器价格昂贵，蒸馏瓶体积一般比较小，出水率较低，不应当无条件地使用。

（2）去离子水

去离子水是用阳离子交换树脂和阴离子交换树脂以一定形式组合进行水处理得到的水。此法的优点是操作简便、设备简单，出水量大，成本低。去离子水含金属杂质极少，适于配制痕量金属分析用的试液。通常用自来水作为原水时，由于自来水含有一定余氯，能氧化破坏树脂使之很难再生，因此进入交换器前必须充分曝气。如急用可煮沸、搅拌、充气并冷却后使用。为了除去非电解质杂质和减少离子交换树脂的再生处理频率，提高交换树脂的利用率，最好利用市售的普通蒸馏水或电渗析水代替原水，进行离子交换处理而制备去离子水。

（3）特殊要求的实验用水

对有特殊要求的实验用水，常需要使用相应的技术条件处理和检验。

1）不含氯的水

加入亚硫酸钠等还原剂将自来水中的余氯还原为氯离子，用附有缓冲球的全玻璃蒸馏器（以下各项中的蒸馏均同此）进行蒸馏。

取实验用水 10mL 于试管中，加入 2~3 滴（1+1）硝酸、2~3 滴 0.1mol/L 硝酸银溶液，混匀，不得有白色浑浊出现。

2）不含氨的水

向水中加入硫酸至 pH<2，使水中各种形态的氨或胺都转变成不挥发的盐类，收集馏出液。（注意：避免实验室内空气中含有氨而重新污染，应在无氨气的实验室进行蒸馏。）

3）不含二氧化碳的水

（A）煮沸法：将蒸馏水或去离子水煮沸至少 10min（水多时），或使水量蒸发 10% 以上（水少时），加盖放冷即可。

（B）曝气法：将惰性气体或纯氮通入蒸馏水或去离子水至饱和即可。

制得的无二氧化碳水应贮存在一个附有碱石灰管的橡皮塞盖严的瓶中。

4）不含酚的水

（A）加碱蒸馏法：加入氢氧化钠至水的 pH＞11（可同时加入少量高锰酸钾溶液使水呈紫红色），使水中酚生成不挥发的酚钠后进行蒸馏制得。

（B）活性炭吸附法：将粒状活性炭加热至 150～170℃烘烤 2h 以上进行活化，放入干燥器内冷却至室温。装入预先盛有少量水（避免炭粒间存留气泡）的层析柱中，使蒸馏水或去离子水缓慢通过柱床，按柱容量大小调节其流速，一般以每分钟不超过 100mL 为宜。开始流出的水（略多于装柱时预先加入的水量）需再次返回柱中，然后正式收集。此柱所能净化的水量，一般约为所用炭粒表观容积的 1000 倍。

5）不含砷的水

通常使用的普通蒸馏水或去离子水基本不含砷，对所用蒸馏器、树脂管和贮水容器要求不得使用软质玻璃制品。进行痕量砷测定时，则应使用石英蒸馏器或聚乙烯树脂管及贮水容器来制备和盛贮不含砷的蒸馏水。

6）不含铅（重金属）的水

用氢型强酸性阳离子交换树脂制备不含铅（重金属）的水，贮水容器应作无铅预处理后方可使用（将贮水容器用 6mol/L 硝酸浸洗后用无铅水充分洗净）。

7）不含有机物的水

将碱性高锰酸钾溶液加入水中再蒸馏。在蒸馏的过程中应始终保持水中高锰酸钾的紫红色不得消退，否则应及时补加高锰酸钾。

思 考 题

1. 天平在使用前应进行哪些检查？
2. 分光光度计主要由哪几部分构成？
3. 使用分光光度计测定样品时应注意什么？
4. 酸度计在使用中应注意哪些问题？

5. 简述电极法测定 pH 值的主要步骤。

6. 用 pH 计测定 pH 的过程中，需更换标准缓冲溶液或更换测定样品时，应注意什么问题？

7. 铬酸洗液的配制及使用方法。

8. 玻璃器皿的干燥方法。

9. 化学试剂的规格及用途。

10. 实验室纯水分几个等级？

四、溶液的配制与标定

（一）溶液的基本知识

一种以分子、原子或离子状态分散于另一种物质中构成的均匀而又稳定的体系叫做溶液。溶液由溶质和溶剂组成，用来溶解其他物质的物质叫溶剂，能被溶剂溶解的物质叫溶质，发生这种均匀分散的现象叫溶解。

在自然界中，水能溶解很多种物质，是最常用的溶剂。除水以外，酒精、汽油等也可作溶剂，用以溶解一定量的溶质，得到相应的溶液。

在水质分析中，由于试剂溶液多是以水作溶剂，所以在讲到试剂溶液时，如果没有特殊指明，则是指试剂的水溶液。

1. 溶解度

物质在水中溶解能力的大小，称为溶解度。即在一定温度下，某物质在 100g 溶剂中达到饱和时所溶解的克数。

根据物质在水中的溶解度，可将化合物分为易溶物、可溶物、微溶物及难溶物四类。

影响物质溶解度的因素很多，其中温度的影响最大，大多数固体物质的溶解度是随温度的升高而增加。另一个因素是溶剂，不同的物质在同一溶剂中的溶解度不同，同一物质在不同溶剂中的溶解度也不同。

2. 溶液浓度的表示方法

浓度指在一定量的溶液或溶剂中所含溶质的量。通常有以下几种表示方法：

（1）物质的量浓度

1) 摩尔

摩尔（mol）是"物质的量"的单位，是国际单位制（SI）的基本单位。当物质含有 6.023×10^{23} 个微粒时，这种物质的量称为 1mol。1mol 物质的质量称为摩尔质量，其单位为 g/mol。任何原子、分子、离子的摩尔质量，当单位为 g/mol 时，数值上都等于其原子量、分子量或离子式量。例如：水的摩尔质量是 18.0152g/mol。

2）物质的量浓度

其定义为：单位体积溶液中所含溶质的物质的量，例如物质 B 的浓度以符号 C_B 表示，即

$$C_B = n_B/V$$

常用单位为 mol/L 或 mol/dm^3。需要注意的是，在计算和使用物质的量和物质的量浓度时，必须指明基本单元，所谓基本单元，可以是离子、分子、原子及这些粒子的特定组合，例如，Fe^{3+}，H_2SO_4，$1/6\ K_2Cr_2O_7$ 等。

（2）浓度的其他表示方法

1）重量—体积浓度（m/V）

是指单位体积溶液中所含溶质的重量，以 mg/L、mg/mL、$\mu g/L$ 表示。水质分析结果常用这种方法表示，如水中 Cu^{2+} 的含量为 1.20mg/L。

2）体积比浓度（V/V）

液体试剂用水稀释或液体试剂相互混合时，常用体积比浓度表示。例如：1+3 的盐酸溶液，即为 1 体积浓盐酸与 3 体积水混合。

3）重量—体积百分浓度（$m/V\%$）

是指每 100mL 溶液中，含有多少克溶质。例如：5% 的 NaOH 溶液，即称取 5g NaOH，以水溶解后，稀释至 100mL。用重量百分比浓度表示的溶液一般不是标准溶液，浓度不要求十分准确，因此，可采用近似配制方法，即称取 5g NaOH，溶于 100mL 水中即可。

4）体积—体积百分浓度（$V/V\%$）

液体试剂用水稀释时可用这种表示方法。例如配制 70% 的乙醇，就是将 70mL 乙醇用水稀释至 100mL。

5）重量—重量百分浓度（$m/m\%$）

是指 100g 溶液中所含溶质的克数。原装的酸、碱常用这种表示方法。例如 70% 硝酸就是在 100g 硝酸溶液中，含有 70g HNO_3 和 30g 水。

对于百分浓度，一定要注明是哪一种，以免引起误会。

6）重量比浓度（$m:m$）

固体试剂相互混合时，常用此法表示。例如：1:100 铬黑 T 与氯化钠混合试剂（测定水的总硬度时所用的指示剂），通常用 1g 铬黑 T 和 100g 氯化钠混合研匀而成。

（二）常用溶液的配制

实验中用到的溶液有一般溶液、标准溶液和缓冲溶液几种。

未规定准确浓度只用于一般实验的溶液称一般溶液或常用溶液；已知准确浓度的溶液称为标准溶液；能对溶液酸碱度起稳定作用的溶液称缓冲溶液。

配制溶液需称取或移取试剂，在此先介绍试剂的称量及移液基本操作。

1. 试剂的称量

因一般溶液不需要准确浓度，配制时可用托盘天平称量试剂。

（1）托盘天平的使用

托盘天平又叫台秤，用于精确度不高的称量，最大荷载为 200g 的托盘天平能称准至 0.1g 或 0.2g，最大荷载为 500g 的托盘天平能称准至 0.5g。

托盘天平的构造如图 4-1 所示。天平的横梁 1 架在底座上，横梁左右各有一个托盘 2，横梁中部有指针 3 与刻度盘 4，称量时根据指针在刻度盘左右摆动情况，可看出天平是否处于平衡状态。

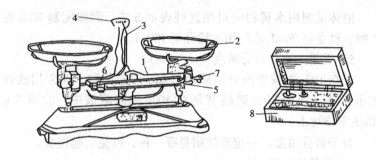

图 4-1 托盘天平的构造

1—横梁；2—托盘；3—指针；4—刻度尺；5—游码标尺；

6—游码；7—调节螺丝；8—砝码盒

使用方法：称量前要先检查天平的零点（指针应指向刻度盘的中间）。称量时，称量物放在左盘，砝码放在右盘。10g（或5g）以上的砝码用镊子从砝码盒夹取，10g（或5g）以下砝码通过游码尺 5 上的游码 6 来添加。当指针与刻度盘零点重合时，砝码所指示的质量就是称量物的质量。

称量完毕，把砝码放回砝码盒，游码退回刻度"0"处，取下盘上的物品，将托盘放在一侧或用橡皮圈架起，以免摆动。

注意事项：

1）托盘天平不能称量热的物品；

2）称量物不能直接放在托盘上，应放在适当的容器中，吸水或有腐蚀性的物体必须放在玻璃容器内；

3）要保持天平整洁，托盘上如有污物应立即清除；

4）砝码不能放在托盘和砝码盒以外的任何地方，砝码与天平应配套使用，不得随意调换或把几组砝码混用；

5）天平与砝码必须定期送计量部门检定，一般检定周期是一年。

（2）精确称量

需精确称量一定量的试剂时，必须使用分析天平，这里只介绍称量方法，分析天平的原理、使用及维护见本书三、之（一）。

1) 直接称量法

一般用于称量容器，如称量某一小烧杯的质量。调零后，将烧杯置于称盘上，添加砝码至天平平衡即可，现在多用电子天平，液晶屏可直接显示出所称量物品的质量。

2) 固定质量称量法

此法用于不易吸水且在空气中稳定的试剂、试样。先按直接称量法称容器的质量，然后加上固定质量的砝码，再用药匙将试剂逐步加到盛放试剂的容器中，快达到平衡时，用左手轻轻振动右手手腕使试剂慢慢落入容器，避免过量，如过量应弃去，不能再放回试剂瓶中。

3) 递减称量法（差减法）

此法常用于称取易吸水、粉末状的试剂。方法为：将试剂放入称量瓶中，用干净的纸条套住称量瓶，放到天平盘上，准确称量称量瓶和试剂的质量。取出称量瓶，放在准备好的容器上方，使称量瓶倾斜，用称量瓶盖轻轻敲瓶口上部，使试剂慢慢落入容器中。当倾出的试剂已接近所需要的质量时，慢慢将瓶竖起，再用瓶盖轻敲瓶口上部，使沾在瓶口上的试剂落回瓶内，盖好瓶盖。将称量瓶再放回到天平盘上，称出其质量。两次之差即为试剂的质量。按以上方法连续递减，可称取多份试剂。

若倾出的试剂不足，可按上述步骤继续倾出。但如超出需要的质量范围，必须弃去重称。

2. 移液管及容量瓶的使用

(1) 移液管

准确地移取一定体积的液体时，可以使用移液管，包括单标线吸管（俗称大肚吸管）和分度吸管（俗称直吸管）两种。

单标线吸管上部有一条标线，吸入液体的弯月面与此线相切时，自然放出液体的总体积，就是其容量。一般常用的是 5mL，10mL，25mL 等规格。分度吸管是刻有分度的玻璃管，常用的有 1mL，5mL 和 10mL 等多种规格，可以量取非整数体积的液体，最小分度有 0.01mL。

　　使用方法：洁净的移液管在使用前还需用少量待取溶液润洗3 次，以免被吸取的溶液浓度改变。吸取液体时，左手拿洗耳球（预先挤出空气），右手拇指及中指拿住移液管的标线以上部位（如图 4-2），使管下端伸入液面下约 1cm 处，伸入太深会使管外壁沾有过多液体，太浅液面下降后易吸空，移液管应随容器内液体的液面下降而下伸。当吸入的液体上升到刻度标线以上时，移去洗耳球，用右手食指按住管口，将移液管从溶液中取出，用滤纸擦干管下部外壁，靠在容器壁上，稍微放松食指，使液面下降到弯月面与标线相切时，立即用食指按紧管口，使溶液不再流出。

　　取出移液管，将移液管移至承接溶液的容器中，使管尖紧贴容器的内壁，移液管应呈竖直状态，承接容器（如锥形瓶）约成45°倾斜。松开食指使溶液自由地沿壁流下（如图 4-3），待液面下降到管尖，停靠约 15s 后取出移液管，除非移液管注明"吹"，否则不能把管尖的溶液吹出。

图 4-2　吸取溶液

图 4-3　放出溶液

76

移液操作应一次完成，例如从 100mL 溶液中精确移取 10mL，应选用 10mL 单标线移液管，不得用小容量移液管多次移取，以免增加误差，移液次数越多，误差越大。为减少测量误差，使用分度吸管作精密移液时，每次都应以零标线为起点，放出所需体积，不得分段连续使用。

图 4-4　溶液的转移

（2）容量瓶

容量瓶用于配制准确浓度的溶液，其颈上有一条标线，表示在所示温度下，当液体充满到标线时，液体体积恰好与瓶子上所注明的体积相等。

使用前应检查瓶塞是否漏水：加自来水至标线附近，盖好塞子，左手按住塞子，右手指尖托住瓶底边缘，将瓶倒立，如不漏水，将瓶直立，转动瓶塞 180°后，再试一次，确定不漏水后，方可使用。瓶塞应用橡皮筋系在瓶颈上，以免打破或遗失。

配制溶液时，先把称好的固体试剂在烧杯中用少量蒸馏水溶解，冷至室温后将溶液沿玻璃棒转入容量瓶中。转移时要注意：烧杯嘴应紧靠玻璃棒，玻璃棒下端靠着瓶颈内壁，使溶液沿玻璃棒和内壁流入（如图 4-4），溶液全部流完后，将烧杯轻轻向上提，同时直立，使附在玻璃棒与烧杯嘴之间的一滴溶液收回烧杯中。用蒸馏水多次洗涤烧杯和玻璃棒，把每次的洗涤液都转移到容量瓶中，加入蒸馏水至容量瓶容积的 2/3。将容量瓶拿起，水平方向旋转几圈，使溶液初步混匀。继续加水至接近标线 1cm 处，静置 1~2min，使附在瓶颈的溶液流下，再加水至弯月面下缘与标线相切。盖紧瓶塞，将容量瓶倒转，使气泡上升到顶，轻轻振荡，再倒转过来，如此反复数次，将溶液混匀。

如果溶质为液体，用移液管吸取定量的液体试剂，放于容量瓶中（瓶内事先加入少量蒸馏水），再加入蒸馏水至容量瓶容积的 2/3，接下来按上述步骤操作即可。

3. 常用溶液的配制

(1) 水质化验中所用到的试剂及溶液种类繁多，正确地配制、保存这些试剂和溶液是做好实验的关键，配制及保存溶液时，应注意以下事项：

1）配制试剂时，应根据对溶液浓度准确度的要求，合理选择试剂的级别、称量的器皿、天平的级别、有效数字的表示以及盛装容器等。

2）经常或大量使用的溶液，可先配制10倍于预定浓度的贮备液，需要时适当稀释即可。

3）易侵蚀或腐蚀玻璃的溶液，不应盛放在玻璃瓶内。

4）易挥发、易分解的溶液，如高锰酸钾、硝酸银等应盛放于棕色试剂瓶内，置于阴凉暗处，避免光照。

5）配好的溶液盛于试剂瓶后，应马上贴好标签，注明溶液的名称、浓度、配制日期、配制人，并做好配制记录，记录中应包括所用试剂的规格、生产厂家、配制过程等。

(2) 配制方法

1）常用酸溶液的配制

对于液体酸溶液的配制，可用下述方法：先在容器中加入一定量的水，然后量取一定体积的浓酸倒入水中，待所配酸溶液冷却后，转移至容量瓶中，稀释至刻度。

在配制酸溶液时，一定要将浓酸缓慢地倒入水中，并边倒边搅拌，决不能把水倾倒在浓酸中，以防浓酸飞溅伤人。

2）常用碱溶液的配制

固体碱溶液的配制：用烧杯在架盘天平上称出所需量的固体碱，溶于适量水中，再稀释至所需体积。由于氢氧化钠易于吸收空气中的水分和二氧化碳，在称量时应准确、迅速。同时氢氧化钠在溶解时发热，配制完的溶液需冷却后再转移。

以配制1L 1%的NaOH为例：在架盘天平上称取10g固体NaOH，置于烧杯内，用量筒或量杯量取1L蒸馏水，先用少量蒸馏水溶解NaOH，溶液转入1L试剂瓶中，再用蒸馏水洗涤烧杯数次，洗涤液及剩余蒸馏水全部转入试剂瓶，摇匀，用橡皮塞塞紧，贴上标签。

3）常用盐溶液的配制

在架盘天平上称取所需量的试剂溶于适量水中，再用水稀释到预定体积。对于不易溶解或易于水解的盐，需加入适量酸，再用水或稀酸稀释。易被氧化还原的盐，应在使用前临时配制。

4. 缓冲溶液的配制

缓冲溶液是一种能对溶液酸碱度起稳定作用的试液，它能耐受进入其中的少量强酸或强碱以及用水稀释的影响而保持溶液pH 值基本不变。

缓冲溶液一般由浓度较大的弱酸和它的盐（包括酸式盐）、弱碱及其盐组成。

缓冲溶液可分为普通缓冲溶液和标准缓冲溶液两类。普通缓冲溶液主要是用来控制溶液酸度（pH）的。标准缓冲溶液其 pH值是一定的（与温度有关），主要用来校正 pH 计。

（1）普通缓冲溶液的配制

1）缓冲溶液配制的一般要求：

（A）配制缓冲溶液必须使用符合要求的新鲜蒸馏水，配制pH 值为 6 以上的缓冲溶液时，必须除去水中的二氧化碳并避免其侵入。

（B）所用试剂纯度应在分析纯以上。

（C）所有缓冲溶液都应避开酸性或碱性物质的蒸气，保存期不得超过三个月。凡出现浑浊、沉淀或发霉等现象时，应弃去重配。

2）缓冲溶液的选用规则：

缓冲溶液的品种繁多，各有不同的 pH 值范围，同一种缓冲溶液中组分比例不同也会有不同的 pH 值范围，所以应根据实验具体情况选择缓冲溶液。选择缓冲溶液一般有以下要求：

（A）按所需控制的溶液 pH 值选用适当的缓冲溶液。

（B）缓冲溶液的任一组分不应对实验有干扰。

（C）根据实验中所需缓冲的酸或碱的浓度及强度选用缓冲容量相当的缓冲溶液。

（2）标准缓冲溶液的配制

1）标准缓冲溶液的配制要求

（A）所用试剂必须是"pH 基准缓冲物质"（一般有专门出售的试剂）。

（B）四草酸氢钾应在 $54 \pm 3℃$ 下烘干 $4 \sim 5h$，不得在 $60℃$ 以上加热干燥。

（C）在 $25℃$ 用酒石酸氢钾配制饱和溶液时，过量的未溶固体必须滤除。贮存时应加入少量百里酚（$0.9g/L$）防霉。

（D）氢氧化钙易吸收空气中的二氧化碳变成碳酸钙，必要时可采用将碳酸钙在 $1000℃$ 灼烧制得氧化钙，将过量的氧化钙在 $25℃$ 与无二氧化碳水共摇，滤去多余固体即得所需溶液，贮存在聚乙烯瓶中密封保存。

（E）精制硼砂应在 $60℃$ 以下析出结晶，以保证含有 10 个结晶水。其溶液应密闭保存于聚乙烯瓶中。

2）我国用作标准缓冲溶液的六种溶液的配制方法如下：

（A）$0.05mol/L$ 四草酸氢钾溶液：称取在 $54 \pm 3℃$ 下烘干 $4 \sim 5h$ 的四草酸氢钾 $12.61g$，溶于蒸馏水，在容量瓶中稀释至 $1L$。

（B）$25℃$ 饱和酒石酸氢钾溶液：在磨口玻璃瓶中装入蒸馏水和过量的酒石酸氢钾粉末（约 $20g/L$），温度控制在 $25 \pm 5℃$，剧烈摇动 $20 \sim 30min$，溶液澄清后，用倾泻法取其清液备用。

（C）$0.05mol/L$ 邻苯二甲酸氢钾溶液：称取在 $115 \pm 5℃$ 下烘干 $2 \sim 3h$ 的邻苯二甲酸氢钾 $10.12g$，溶于蒸馏水，在容量瓶中稀释至 $1L$。

（D）$0.025mol/L$ 磷酸二氢钾和 $0.025mol/L$ 磷酸氢二钠混合溶液：分别称取在 $110 \pm 5℃$ 下烘干 $2 \sim 3h$ 的磷酸氢二钠 $3.53g$ 和磷酸二氢钾 $3.39g$，溶于蒸馏水，在容量瓶中稀释至 $1L$（如果用于 0.02 级的仪器，则配制溶液的蒸馏水应预先煮沸 $15 \sim 30min$）。

（E）$0.01mol/L$ 硼砂溶液：称取硼砂 $3.89g$（注意不能烘！）

溶于蒸馏水，在容量瓶中稀释至 1L（如果用于 0.02 级仪器，则配制溶液的蒸馏水应预先煮沸 15～30min）。

（F）25℃饱和Ca(OH)$_2$溶液：在玻璃磨口瓶或聚乙烯塑料瓶中装入蒸馏水和过量的Ca(OH)$_2$粉末（5～10g/L），温度控制在25±5℃下，剧烈摇动 20～30min，迅速用抽滤法滤取备用。

（G）六种标准缓冲溶液于 0～95℃的 pH 值见表 4-1。

六种标准缓冲溶液于 0～95℃的 pH 值　　　　表 4-1

温度 （℃）	0.05mol/L 四草酸氢钾	25℃饱和酒 石酸氢钾	0.05mol/L 邻苯二甲酸氢钾	0.025mol/L 混合磷酸盐	0.01mol/L 硼砂	25℃饱和 Ca(OH)$_2$
0	1.67	/	4.01	6.98	9.46	13.42
5	1.67	/	4.00	6.95	9.39	13.21
10	1.67	/	4.00	6.92	9.33	13.01
15	1.67	/	4.00	6.90	9.28	12.82
20	1.68	/	4.00	6.88	9.23	12.64
25	1.68	3.56	4.00	6.86	9.18	12.40
30	1.68	3.55	4.01	6.85	9.14	12.29
35	1.69	3.55	4.02	6.84	9.10	12.13
40	1.69	3.55	4.03	6.84	9.07	11.98
45	1.70	3.55	4.04	6.83	9.04	11.83
50	1.71	3.56	4.06	6.83	9.02	11.70
55	1.71	3.56	4.07	6.83	8.99	11.55
60	1.72	3.57	4.09	6.84	8.97	11.43
70	1.74	3.60	4.12	6.85	8.93	/
80	1.76	3.62	4.16	6.86	8.89	/
90	1.78	3.65	4.20	6.88	8.86	/
95	1.80	3.66	4.22	6.89	8.84	/

（三）标准溶液的配制与标定

1. 标准溶液的配制

（1）直接配制法

准确称取一定量的纯物质，用水溶解后，定量转移到容量瓶中，加水稀释至标线，根据所称取物质的质量和容量瓶的体积，可算出溶液的准确浓度。直接配制法简便，溶液配好便可使用。

能用于直接配制标准溶液的物质称为基准物质。基准物质必须具备下列条件：

1）纯度要高，含量不应低于 99.9%。

2）组成要与化学式完全符合，若含结晶水，其含量也与化学式符合。

3）性质要稳定，如烘干时不易分解，称量时不易潮解，不易吸收空气中的 CO_2，不易被空气氧化。

4）最好具有较大的相对分子质量，以减少称量误差。

常用的基准物质有：碳酸钠、碳酸氢钠、碳酸氢钾、草酸钠、二水合草酸、硼砂、邻苯二甲酸氢钾、重铬酸钾、锌、氯化钠、氯化钾等。

（2）间接配制法

对于不宜用直接法配制的标准溶液，可先配成近似浓度的溶液，再用基准物质或另一种已知浓度的标准溶液来确定（标定）它的准确浓度，这种标准溶液的配制方法称为间接配制法。

2. 标准溶液的标定

标准溶液的标定方法有直接标定法和比较标定法两种。

直接标定法是用基准物质标定溶液浓度的方法，根据基准物质的质量和待标定溶液所消耗的体积，可计算出待标定溶液的准确浓度。

比较标定法是用已知浓度的标准溶液来标定溶液浓度的方法，根据两种溶液消耗的体积及已知浓度的标准溶液的浓度，可计算出待标定溶液的准确浓度。这种方法虽然不如基准物质标定法准确，但简便易行。

标定时，应做三次平行测定，滴定结果的相对偏差不超过 0.2%，将三次测得数据取算术平均值作为被标定溶液的浓度。

3. 配制与标定标准溶液的相关计算

（1）配制标准溶液的相关计算

用物质的量浓度进行计算时，要用到一个重要关系式：

$$n_B = \frac{m_B}{M_B}$$

式中　n_B——表示物质 B 的物质的量，mol；

　　　m_B——表示物质 B 的质量，g；

　　　M_B——表示物质 B 的摩尔质量，g/mol。

根据物质的量浓度的定义，$c = \frac{n}{V}$，则物质 B 的物质的量

$n_B = c_B V_B$

所以　　　　　　　　$\frac{m_B}{M_B} = c_B V_B$

【例1】　配制 0.1000mol/L 的 1/6 $K_2Cr_2O_7$ 溶液 500mL，需称取基准 $K_2Cr_2O_7$ 多少克？

【解】　由　$\frac{m_B}{M_B} = c_B V_B$，　得　$m_B = c_B V_B M_B$

已知　$M(1/6 K_2Cr_2O_7) = \frac{294.18}{6} = 49.03 \text{g/mol}$

则　　　$m_{K_2Cr_2O_7} = c_{K_2Cr_2O_7} V_{K_2Cr_2O_7} M_{1/6 K_2Cr_2O_7}$

$$= 0.1000 \times \frac{500}{1000} \times 49.03$$

$$= 2.452\text{g}$$

答：需称取基准 $K_2Cr_2O_7$ 2.452g。

（2）稀释或浓缩溶液的计算

在稀释或浓缩溶液的计算中，由于溶液中只是增减了溶剂，溶质的物质的量并没有改变，所以有

$$c_1 V_1 = c_2 V_2$$

式中　c_1、V_1 为稀释前溶液的浓度和体积；

　　　c_2、V_2 为稀释后溶液的浓度和体积。

【例 2】 现有 0.1024mol/L 的 HCl 溶液 4800mL，欲使其浓度稀释为 0.1000mol/L，应加水多少毫升？

【解】 设应加入 V mL 水，

根据 $$c_1 V_1 = c_2 V_2$$

则 $$0.1024 \times 4800 = 0.1000 \times (4800 + V)$$

得 $$V = \frac{(0.1024 - 0.1000) \times 4800}{0.1000} = 115.2 \text{mL}$$

答：应加入水 115.2mL。

【例 3】 欲配制 0.2mol/L 的 HCl 溶液 1000mL，应取浓度为 12mol/L 的浓 HCl 多少毫升？

【解】 设应取浓 HCl V mL

根据 $$c_1 V_1 = c_2 V_2$$

则 $$12 \times V = 0.2 \times 1000$$

得 $$V = 16.7 \text{mL}$$

答：应取 12mol/L 的浓 HCl 16.7mL。

（3）标准溶液的标定计算

前面已经讲过，在使用物质的量浓度时，必须指明基本单元，例如：

$c_{\text{NaOH}} = 1 \text{mol/L}$，即每升含 1mol（40g）NaOH。其基本单元是 NaOH 分子。

$c_{\frac{1}{2}\text{H}_2\text{SO}_4} = 1 \text{mol/L}$，即每升含 1mol（49g）$1/2\text{H}_2\text{SO}_4$。其基本单元是 $1/2\text{H}_2\text{SO}_4$ 分子。

$c_{\text{H}_2\text{SO}_4} = 1 \text{mol/L}$，即每升含 1mol（98g）$\text{H}_2\text{SO}_4$。其基本单元是 H_2SO_4 分子。

可以按基本单元来进行滴定反应的计算，根据得失质子（H^+ 离子）数目和得失电子数目相等的原则可得，当到达化学计量点时，参加反应的基本单元物质的摩尔数相等。这就是等物质的量反应规则。

即基本单元 A 与基本单元 B 反应完全，达到等计量点时，

$$n_A = n_B$$

这里 A、B 都是反应的基本单元

又因为

$$n = cV$$

所以

$$c_A V_A = c_B V_B$$

在比较标定法中常用到这个公式。

又

$$n_B = \frac{m_B}{M_B}$$

所以

$$c_A V_A = \frac{m_B}{M_B}$$

在直接标定法中常用到这个公式。

【例4】 用 $c_{\frac{1}{2}H_2SO_4} = 0.1000mol/L$ 的硫酸标准溶液滴定 NaOH 标准溶液 20.00mL，消耗 H_2SO_4 溶液 19.95mL，问 NaOH 标准溶液的浓度为多少？

【解】 此反应方程式为：

$$\frac{1}{2}H_2SO_4 + NaOH = \frac{1}{2}Na_2SO_4 + H_2O$$

根据

$$c_A V_A = c_B V_B$$

$$c_{\frac{1}{2}H_2SO_4} V_{\frac{1}{2}H_2SO_4} = c_{NaOH} V_{NaOH}$$

则

$$0.1000 \times 19.95 = c_{NaOH} \times 20.00$$

得

$$c_{NaOH} = 0.09975mol/L$$

答：NaOH 标准溶液的浓度是 0.09975mol/L。

【例5】 称取 0.5125g 邻苯二甲酸氢钾 $KHC_8H_4O_4$ 做基准物质，来标定 NaOH 溶液，已知用去 NaOH 溶液 25.00mL，求 NaOH 溶液的浓度。

【解】 此滴定的反应式为

$$KHC_8H_4O_4 + OH^- = KC_8H_4O_4^- + H_2O$$

根据

$$c_A V_A = \frac{m_B}{M_B}$$

得

$$c_A = \frac{m_B}{M_B \cdot V_A}$$

则
$$c_{NaOH} = \frac{m_{KHC_8H_4O_4}}{M_{KHC_8H_4O_4} \cdot V_{NaOH}}$$

$$= \frac{0.5125 \times 1000}{204.22 \times 25.00}$$

$$= 0.1004 mol/L$$

答：NaOH 溶液的浓度为 0.1004mol/L。

思 考 题

1. 溶液浓度通常有哪几种表示方法？

2. 递减称量法的基本步骤。

3. 如何配制 5% 的 NaOH 溶液。

4. 什么是基准物质？基准物质应具备什么条件？

5. 把浓度为 0.1mol/L 的硫酸溶液 100mL 稀释成 0.02mol/L 的溶液，需加水多少毫升？

6. 称取 0.5008g 邻苯二甲酸氢钾 $KHC_8H_4O_4$ 做基准物质，来标定 NaOH 溶液，已知用去 NaOH 溶液 23.48mL，求 NaOH 溶液的浓度。

五、常规水质分析方法基本操作

（一）重量分析法基本操作

重量分析法是将被测物质以沉淀的形式析出，经过过滤、洗涤或烘干、灼烧、称重，进而换算得到被测物质的含量。例如，悬浮物、总固体、溶解性固体等都采用重量分析法测定。

1. 重量法基本操作

（1）过滤

过滤是利用滤纸、滤膜或滤器将溶液中的固体物质（悬浮物或沉淀等）进行有效分离的分析操作。

过滤装置由滤器与滤材两部分组成。水质分析实验室常用的滤器有漏斗、玻璃砂芯滤器、古氏坩埚和可拆式滤器等。滤材主要有滤纸、滤膜、石棉纤维浆及砂芯等。

常用的过滤方式一般有常压过滤和减压过滤两种。

1）常压过滤

常压过滤一般采用漏斗和滤纸。滤纸分定性和定量两种，在重量分析法中都采用定量滤纸。先把滤纸对折再对折，展开成圆锥形。如果漏斗与滤纸贴合得不紧密，这时需要重新调整滤纸折叠的角度，再把滤纸紧贴漏斗。将3层厚的滤纸外层撕去一个小角，使漏斗与滤纸贴合得比较紧密（如图5-1）。滤纸

图 5-1　滤纸的折叠法与安放

边缘应略低于漏斗的边缘，用少量水将滤纸润湿，轻压滤纸赶去气泡。向漏斗中加水至滤纸边缘，这时漏斗颈内应全部充满水，形成水柱。液柱的重力可起抽滤作用，使得过滤大为加速。若不形成水柱，可能是滤纸没有贴紧，或者是漏斗颈不干净，应重新处理。

漏斗颈要靠在接受容器的壁上，先转移溶液，后转移沉淀。转移溶液时，应把它滴在3层滤纸处并使用玻璃棒引流，每次转移量不能超过滤纸高度的2/3。如果需要洗涤沉淀，则等溶液转移完毕后，往盛着沉淀的容器中加入少量洗涤剂，充分搅拌并放置，待沉淀下沉后，把洗涤液转移入漏斗，如此重复操作两三遍，再把沉淀转移到滤纸上。洗涤时应采取少量多次的原则。检查滤液中的杂质含量，可以判断沉淀是否洗净。

2) 减压过滤

减压过滤简称"抽滤"，可缩短过滤的时间，并可把沉淀抽得比较干爽，但不适用于胶状沉淀和颗粒太细的沉淀的过滤。减压过滤装置如图5-2所示，利用水循环泵（或真空泵）抽出吸滤瓶的空气，使吸滤瓶内压力减小，这样在布氏漏斗内的液面与吸滤瓶内形成一个压力差，从而提高了过滤的速度。为了防止因关闭水循环泵后引起水的倒吸，将滤液沾污，所以在停止过滤时，应首先从吸滤瓶上拔掉橡皮管，接通空气，然后再关闭水循环泵。

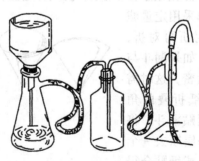

图 5-2　抽滤装置

滤纸（或滤膜）应比布氏漏斗的内径略小，能把瓷孔全部盖住。先抽气使滤纸贴紧，然后用玻璃棒往漏斗内转移溶液，注意加入的溶液不要超过漏斗容积的 2/3，等溶液流完后再转移沉淀，继续减压抽滤至沉淀比较干燥为止。洗涤沉淀时，应暂停抽滤，加入洗涤剂使其与沉淀充分润湿后，再开泵将沉淀抽干，重复操作，洗至达到要求为止。

（2）干燥

干燥指除去样品、沉淀或试剂中的水分或溶剂的过程，常用烘烤、冷冻、化学和吸附等方式，必须根据被干燥物质的性质及实验目的选择干燥方法。通常重量法对所得沉淀或悬浮固体采用加热烘干的方式处理，烘干后称量至恒重即可。常用的烘干设备是电热恒温干燥箱（烘箱）。

烘干或灼烧后的物质应放入干燥器中冷却。干燥器的下部装有干燥剂（一般是硅胶），其上放置一块带孔瓷板以承载装固体的容器。干燥器的口上和盖子边缘下面都带有磨口，在磨口上涂有一层很薄的凡士林、润滑剂等，可以使盖子盖得很严，防止外界的水汽进入。

搬动干燥器时，两手左右分开，用两只手的拇指压着盖的边缘，食指卡住干燥器口的下缘，方可搬动，严禁用一只手将干燥器抱在怀里，以免盖子滑落而打碎。一只手轻轻扶住干燥器，另一只手沿水平方向移动盖子，即可打开干燥器（如图 5-3 所示）。干燥器长期放置打不开时，可将整个干燥器均匀温热，用薄的铁片塞在缝中轻轻撬开即可。减压干燥器的活塞转不动，可用蘸有温水的布包裹该部位，然后从活塞上慢慢淋些热水再扭动活塞。温度很高的物体（如灼热的坩埚）应待冷却后再放进去（不必冷至室温）。放入后，一定要在短时间内把干燥器的盖子打开一两次，防止因干燥器内空气受热而增大压力将盖子冲开或因干燥器内的空气冷却而其中压力降低使得盖子难以打开。

（3）称量

干燥器的开启和关闭　　　　　干燥器的搬移

图 5-3　干燥器的使用

　　烘干后的沉淀在干燥器中冷却约半小时后，在分析天平上称量。现在的水质实验室一般使用电子天平。电子天平最大的优点是：操作简便，称量速度快。没有加砝码的过程，把称量物放在天平盘上几秒钟后即可达到稳定，可直接从液晶屏上读出称量物的重量。特别适合称量易吸潮的物质。

　　一般电子天平的称量步骤为：

　　1）使用前检查天平是否处于水平状态，用天平的底脚螺丝来调节水平。

　　2）称量前接通电源预热 30min。

　　3）校准：首次使用天平必须先校准。将天平移动位置或使用一段时间后也须重新校准。为使称量更加准确，亦可随时对天平进行校准，校准过程按说明书进行。

　　4）称量：按下显示屏的开关键，待显示稳定的零点后，将物品放到秤盘上，关上侧门，读数显示稳定后读取称量值。

　　使用注意事项：

　　1）取放称量物应使用天平的侧门，中门仅用于调试和检修。启闭侧门要轻稳，放好称量物要立即关闭侧门。

　　2）称量物应放在天平盘的中央，以免影响称量的准确性。

　　3）称量的物品总量不得超过天平的最大负荷。

　　4）称量腐蚀性、挥发性或吸湿性的物品，必须放在密闭的容器内。任何试剂或样品不得直接放在天平盘上称量。

5）不得称量过热或过冷的物品，待称量物的温度应平衡到接近天平的温度时再进行称量。

6）称量完毕，关好侧门，切断电源，罩好防尘罩，登记使用情况。

2. 常规的重量法分析项目

（1）总固体

总固体又称总残渣，指水样中的悬浮物质与溶解物质之和。取适量振荡均匀的水样于经恒重、已知质量的蒸发皿中，放在水浴或蒸汽浴上蒸发至干，在103～105℃烘箱内烘至恒重。蒸发皿增加的质量即为总固体。计算公式为：

$$总固体(mg/L) = \frac{(A - B) \times 1000 \times 1000}{V}$$

式中　A——总残渣与蒸发皿的总重，g；

　　　B——蒸发皿重，g；

　　　V——水样体积，mL。

（2）溶解性固体

指能通过滤器并于103～105℃烘干至恒重的固体。把滤过的水样放入恒重、已知质量的蒸发皿中蒸干，然后在103～105℃烘箱内烘至恒重。蒸发皿增加的质量即为溶解性固体。计算公式为：

$$溶解性固体(mg/L) = \frac{(A - B) \times 1000 \times 1000}{V}$$

式中　A——可滤残渣与蒸发皿的总重，g；

　　　B——蒸发皿重，g；

　　　V——水样体积，mL。

（3）悬浮物（SS）

指剩留在滤器上，并于103～105℃下烘至恒重的固体。悬浮物是污水监测中的一个重要项目，它是决定工业废水及生活污水能否直接排入公共水域或必须经过处理的重要条件之一。

测定方法有石棉坩埚法、玻璃砂芯漏斗法、滤纸或滤膜法，这三种方法都是基于过滤恒重的原理，主要区别是滤材的不同。石棉坩埚法要把石棉纤维浆均匀地铺在古氏坩埚上用作滤材，由于石棉对人体危害较大，近年已较少采用；玻璃砂芯漏斗使用后处理起来比较麻烦；滤纸或滤膜法较简便，但滤纸易吸潮，对操作的要求较高，操作不严谨易造成较大误差。

测定方法为：选择适当的滤材，烘干至恒重，取适量水样过滤，将滤材连同残渣烘干至恒重，增加的质量即为悬浮物。计算公式为：

$$悬浮物(mg/L) = \frac{(A - B) \times 1000 \times 1000}{V}$$

式中　A——悬浮物与滤材的总重量，g；

　　　B——滤材重，g；

　　　V——水样体积，mL。

（4）含水率

污水处理厂的污泥一般都要测定含水率，以满足处理工艺上的需要。测定污泥含水率也是采用重量法，操作比较简单，具体步骤如下：

称取 20g 左右污泥于已知质量的蒸发皿中，在 105℃下烘干至恒重（如含水分较多，可先在水浴上蒸干），计算水分占所取污泥质量的百分数即为含水率。计算公式为：

$$含水率(\%) = \frac{A - B}{C} \times 100\%$$

式中　A——烘干前污泥与蒸发皿的总重，g；

　　　B——烘干后污泥与蒸发皿的总重，g；

　　　C——烘干前污泥重，g。

（5）灰分

灰分也是污泥的常规化验项目，一般测定方法是：将测定完含水率的污泥置于马弗炉中在 550±50℃下灼烧 1h，冷却至室温称重，残留在皿中的物质的质量占灼烧前干泥质量的百分数即为该污泥的灰分。计算公式为：

$$灰分（\%）= \frac{A - B}{C} \times 100\%$$

式中　A——灼烧后污泥与蒸发皿的总重，g；

　　　B——蒸发皿的空重，g；

　　　C——烘干后污泥重，g。

（二）容量分析法基本操作

容量分析法又称滴定分析法，是将已知准确浓度的溶液滴加到待测物质溶液中，直到所加的试剂与待测物质按化学计量关系定量反应为止，然后根据滴定液的浓度和用量计算出待测物质的含量。

1. 容量法基本操作

（1）滴定管及其使用

滴定管是滴定时用来准确测量流出标准溶液体积的量器。它的主要部分管身是用细长而且内径均匀的玻璃管制成，上面刻有均匀的分度线（线宽不超过 0.3mm），下端的流液口为一尖嘴，中间通过玻璃旋塞或乳胶管连接以控制滴定速度。常量分析用的滴定管标称容量为 50mL 和 25mL，还有标称容量为 10mL，5mL，2mL，1mL 的半微量或微量滴定管。

滴定管一般分为两种：酸式滴定管和碱式滴定管。

酸式滴定管下端有玻璃旋塞开关，用来装酸性溶液和氧化性溶液，不宜盛碱性溶液（避免腐蚀磨口和旋塞）。

碱式滴定管的下端连接一段乳胶管，管内有玻璃珠以控制溶液的流出，乳胶管下端再连一尖嘴玻璃管。

使用对光敏感或化学性质不稳定的滴定试剂（例如硝酸银与高锰酸钾标准溶液）时，应选用棕色滴定管。

1）滴定管使用前的准备

酸式滴定管使用前应检查旋塞转动是否灵活，然后检查是否漏水。试漏的方法是先将旋塞关闭，在滴定管内充满水，将滴定管夹在滴定管夹上，放置 2min，观察管口及旋塞两端是否有水渗出；将旋塞转动 180°，再放置 2min，看是否有水渗出。若前后两次均无水渗出，旋塞转动也灵活，即可使用，否则将旋塞取出，重新涂上凡士林（起密封和润滑作用）后再使用。

涂凡士林的方法是：将滴定管中的水倒掉，平放在实验台上，抽出旋塞，用滤纸将旋塞及旋塞槽内的水擦干，用手指蘸少许凡士林在旋塞的两头均匀地涂上薄薄一层，在旋塞孔的两侧少涂一些，以免凡士林堵住塞孔；或者分别在旋塞粗的一端和滴定管塞槽细的一端内壁均匀地涂一薄层凡士林。涂凡士林后，将旋塞直插入旋塞槽中，按紧，插时旋塞孔应与滴定管平行，此时旋塞不要转动。这样可以避免将凡士林挤到旋塞孔中。然后向同一方向转动旋塞，直至旋塞中油膜均匀透明。如发现转动不灵活，或出现纹路，表示凡士林涂得不够；若有凡士林从旋塞缝内挤出，或旋塞孔被堵，表示凡士林涂得太多。遇到这些情况，都必须把塞槽和旋塞擦干净后，重新涂凡士林。涂好凡士林后，应在旋塞末端套上一个橡皮圈，以防脱落打碎。套橡皮圈时，要用手指抵住旋塞柄，防止其松动。

碱式滴定管应选择大小合适的玻璃珠和乳胶管。玻璃珠过小会漏水或使用时上下滑动，过大则在放出液体时手指过于吃力，且操作不方便。

洗涤滴定管时（如用铬酸洗液洗涤），先将滴定管内的溶液倒掉，用水冲洗两遍并沥干，倒入 10mL 洗液（碱式滴定管应卸下乳胶管，套上旧橡皮乳头，再倒入洗液），将滴定管逐渐向管口倾斜，用两手转动滴定管，使洗液布满全管，然后打开旋塞将洗液放回原瓶中。如果内壁沾污严重，则需用洗液充满滴定管（包括旋塞下部尖嘴出口），浸泡 10min 至数小时或用温热洗液浸泡 20 ~ 30min。先用自来水冲洗干净，再用纯水洗三次。

2）把溶液装入滴定管

将标准溶液装入滴定管之前，应将其摇匀，使凝结在瓶内壁上的水珠混入溶液，在天气比较热或室温变化较大时，此项操作更为重要。混匀后的标准溶液应直接倒入滴定管中，不得借用任何别的器皿（如烧杯、漏斗），以免标准溶液浓度改变或造成污染。为了避免装入后

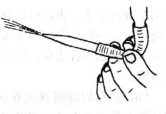

图 5-4　排出气泡

的标准溶液被稀释，应用此种标准溶液 5～10mL 润洗滴定管 2～3 次。操作时，两手平端滴定管，慢慢转动，使标准溶液流遍全管，并使溶液从滴定管下端流尽，以除去管内残留水分。装好标准溶液后，应注意检查滴定管尖嘴内有无气泡，否则气泡占用的体积会影响滴定液体积的准确测量。对于酸式滴定管可迅速转动旋塞，使溶液快速冲出，将气泡带走。对于碱式滴定管，右手拿住滴定管上端，并使管身倾斜，左手捏挤乳胶管玻璃珠周围，并使尖端上翘，使溶液从尖嘴处喷出，即可排出气泡（如图 5-4）。排除气泡后，装入标准溶液，使之在"0"刻度以上，再调节液面在 0.00mL 处或稍下一点位置，0.5～1min 后，记取初读数（如图 5-5）。

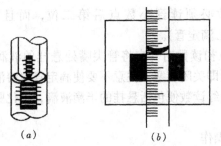

（a）　　　　　　　　（b）

图 5-5　滴定管读数

3）滴定管的读数

读数时应遵循下列规则：

（A）装满溶液或放出溶液后，须等 1～2min 后，使附着在内

壁的溶液流下来，再进行读数。如果放出溶液的速度较慢（如临近终点时），可只等 0.5 ~ 1min 后，即可读数。每次读数前要检查一下管壁是否挂水珠，管尖是否有气泡，管出口尖嘴处是否悬有液滴。

（B）读数时应将滴定管从滴定管架上取下，用拇指和食指捏住管上端无刻度处，使滴定管保持垂直状态。不宜直接在滴定管架上读数，该方法难以确保滴定管处于垂直状态。

（C）液体由于表面张力，滴定管内液面呈弯月形。对于无色或浅色溶液，弯月面清晰，读数时，应读取视线与弯月面下缘实线最低点相切处的刻度（如图 5-5b）；对于有色溶液（如 $KMnO_4$、I_2 等）弯月面清晰度较差，读数时，应读取视线与液面两侧的最高点呈水平处的刻度。

（D）使用"蓝带"滴定管时，读数方法与上述不同，在这种滴定管中，液面呈现三角交叉点，此时应读取交叉点处的刻度，如图 5-5a 所示。

（E）每次滴定前应将液面调节在 0.00mL 处或稍下一点的位置，这样可固定在某一段体积范围内滴定，以减少体积测量的误差。

（F）读数必须读到小数点后第二位，而且要求准确到 0.01mL（25mL 滴定管）。

（G）读取初读数时，应将管尖嘴处悬挂的液滴除去，滴至终点时，应立即关闭旋塞，注意不要使滴定管内溶液流至管尖嘴处悬挂，否则终读数便包括悬挂的半滴液滴，给化验结果带来误差。

4）滴定操作

滴定时，应将滴定管垂直地夹在滴定管架上，滴定台应呈白色，否则应放一块白瓷板作背景，以便观察滴定过程中溶液颜色的变化。滴定最好在锥形瓶中进行，必要时也可以在烧杯中进行。滴定操作如图 5-6 所示。

使用酸式滴定管时，用左手控制滴定管的旋塞，拇指在前，

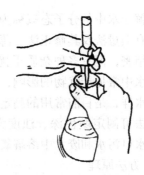

图 5-6　滴定操作

食指和中指在后，手指略微弯曲，轻轻向内扣住旋塞，转动旋塞时要注意勿使手心顶着旋塞，以防旋塞松动，造成溶液渗漏。右手握持锥形瓶，使滴定管尖稍伸进瓶口为宜，边滴定边摇动，使瓶内溶液混合均匀，反应及时完全。摇动时应作同一方向的圆周运动。开始滴定时，溶液滴加的速度可以稍快些，但也不能成流水状放出。滴定时，左手不要离开旋塞，并要注意观察滴定剂落点处周围颜色的变化，以判断终点是否临近。临近终点时，滴定速度要减慢，应一滴或半滴地滴加，滴一滴，摇几下，并以洗瓶吹入少量纯水洗锥形瓶内壁，使附着的溶液全部流下；然后再半滴半滴地滴加，直到溶液颜色发生明显的变化，迅速关闭旋塞，停止滴定。即为滴定终点。半滴的滴法是将旋塞稍稍转动，使有半滴溶液悬于管口，将锥形瓶与管口接触，使液滴流出，并用洗瓶以纯水冲下。

使用碱式滴定管时，左手拇指在前，食指在后，其余三指夹住出口管。用拇指与食指的指尖捏挤玻璃珠周围右侧的乳胶管，使胶管与玻璃珠之间形成一小缝隙，溶液即可流出。应当注意，不要用力捏玻璃珠，也不要使玻璃珠上下移动；不要捏挤玻璃珠下部胶管，以免空气进入而形成气泡；停止加液时，应先松开拇指和食指，然后才松开其余三指。

2. 常规的容量法分析项目

（1）溶解氧

溶解于水中的分子态氧称为溶解氧（DO）。测定溶解氧的方法主要有碘量法及其修正法、薄膜电极法和电导测定法。碘量法准确、精密，但有多种杂质干扰，如配以适当的干扰消除措施，可消除水中常见干扰物的影响，适用于测定水源水、地面水等较清洁的水样，是目前常用的测定溶解氧的方法。薄膜电极法和电导测定法可测定颜色深、浊度大的水样，常用于江河水、湖泊水、排水口污水和废水中溶解氧的测定。这里只介绍碘量法。

1）方法原理

在水样中加入硫酸锰和碱性碘化钾溶液，水中的溶解氧将二价锰氧化成四价锰，并生成氢氧化物沉淀。加酸后，沉淀溶解，四价锰又可氧化碘离子而释放出与溶解氧量相当的游离碘。以淀粉为指示剂，用硫代硫酸钠标准溶液滴定释放出的碘，可计算出溶解氧含量。

2）测定步骤

将吸管插入溶解氧瓶的液面下，加入 1mL 硫酸锰溶液以及 2mL 碱性碘化钾溶液，盖好瓶塞，颠倒混合数次，静置。待棕色沉淀物降至瓶内一半时，再颠倒混合一次，直到沉淀物下降到瓶底。一般在取样现场固定。

轻轻打开瓶塞，立即将吸管插入液面下加入 2mL 硫酸。小心盖好瓶塞，颠倒混合摇匀至沉淀物全部溶解为止，放置暗处 5min。

移取 100.0mL 上述溶液于 250mL 锥形瓶中，用硫代硫酸钠溶液滴定至溶液呈淡黄色，加入 1mL 淀粉溶液，继续滴定至蓝色刚好褪去为止，记录硫代硫酸钠用量。

3）计算公式

$$溶解氧(O_2, mg/L) = \frac{M \cdot V \times 8 \times 1000}{100}$$

式中　M——硫代硫酸钠溶液浓度，mol/L；

　　　V——滴定时消耗硫代硫酸钠溶液体积，mL。

水中亚硝酸盐会干扰碘量法测定溶解氧，可用叠氮化钠将亚硝酸盐分解后，再用碘量法测定，即叠氮化钠修正法。

（2）氯化物

氯离子几乎存在于各种水体中，它主要以钠、钙、镁等盐类形式存在，总称为氯化物。含氯化物高的水对金属管道、构筑物有腐蚀作用，同时也不适于灌溉。常用的测定方法是硝酸银滴定法。

1）方法原理

在中性或弱碱性溶液中，以铬酸钾为指示剂，用硝酸银滴定氯化物时，由于氯化银的溶解度小于铬酸银，氯离子被完全沉淀后，铬酸根才以铬酸银的形式沉淀出来，产生砖红色物质，指示终点。

2）测定步骤

取适量水样于锥形瓶中，加入 3 滴铬酸钾指示剂，用硝酸银标准溶液滴定，当样品颜色由黄色刚刚变为砖红色时，即达到终点，同时取同体积蒸馏水作空白滴定。根据硝酸银的浓度和用量计算水样中的氯化物含量。

3）计算公式

$$氯化物(Cl^-, mg/L) = \frac{(V_2 - V_1) \cdot M \times 35.45 \times 1000}{V}$$

式中　V_1——蒸馏水消耗硝酸银标准溶液体积，mL；

V_2——水样消耗硝酸银标准溶液体积，mL；

M——硝酸银标准溶液浓度，mol/L；

V——水样体积，mL；

35.45——氯离子（Cl^-）摩尔质量，g/mol。

（3）酸度

水的酸度是指水样中所有能与强碱发生中和反应物质的总量。构成水酸度的物质主要有：盐酸、硫酸和硝酸等强酸，碳酸、氢硫酸以及各种有机酸等弱酸，三氯化铁、硫酸铝等强酸弱碱盐。

酸度的测定常采用容量法，以酚酞和甲基橙作为指示剂，用氢氧化钠标准溶液滴定，滴定终点一般规定为 pH = 8.3 和 pH = 3.7。由于使水样呈酸性的物质种类较复杂，不易分别测定，所以酸度的结果是表示与强碱起反应的酸性物质的总量。

以甲基橙为指示剂滴定的酸度是较强酸类的总和，测定值称为甲基橙酸度，由于其主要部分为无机酸，故又称为无机酸度。以酚酞为指示剂滴定时，强酸、弱酸都被中和，此时得到的酸度为总酸度，又称为酚酞酸度。

总酸度与水中氢离子浓度（严格说是氢离子活度）或 pH 值是两个不同的概念，前者表示中和过程中可与强碱进行反应的全部酸性物质的总量，其中包括已电离的氢离子和未电离的弱酸两部分，而 pH 值只表示呈离子状态的氢离子的量。

酸度多用 $CaCO_3$，mg/L 表示。

(4) 碱度

通常可将碱度分成三类，即由水中钙、镁等的碳酸氢盐组成的重碳酸盐碱度，由水中钾、钠等的碳酸盐组成的碳酸盐碱度，以及由钾、钠等氢氧化物组成的氢氧化物碱度。

与酸度一样，碱度也多用中和法测定。

根据指示剂和指示的终点，可将碱度分成总碱度和酚酞碱度两类。如假定水中的碱度主要由 OH^-、CO_3^{2-} 和 HCO_3^- 组成，则酚酞碱度表示水中所有的强碱和碳酸盐转化成重碳酸盐所消耗酸的量；甲基橙碱度表示重碳酸盐转化为二氧化碳所消耗的酸的量。

碱度也多用 $CaCO_3$，mg/L 表示。

（三）比色分析法基本操作

通过比较溶液颜色深浅来测定物质含量的方法，称为比色分析法。

1. 比色皿的使用

比色皿是由无色透明、能耐腐蚀的玻璃或石英制成。用于盛放参比溶液和被测试液,多为长方形,也有试管形的。比色皿必须保持十分干净。特别要保护其透光面,不要用手直接接触。

(1) 比色皿的选择

待比色的溶液吸收波长在 370nm 以上的可选用玻璃比色皿或石英比色皿,在 370nm 以下时必须使用石英比色皿。比色皿有 1cm、2cm、3cm 光程长度,通常用 1cm 光程的比色皿。选择比色皿的光程长度应视所测溶液的吸光度而定,一般使其吸光度在 0.1～0.7 之间为宜。

(2) 比色皿的校正

1) 比色皿有方向性。有些比色皿上印有方向标志,使用时必须注意。校正无方向标志的比色皿时,要先确定方向并作好标志,以减少测定误差。

2) 同一组比色皿相互间的差异应小于测定误差。测定同一溶液时,同组比色皿之间吸光度相差应小于 0.005,否则需对差值进行校正。

3) 有两种比色皿误差可影响测定结果的正确性。一种是比色皿对入射光的吸收不一致,另一种是比色皿的光程长度不一致。由于吸光度与光程长度成正比,因此吸光度的相对误差也与光程长度的相对误差成正比。此外比色皿壁薄厚不均,皿面的内外反射也都存在微小差异。因此应严格挑选符合要求的比色皿,编号配套使用。

4) 校正比色皿时,应将纯净的蒸馏水注入皿中,以其中吸收最小的比色皿的吸光度为零,测定其他比色皿的吸光度。测定待测溶液时,应将其吸光度减去比色皿的吸光度。由于比色皿本身的吸光度很小,应以反复多次测得的吸光度求出平均值作为比色皿的吸光度。

(3) 比色皿的使用

用时应以所测溶液润洗后方可盛样,如外部被浸湿,可用擦镜纸拭干。使用挥发性溶剂时,比色皿应具塞。

(4) 比色皿的清洗

比色皿用于测定有机物之后，应以有机溶剂洗涤，必要时可用硝酸浸洗，但要避免用铬酸洗液洗涤，以免重铬酸盐附着在玻璃上。

用酸浸后，先用水冲净，再以去离子水或蒸馏水洗净晾干。如急用而要除去比色皿内的水分时，可先用滤纸吸干大部分水分后，再用无水乙醇或丙酮除去残存水分，晾干即可使用。

比色皿在任何情况下都不得长时间浸于溶液（包括纯水）中，以免脱胶散裂。

2. 分光光度计的使用

分光光度计的使用方法及注意事项见本书三、之（一）。

3. 比色分析法在水质分析中的应用

比色分析法在水质分析中应用很广，常规的氨氮、总氮、总磷、挥发酚、总氰化物等项目均可采用比色法来测定，具体原理及操作步骤见本书六、之（二）。

（四）样品预处理技术

由于污水中的悬浮物质较多，水一般呈浑浊状态，而多数分析方法一般要求样品是清洁透明的液体。因此，在污水、污泥的化验中，前处理就成为极为关键的步骤。

1. 污水预处理技术

污水预处理技术一般有：过滤、絮凝沉淀、消解、萃取、蒸馏等。

（1）过滤

一些对杂质含量要求不高的项目，可直接过滤后测定，如：溶解性固体。另外有一些项目是把过滤后截留在滤纸或滤膜上的物质再行处理测定，如：滤膜法测定大肠菌群。

表 5-1 列出了常用滤材的性能及适用范围。

常用滤材一览表

表 5-1

滤材	规格及型号	相应的砂芯滤器规格	主 要 用 途
定性滤纸	快速	G1，G2	分离大颗粒沉淀，不得用于定量分析
	中速	G3	分离较大颗粒沉淀，不得用于定量分析
	慢速	G4	分离细小颗粒沉淀，不得用于定量分析
定量滤纸	快速	G1，G2	分离大颗粒沉淀
	中速	G3	分离较大颗粒沉淀
	慢速	G4，G5	分离极细颗粒沉淀
砂芯滤器		G1	分离大颗粒沉淀
		G2	分离较大颗粒沉淀
		G3	分离一般晶形沉淀及杂质
		G4	分离细小颗粒沉淀
		G5	分离极细颗粒沉淀
		G6	分离细菌
滤膜	0.45	G5，G6	分离极细颗粒沉淀及细菌

（2）絮凝沉淀

水样带色或浑浊会影响测定，较清洁的水样可采用絮凝沉淀法去除干扰。絮凝剂一般采用氢氧化锌、氢氧化铝等具有两性的物质。可制成氢氧化铝悬浊液加入到水样中，或直接于水样中加入硫酸锌和氢氧化钠生成氢氧化锌，通过两性物质的吸附絮凝作用来使悬浮杂质沉降。静置后过滤或离心去除沉淀。

（3）消解

选用适当的手段处理样品，使其中的干扰组分（如有机物、悬浮颗粒物等）分解，待测物以离子形式进入溶液中。这一过程即为消解。

1）消解处理方法的一般规定及注意事项：

（A）消解过程所用试剂的纯度必须能满足分析方法的要求，至少应为分析纯试剂。

（B）所用的消解体系和手段应能有效地分解水样，不使待

103

测组分受损失。消解过程中不得引入待测组分或任何其他干扰物质，为后续操作引入干扰和困难。

（C）消解过程应平稳，升温不宜过猛，以免反应过于激烈造成样品损失或人身伤害。

（D）使用高氯酸进行消解时，不得直接向含有有机物的热溶液中加入高氯酸。

（E）消解后稀释与定容用水的质量应符合分析方法的要求，最低应达到三级水的要求。

（F）消解操作必须在通风橱内进行。

2）消解体系

消解一般常用强氧化性酸组合成各种体系，称为酸分解。也有碱体系消解，但在污水消解中一般用酸体系消解。

（A）常用的酸消解体系有：

a. H_2SO_4—HNO_3 体系，是用得最多的消解体系；

b. HCl—HNO_3 体系，适用于生成不溶性硫酸盐类的物质如 Pb 的消解；

c. H_2O_2—HNO_3 体系，用于需要氧化分解的试样；

d. $HClO_4$ 体系，如 H_2SO_4—$HClO_4$，HNO_3—$HClO_4$，H_2SO_4—HNO_3—$HClO_4$，HNO_3—HF—$HClO_4$，HCl—HNO_3—$HClO_4$ 体系等。这种消解体系适用于必须以强氧化剂分解的样品。需要注意的是 $HClO_4$ 在加热近干时与残存的有机物反应可发生爆炸，所以严禁将其烧干。

（B）碱性消解体系适用于在酸性条件下产生挥发成分的试样，常用的有：

a. $NaOH$—H_2O_2 体系；

b. $NaOH$—$KMnO_4$ 体系。

（4）萃取

在水质分析中，当样品中待测物含量很低而分析方法的灵敏度又不足时，萃取常可同时起到分离与富集的双重作用。

一般的有机化合物在有机溶剂中比在水中稳定。为保存和转移待测物，可以保存水样萃取后的萃取物，这比保留水样更有意义。

萃取有间歇萃取和连续萃取两种方法，设备简单，操作方便，一般完成一次操作不超过 1h，是最常用的有机物分离富集方法。

间歇萃取多在分液漏斗内进行。利用与水互不相溶的有机溶剂与水样一起振荡，绝大部分待测物即可进入有机相。萃取率的高低取决于被萃取物在两相中分配比的差异。若经一次萃取不能达到预期要求，可做两次或多次萃取。

1）萃取剂的选择要求：

（A）两相必须互不混溶，萃取剂对被萃取物必须有尽可能大的溶解度，对干扰物的溶解度尽可能小；

（B）两相必须能快速分离，最好不生成乳状物，如有乳状物生成应易于消除；

（C）萃取剂不干扰测定；

（D）萃取剂应有一定的化学稳定性和较小的毒性；

（E）萃取剂与水的密度应有明显差异以便于分离。

2）萃取操作

（A）使用分液漏斗前应先检查下口活塞和上口塞子是否有漏液现象。操作时，所用水样体积不得超过分液漏斗容量的2/3。加入适量有机溶剂后，用手工操作或用振荡器振荡进行萃取。

（B）手工振荡时，将塞子塞紧，用右手的拇指和中指拿住分液漏斗，食指压住上口塞子，左手的食指和中指夹住下口管，同时，食指和拇指控制活塞（如图 5-7 所示）然后将漏斗平放，前后摇动或作圆周运动，使液体振动起来，两相充分接触。

（C）在振动过程中应注意不断放气，以免萃取或洗涤时，内部压力过大，造成漏斗的塞子被顶开，使液体喷出，严重时会引起漏斗爆炸，造成伤人事故。放气时，将漏斗的下口向上倾斜，使液体集中在下面，用控制活塞的拇指和食指打开活塞放气，注意不要对着人，振荡初始时，应及时放气，随振荡时间的增加，可适当延长放气的时间间隔。

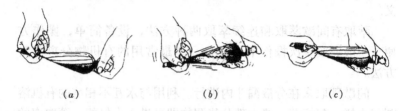

图 5-7 萃取操作

(D) 振荡完毕，静置分层使两相分开，分离水相与有机相时，先打开玻璃塞或使玻璃塞上的凹槽对准漏斗颈上的小孔，以使漏斗内气压与外界相通。

(E) 为提高萃取效率，可加入盐类使水相饱和。常用的无机盐有硫酸钠、硫酸铵、氯化钠等。

(F) 按少量多次的原则，每次用部分萃取剂进行多次萃取的效果较之使用全量萃取剂一次萃取的效果为高。但萃取次数过多，不仅增加工作量，还会加大操作误差。

(G) 如果两相间界面不清，可适当增加萃取剂或电解质的用量，常能使因水样中的悬浮物或胶状物引起的界面不清得以消除。萃取碱性水样所产生的乳浊层，可用改变水样酸度的方法使之变清。萃取时振荡不要过于激烈，也可避免或改善乳浊现象。对部分比较黏稠的乳浊层，可加入数滴适宜的溶剂以减低水的表面张力帮助分层。常用的溶剂有丙酮、乙醇、异丙醇或其他消泡剂。

(H) 萃取后所得萃取液中常含有某些杂质（包括酸或碱）。例如，用浓硫酸处理样品以消除或破坏其中某些有机杂质时，有机萃取液常呈酸性。对于这类物质，可经洗涤萃取液以除去之。用洗涤液洗涤时应注意：

a. 萃取液呈酸性时，可在用弱碱溶液（如稀的碳酸钠、碳酸氢钠、氢氧化钠、氢氧化钾）洗涤后，用水洗至中性。注意，当使用碳酸盐或碳酸氢盐作洗涤液时，必须及时排气，以免产生的二氧化碳形成内压导致崩溅。

b. 萃取液呈碱性时，可用稀硫酸或稀盐酸洗涤，再用水洗至中性。

c. 洗涤次数过多容易造成待测物的损失。洗涤液（酸、碱、水等）中不得含有待测物。

(5) 蒸馏

蒸馏是利用液体混合物在同一温度下各组分蒸气压的不同，进行液体物质分离的方法。它是水质分析中常用的一种预处理方法。

按所用手段和条件的不同，蒸馏可分为常压蒸馏、减压蒸馏、分馏以及其他类型的蒸馏。水质分析中常用的是常压蒸馏，这里只介绍常压蒸馏。

1）常压蒸馏主要用于沸点在 40～150℃ 之间的化合物的分离。常用的蒸馏装置有蒸馏瓶、冷凝管和接收器。

2）蒸馏液的装入量不要超过蒸馏瓶容量的二分之一，以防沸腾时液体冲出。

3）测量蒸馏温度用的温度计应安装正确，其水银球的上边缘应和蒸馏瓶支管口的下边缘处于同一水平，蒸馏过程中使水银球完全为蒸气所包围。水银球上凝结的液滴表示馏出物的沸点温度正确。水银球上如无液滴生成，表示蒸气温度过高，此时的温度与馏出物的沸点不符。

4）水冷式冷凝管应按下入上出的顺序连接冷却用水，不得装倒。

5）应注意防止暴沸，可在开始蒸馏前加入洗净并经过干燥的沸石、玻璃珠等。

6）蒸馏速度应适当，太慢影响工作效率，太快影响蒸馏效果，通常是以每秒 1～2 滴为宜。

7）使用吸收液吸收馏出物中的挥发性组分时，终止蒸馏前必须先移开接收器再停止加热，或在停止加热前即将冷凝管与蒸馏瓶分开，以防接收器中的溶液倒吸入蒸馏瓶中。

8）蒸馏过程中如需添加样品或试剂，必须暂停蒸馏，待蒸馏瓶内液体冷至沸点以下再添加。

9）某些液体在蒸馏时会产生泡沫，可加入一滴辛醇或硅酮油消除泡沫。

2. 污泥预处理技术

污泥的预处理相对比较复杂，一般有：高温灰化、消解、索氏提取、微波消解等方法。

（1）高温灰化

在测定污泥中的无机物或稳定性较强的金属及其化合物时，可进行高温灼烧灰化。根据待测物的不同要求，选用铂、石英或瓷质坩埚，把污泥置于马弗炉内灼烧，在 500 ± 50℃下，至灰化完全，有机物分解，残存的灰分根据测定项目的需要经溶解后，进行测定。

样品中的 Hg、As、Sn、Pb、Cd、Sb 等易形成低沸点化合物挥发损失，必要时可加入 HNO_3、H_2SO_4 等灰助剂以减少损失。

（2）消解

污泥消解的目的是：①溶解固体物质；②破坏污泥中的有机物；③将待测物质转变为可测状态。一般有碱熔融法、酸或混合酸消解法。

1）碱熔融法

碱熔融法也称为干法消解，按所用试剂分为碳酸钠熔融法和过氧化钠熔融法等。

以碳酸钠熔融法为例，操作步骤为：在铂坩埚中把碳酸钠与过 100 目筛的污泥样品混匀，并在上面平铺一层碳酸钠，放入马弗炉中，900℃左右熔融半小时，取出趁热观察，若表里均匀一致，中间无气泡和不溶物，表示熔融完全，将熔块倒入烧杯研碎，加入 6mol/L 的盐酸，使熔块溶解。经过这样处理的样品可用于测定金属元素。

进行碱熔融时应注意：

（A）分解含有机质较高的试样时，容易溅出，可在 $500 \sim 600$℃

马弗炉内进行预灰化处理；

（B）镍坩埚应在 600℃ 以下使用。用镍坩埚熔样时常用氢氧化钠或过氧化钠作熔剂；

（C）注意控制马弗炉温度，其指示温度与热电偶位置有关。熔样前应先行检查热电偶的安放是否适当；

（D）不宜直接用铂坩埚分解含较多有机质的样品，以免使铂碳化变黑。一旦变黑切忌用刮、磨等方法处理，可用焦硫酸钾作熔融处理。

2）混合酸消解法

酸消解法也称为湿法消化，多采用硫酸、硝酸、盐酸、高氯酸或两种强酸混合液（如王水）加入到过 60 目筛的样品中，在电炉或电热板上消解数小时，消解温度根据被测物的性质调节。常在混合酸中加入氢氟酸以加速分解。

若样品中含有机物较多，应先加入硝酸充分分解有机物，冷却后再加入高氯酸，不得直接向含有机物的热溶液中加入高氯酸，以免引起爆炸。

（3）索氏提取

测定污泥中的有机污染物时，要用有机溶剂萃取这些物质，常用的萃取方法是索氏提取。

索氏提取器又叫脂肪抽提器（如图 5-8 所示），是通过溶剂回流及虹吸现象，使固体样品每次均匀地被纯净的溶剂所提取。萃取效果好，且节约试剂，但对容易分解及变色的物质不宜采用，另外需要高沸点溶剂时也不宜采用此法。

图 5-8　索氏
提取器

1）操作步骤

提取前，先将滤纸卷成筒状，直径略小于提取筒的直径，一端用线扎紧。在此纸筒中装入研细的固体样品，轻轻压实，上面盖上滤纸，放入提取筒中，加热，液体沸腾后开始回流，液体在提取筒中蓄积，使固体浸入液体中。当液面超过虹吸管顶部时，蓄积的液体带着从固体中提取出来的易溶物质流回蒸馏瓶中。溶剂蒸发、回流，循环往复，直到污染物大部分被提出为止。

2）对提取剂的要求

溶剂的沸点宜低，一般认为，以 45～80℃ 之间较为适宜。沸点太低容易挥发，沸点太高则不易浓缩，而且会导致一些热稳定性差的成分受热分解。

选择溶剂的原则是根据"相似相溶"的原则。极性小的有机氯农药宜选用极性小的溶剂（如乙烷等）抽提；极性强的有机磷农药宜选择极性强的溶剂，如二氯甲烷、氯仿、丙酮等抽提。

（4）微波消解

目前广泛使用的污泥分解方法，无论是干灰化法、湿消化法还是熔融法，都存在着耗时、耗能源、试剂用量大、易造成交叉污染、易造成挥发元素的损失等缺点。因此，寻求一种快速、成本低、易于自动化控制、适合仪器快速测定需的溶样方法，已成为分析化学工作者迫切需要解决的课题。

1974 年 S.A.Hesek 等人开始引进微波炉应用于实验室。而后人们将此技术应用于生物、矿物和金属样品的消解上，并与 AAS 和 ICP 仪器相结合，取得了快速而满意的结果。经过人们长期研究，这一技术取得了突破性的进展，引起了广泛而强烈的反响。

1）基本原理

微波是指电磁波谱中位于远红外线与无线电波之间的电磁辐射。其频率范围通常自 300MHz 开始一直至无线电波的最高极限频率为止（红外线下端）。相当于在这个频率范围的波长在 1m 以下。传统的加热技术，都是先加热物体表面，然后热能"由表及里"，即所谓的"外加热"，微波加热是靠频率为 2450MHz 的微波，具有较强的穿透能力，可以穿透约 1 英寸的厚度，渗入到加热物体的内部，使加热物内部分子间产生剧烈振动和碰撞。由于微波频率相当高，这种碰撞每秒钟发生几十亿次，从而导致加热物体内部的温度剧烈升高，即所谓"内加热"，这样，溶样时样品表面层和内部在不断搅动下破裂、溶解，不断产生新鲜的表面与酸反应，促使样品迅速溶解。

由于微波辐射消除了通常的热导，因此微波消解具有以下独特的优点：

（A）被加热物质里外一起加热，瞬间可达高温，热能损耗少，利用率高。因加热从介质本身开始，设备基本上不吸收微波能，同时装有良好的排烟装置，避免了环境高温，改善了劳动条件。

（B）微波穿透力强，加热均匀，对某些难溶样品的分解尤为有效。

（C）传统加热都需要相当长的预热和升温时间。微波加热在微波启动 10 ~ 15s 便可奏效。溶解时间极大缩短。一般比传统加热溶样快 4 ~ 200 倍。

（D）微波溶样可促使整个分析易于实现自动化。

2）设备

实验室专用微波炉设备的主要要求和性能：

（A）炉腔壁必须涂以耐酸腐蚀的材料或装有防护罩，并与电子线路隔离，以防腐蚀损坏。目前微波炉腔壁和电子元器件均喷涂 TeflonFEP（聚四氟乙烯—氟化乙丙烯），以防腐蚀。

（B）炉腔内必须有良好的排气装置，以防酸雾滞留在炉腔内。

（C）由于微波炉辐射是靠波导管传递，具有方向性。因此能接受到微波的区域，其温度升高快速。所谓存在"热点"，使加热不均匀。为使加热均匀，炉内需装有圆盘传送台。加热物放在圆盘传送台上，在转动中加热，使每个加热物都能均匀地接受到微波辐射。

（D）必须有稳定的功率输出和适当的功率调节装置，以控制加热的最佳条件。功率的不稳定，主要由微波辐射反射回磁控管改变它的温度所引起。为此，国外产品例如 CEM 公司的微波炉中装有一种非互易性铁氧和静磁场装置。以防止反射波损坏磁控管，使功率输出稳定，同时延长了磁控管的使用寿命。提高了消化过程的重现性。

（E）必须具有微电脑控制。消化所需时间、功率可以预先输入系统的记忆程序中，由程序控制自动进行样品消解。

思 考 题

1. 滴定管读数应遵循什么规则？
2. 总酸度与 pH 值有什么不同？
3. 比色皿应如何校正？
4. 简述手工液液萃取的步骤。
5. 简述微波消解的原理。

六、分析化学理论知识

（一）容量分析法

1. 容量分析法概述

（1）容量分析法基本概念

容量分析法，又称滴定分析法，其原理是：将一种已知准确浓度的试剂溶液（下称为标准溶液）从滴定管滴加到被测物质的溶液中，直到所加的试剂与被测物质按化学计量关系定量反应完全，然后根据标准溶液的浓度和所滴加的体积，计算被测物质的含量。

标准溶液，又称滴定剂，是已知准确浓度的试剂溶液。

滴定反应，用于滴定分析的化学反应。

滴定，将标准溶液从滴定管中滴加到被测物质的溶液中的过程。

化学计量点，又称等量点，当滴加入的标准溶液与被测物质完全反应时，两者所消耗的物质的量相等，反应达到了等量点。

滴定终点，许多滴定反应在到达等量点时，外观上没有明显的变化，此时，需在被测物质的溶液中加入一种辅助试剂，称为指示剂，由它的颜色突变作为到达等量点的标志，来终止滴定。指示剂颜色的突变点称为滴定终点。

终点误差，指示剂往往不能恰好在到达等量点时变色，由此所造成的滴定误差称为终点误差。为了减小终点误差，应选择合适的指示剂，使滴定终点尽可能接近等量点。

容量分析法常用来测定一些常量组分，即被测组分的含量一般在1%以上，有时也可以测定微量组分。滴定分析法的准确度较高，一般测定时的相对误差在0.2%左右，而且所需的仪器设备简单，操作简便，测定快速，因此在水质分析中广泛采用。

（2）容量分析法的基本条件

能用于容量（滴定）分析的化学反应必须具备下述条件：

1）反应必须定量地完成。反应要按一定的化学反应方程式进行，反应完全的程度要求达到99.9%以上，无副反应发生。这是定量计算的必要条件。

2）反应速率要快。滴定反应要求在瞬间完成，对于速率较慢的反应，需加热或加催化剂使反应加速。

3）必须要有较简便的方法确定滴定终点。

4）试液中不能有干扰性杂质。

（3）容量分析法的滴定方法

1）直接滴定法

若反应满足上述基本条件，则可用标准溶液直接滴定被测物质，此方法称为直接滴定法。例如用氢氧化钠标准溶液直接滴定盐酸溶液。

2）返滴定法

当反应速率较慢，或被测物质为固体试样时，反应不能立即完成。在此情况下，可在被测物质中先加入一定量过量的标准溶液1，待反应完成后，再用另一种标准溶液2滴定剩余的标准溶液1，根据两标准溶液的浓度和消耗的体积，可求出被测物质的含量。这种滴定方法称为返滴定法，或回滴定法。例如，Al^{3+}离子与EDTA的配位反应速率很慢，不能用直接滴定法滴定，但可在Al^{3+}溶液中先加入过量的EDTA标准溶液，并将溶液加热煮沸，待Al^{3+}与EDTA完全反应后，冷却，用Zn^{2+}标准溶液滴定剩余的EDTA标准溶液。对于固体$CaCO_3$的滴定，可先加入一定量过量的HCl标准溶液，待其充分反应后，剩余的HCl再用NaOH标准溶液返滴定。

3) 置换滴定法

若被测物质与滴定剂不能定量反应完全，则可用置换滴定法来完成测定。向被测物质中加入一种试剂溶液，被测物质可以定量置换出该试剂中的有关物质，再用标准溶液滴定这一物质，从而求出被测物质的含量，这种方法称为置换滴定法。例如，Ag^+ 离子与 EDTA 形成的配合物不很稳定，不能用 EDTA 直接滴定，将过量的 $[Ni(CN)_4]^{2-}$ 加入到被测 Ag^+ 溶液中，Ag^+ 很快与 $[Ni(CN)_4]^{2-}$ 中的 CN^- 反应，定量置换出 Ni^{2+}，用 EDTA 滴定 Ni^{2+}，从而求出 Ag^+ 的含量。

4) 间接滴定法

有些物质不能直接与滴定剂反应，则可以利用某些反应使其转化为可被滴定的物质，再用滴定剂滴定所生成的物质，此法称为间接滴定法。例如，$KMnO_4$ 溶液不能直接滴定 Ca^{2+}，可用 $(NH_4)_2C_2O_4$ 先将 Ca^{2+} 沉淀为 CaC_2O_4，将得到的沉淀过滤，洗涤后用 HCl 溶解，再以 $KMnO_4$ 标准溶液滴定 $C_2O_4^{2-}$，从而求出 Ca^{2+} 的含量。

(4) 容量分析法的类型

1) 酸碱滴定法

利用酸碱反应进行滴定的方法。常用强酸强碱作滴定剂来测定酸、碱以及能与酸、碱发生反应的物质的含量，其反应实质如下：

$$H^+ + OH^- = H_2O$$

2) 沉淀滴定法

利用沉淀反应进行滴定的方法。这类滴定中有沉淀产生，如用 $AgNO_3$ 为滴定剂测定氯离子。

$$Ag^+ + Cl^- = AgCl \downarrow$$

3) 配位滴定法

利用配位反应进行滴定的方法。常用乙二胺四乙酸二钠（即 EDTA）为滴定剂来测定金属离子，最后产物为配合物。其反应

实质如下:

$$M^{2+} + Y^{4-} = MY^{2-}$$

式中，M^{2+} 为二价金属离子；Y^{4-} 为 EDTA 的阴离子。

4）氧化还原滴定法

以氧化还原反应为基础的滴定分析方法，可用强氧化剂为标准溶液测定还原性物质，也可以用强还原剂为标准溶液测定氧化性物质。根据滴定剂的不同，又分为高锰酸钾法、重铬酸钾法、碘量法等。例如，用高锰酸钾标准溶液滴定 Fe^{2+} 离子的反应为:

$$MnO_4^- + 5Fe^{2+} + 8H^+ = Mn^{2+} + 5Fe^{3+} + 4H_2O$$

以上四种方法都有其优点及其局限性，当同一物质可选用几种方法进行滴定时，必须根据被测物质的性质、含量、试样组分、是否有干扰离子以及分析结果的准确度要求等多种因素选用适当的测定方法。

下面分别介绍以上四种容量分析方法。

2. 酸碱滴定法

（1）酸碱滴定法概述

以酸碱反应为基础的滴定分析方法，称为酸碱滴定法。应用酸碱滴定法可以测定酸、碱以及能与酸或碱起反应的物质的含量。

酸碱滴定法一般采用强酸或强碱做滴定剂，如用 HCl 作为酸的标准溶液，可以滴定具有碱性的物质，如 NaOH、Na_2CO_3、$NaHCO_3$ 等。如用 NaOH 为标准溶液，可以滴定具有酸性的物质，如 H_2SO_4 等。

1）酸碱指示剂

酸碱滴定过程中，溶液本身不发生任何外观的变化，所以常借助酸碱指示剂的颜色变化来指示滴定终点。要使滴定获得准确的分析结果，必须选择适当的指示剂，使滴定终点尽可能地接近计量点。

（A）酸碱指示剂的变色原理

酸碱指示剂是一种具有复杂结构的有机弱酸（用符号 HIn 表示）或有机弱碱（用符号 InOH 表示），也有两性的。它们有一个共同特点，就是当溶液的 H⁺ 浓度（即 pH 值）发生变化时，颜色会发生变化。指示剂所以具有这个特点，是由于指示剂本身在不同的 pH 条件下，可以有几种不同的结构，而不同的结构则显示出不同的颜色，因此当溶液的 pH 值发生变化时，引起了颜色的变化。例如酚酞，它是一种非常弱的有机酸，常以 HIn 表示其分子，In⁻ 表示其离子，在溶液中存在着以下的电离平衡：

$$HIn \rightleftharpoons H^+ + In^-$$
（无色）　　　　　（红色）

酚酞在电离的同时发生结构的变化，即分子与离子的结构不同，而且电离生成的离子与未电离的分子具有不同的颜色，即分子是无色的，离子是红色的。

如果在溶液中加入酸或碱，就会影响分子与离子之间的电离平衡，在酸性溶液中，由于大量 H⁺ 离子的存在，使平衡向左移动，生成无色分子，所以溶液呈现无色；在碱性溶液中，由于 OH⁻ 离子浓度增大，上述平衡向右移动，酚酞则主要以离子 In⁻ 的形式存在，所以呈现红色。

又如甲基橙，是一种有机弱碱，用 InOH 表示分子，其分子是黄色的。用 In⁺ 表示离子，离子是红色的。在水溶液中存在以下的电离平衡：

$$InOH \rightleftharpoons OH^- + In^+$$
（黄色）　　　　　（红色）

在酸性溶液中，平衡向右移动，溶液呈现出红色。在碱性溶液中，平衡向左移动，溶液呈现出黄色。

其他酸碱指示剂变色原理与酚酞及甲基橙类似。因此可以这样认为，指示剂分子和离子结构不同是颜色变化的内因，而溶液 pH 值（即 H⁺ 浓度）的改变是颜色变化的外因。

（B）指示剂的变色范围

实际上不是溶液的 pH 值稍有改变就能观察到指示剂颜色的变化，必须是溶液 pH 值改变到一定范围，指示剂颜色的变化才能观察到。这个范围就是指示剂的变色范围。

不同类型的指示剂有不同的电离度，因此，各类指示剂的变色范围是不同的。现以弱酸型指示剂（HIn）为例来讨论。

HIn 在溶液中的电离平衡：

$$\underset{\text{(酸色)}}{HIn} \rightleftharpoons H^+ + \underset{\text{(碱色)}}{In^-}$$

$$\frac{[H^+][In^-]}{[HIn]} = K_{HIn}$$

或

$$\frac{[In^-]}{[HIn]} = \frac{K_{HIn}}{[H^+]}$$

式中 K_{HIn} 为指示剂的电离常数，或称指示剂常数。$[In^-]$ 和 $[HIn]$ 分别为指示剂的碱色和酸色的浓度。由上式可知，溶液的颜色是由 $\frac{[In^-]}{[HIn]}$ 的比值来决定的，而此比值又与 $[H^+]$ 和 K_{HIn} 有关。即 $[H^+]$ 发生变化，$\frac{[In^-]}{[HIn]}$ 比值随之发生变化，溶液的颜色也就逐渐发生变化。

在任何溶液中，指示剂的两种颜色（即酸色和碱色）是同时存在的。而人眼辨别颜色的能力也是有限的，一般来说。当：

$\frac{[In^-]}{[HIn]} \leqslant \frac{1}{10}$ 时，即 $pH \leqslant pK_{HIn} - 1$，只能观察出酸式 $[HIn]$ 的颜色；

$\frac{[In^-]}{[HIn]} \geqslant 10$ 时，即 $pH \geqslant pK_{HIn} + 1$，只能观察出碱式 $[In^-]$ 的颜色；

$10 \geqslant \frac{[In^-]}{[HIn]} \geqslant \frac{1}{10}$ 时，指示剂呈混合色，人眼一般难以辨别。

因此，当溶液的 pH 值由 $pK_{HIn} - 1$ 变化到 $pK_{HIn} + 1$，或由 $pK_{HIn} + 1$ 变化到 $pK_{HIn} - 1$ 时，才能明显地观察到指示剂颜色的变化。$pH = pK_{HIn} \pm 1$，称为指示剂变色的 pH 范围。不同的指示剂，其 pK_{HIn} 值不同，各有不同的变色范围。常用酸碱指示剂见表6-1：

指示剂	变色范围 pH	pK$_{HIn}$	酸色	过渡色	碱色	配制方法
百里酚蓝（Ⅰ）	1.2~2.8	1.7	红	橙	黄	0.1%的20%乙醇溶液
甲基橙	3.1~4.4	3.4	红	橙	黄	0.1%水溶液
溴酚蓝	3.0~4.6	4.1	黄		紫蓝	0.1%的20%乙醇溶液或其钠盐水溶液
甲基红	4.4~6.2	5.0	红	橙	黄	0.1%的60%乙醇溶液或其钠盐水溶液
溴甲酚绿	4.0~5.6	4.9	黄	绿	蓝	0.1%的20%乙醇溶液或其钠盐水溶液
溴百里酚蓝	6.2~7.6	7.3	黄	绿	蓝	0.1%的20%乙醇溶液或其钠盐水溶液
苯酚红	6.8~8.0	8.0	黄	橙	红	0.1%的60%乙醇溶液或其钠盐水溶液
中性红	6.8~8.0	7.4	红		黄橙	0.1%的60%乙醇溶液
甲酚红	7.2~8.8	8.2	黄		红	0.1%的20%乙醇溶液或其钠盐水溶液
酚酞	8.0~10.0	9.1	无	粉红	红	0.1%的90%乙醇溶液
百里酚蓝（Ⅱ）	8.0~9.6	8.9	黄		蓝	0.1%的20%乙醇溶液
百里酚酞	9.4~10.6	10.0	无	淡蓝	蓝	0.1%的90%乙醇溶液

　　从上面公式推算出的指示剂的变色范围应是两个 pH 单位，但表中列出的实际变色范围并不是这样。如甲基橙的 pK$_{HIn}$ 为 3.4，其实际测得的变色范围是 pH = 3.1~4.4，小于两个 pH 单位，甲基橙在 pH 小于 3.1 时显红色，大于 4.4 时显黄色，这个过渡颜色就是甲基橙的变色范围。

　　从表中可看到，一般指示剂的变色范围不大于 2 个 pH 单位，也不小于 1 个 pH 单位。指示剂的变色范围越窄越好，这样 pH 值稍有改变时，指示剂立即由一种颜色变为另一种颜色。指示剂变色敏锐，有利于提高测定结果的准确度。

　　影响指示剂变色范围的因素有滴定时的温度、滴定溶液的性质和浓度、指示剂的浓度等。

　　滴定时指示剂的用量不要过多，通常滴定 25mL 溶液时，约用指示剂（0.1%）2~3 滴。若指示剂用量过多，一方面指示剂本身会消耗一部分标准溶液，另一方面颜色改变比较慢，这样会给滴定结果带来较大的误差。

2）酸碱滴定法的基本原理

为了正确运用酸碱滴定法进行分析测定，必须了解酸碱滴定过程中 H$^+$ 浓度的变化规律，才有可能选择合适的指示剂，准确地确定滴定终点。因此溶液的 pH 值是酸碱滴定过程中的特征变量，它可通过 pH 计测出，也可计算求出。

表示滴定过程中 pH 值变化情况的曲线，称为酸碱滴定曲线。酸碱滴定包括一元酸碱的滴定，多元酸碱的滴定和混合酸碱的滴定，不同类型的酸碱滴定过程中 H$^+$ 浓度的变化规律不同，因此滴定曲线的形状也不同。下面以一元强碱滴定强酸为代表说明滴定过程中 H$^+$ 浓度的变化及指示剂的选择等问题。

例如用 0.1000mol/L NaOH 溶液滴定 20mL 0.1000mol/L HCl 溶液。其化学反应式如下：

$$OH^- + H^+ = H_2O$$

为了便于研究滴定过程中 [H$^+$] 的变化规律，将整个滴定过程分为四个阶段来考虑，即滴定前、滴定开始到计量点前、计量点时、计量点后。

（A）滴定前。因为还没滴入 NaOH，溶液的 pH 值决定于 HCl 的浓度。HCl 是强酸，可完全电离，则

$$[H^+] = 0.1000mol/L$$

$$pH = 1.00$$

（B）滴定开始至计量点前。随着 NaOH 不断的滴入，溶液中 H$^+$ 离子浓度不断减少，它的大小决定于剩余的 HCl 的量，即：

$$[H^+] = \frac{剩余\ HCl\ 溶液体积}{溶液的总体积} \times 0.1000$$

设加入 NaOH 溶液 18.00mL，19.80mL 和 19.98mL 时，溶液中 H$^+$ 离子浓度分别为：

$$[H^+] = \frac{20.00 - 18.00}{20.00 + 18.00} \times 0.1000 = 5.26 \times 10^{-3} mol/L$$

$$pH = 2.28$$

$$[H^+] = \frac{20.00 - 19.80}{20.00 + 19.80} \times 0.1000 = 5.03 \times 10^{-4} mol/L$$

$$pH = 3.30$$

$$[H^+] = \frac{20.00 - 19.98}{20.00 + 19.98} \times 0.1000 = 5.00 \times 10^{-5} \text{mol/L}$$

$$pH = 4.30$$

（C）计量点时。滴入 20.00mL NaOH 溶液时，NaOH 与 HCl 恰好完全中和，溶液呈中性。即：

$$[H^+] = [OH^-] = 10^{-7} \text{mol/L}$$

$$pH = 7.00$$

（D）计量点后。当滴入 20.02mL NaOH 溶液时，则过量 0.02mL NaOH，此时溶液中：

$$[OH^-] = \frac{\text{过量的 NaOH 溶液体积}}{\text{溶液总体积}} \times 0.1000$$

$$= \frac{20.02 - 20.00}{20.00 + 20.02} \times 0.1000 = 5.00 \times 10^{-5} \text{mol/L}$$

$$pOH = 4.30$$

$$pH = 14 - pOH = 9.70$$

用类似方法，可以计算出滴定过程中各点的 pH 值，以溶液的 pH 值为纵坐标，以 NaOH 的加入量为横坐标，可得如图 6-1 的曲线，这就是强碱滴定强酸的滴定曲线。

由上图可以看出，从滴定开始到滴入 19.98mL NaOH 溶液时，有 99.9% 的 HCl 被中和，溶液的 pH 值变化较慢，总共只变化 3.3 个 pH 单位，pH 值是逐渐改变的，所以从曲线上可以看出 AB 段比较平坦。但从 19.98mL 到 20.02mL，只加 NaOH 溶液 0.04mL（约一滴），即计量点前后仅差 ±0.1%，pH 值却从 4.3 突然上升到 9.7，变化 5.4 个单位，此时溶液

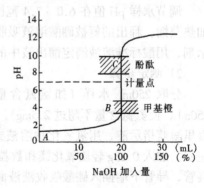

图 6-1 0.1000mol/L NaOH 滴定 20.00mL 0.1000mol/L HCl 的滴定曲线

也由酸性变为碱性，这一急剧变化称为"滴定突跃"。所以从曲线中看到 BC 段近似垂直。此后再滴入过量的 NaOH，溶液还是呈碱性，pH 值的变化也是渐变的，所以曲线 CD 段又比较平坦。

计量点前后 ±0.1% 相对误差范围内溶液 pH 值的变化范围，称为酸碱滴定的 pH 突跃范围。指示剂的选择，就是以此突跃范围为依据的。对于上面的例子来说，凡在突跃范围，即 pH = 4.30~9.70 以内能发生变色的指示剂（即指示剂的变色范围全部或一部分落在滴定的突跃范围之内），都可作为该滴定分析的指示剂，如酚酞、甲基橙和甲基红等。

(2) 酸碱滴定法在水质分析中的应用

氨氮的测定

氨氮（$NH_3 - N$）以游离氨（NH_3）或铵盐（NH_4^+）形式存在于水中，两者的组成比取决于水的 pH 值。当 pH 值偏高时，游离氨的比例较高；反之，则铵盐的比例高。

氨氮的测定方法通常有纳氏试剂比色法、苯酚—次氯酸盐（或水杨酸—次氯酸盐）比色法、蒸馏滴定法和电极法等。

当水中的氨氮含量较高或水样浑浊、水样中伴随有影响使用比色法测定的有色物质时，宜采用蒸馏滴定法进行测定。

1）原理

调节水样 pH 值在 6.0~7.4 范围，加入氧化镁使呈微碱性。加热蒸馏，释出的氨被硼酸溶液吸收，以甲基红—亚甲基蓝为指示剂，用酸标准溶液滴定馏出液中的铵。

2）测定步骤

分取 250mL 水样（如氨氮含量高，可分取适量并加水至 250mL，使氨氮含量不超过 2.5mg），移入凯氏烧瓶中，加数滴溴百里酚蓝指示液，用氢氧化钠溶液或盐酸溶液调节至 pH 值为 7 左右。加入 0.25g 轻质氧化镁和数粒玻璃珠，立即连接氮球和冷凝管，导管下端插入硼酸吸收液液面下。加热蒸馏，至馏出液达 200mL 时，停止蒸馏。在馏出液中加 2 滴混合指示液，用 0.0200mol/L 的硫酸溶液滴定至绿色转为淡紫色为止，记录硫酸溶液的用量。

3. 沉淀滴定法

（1）沉淀滴定法概述

利用生成沉淀的反应来进行滴定分析的方法，称为沉淀滴定法。沉淀反应很多，但只有符合下列条件的沉淀反应，才能用于滴定分析。

1）生成的沉淀溶解度必须很小。

2）沉淀反应必须迅速、定量地进行。

3）有确定终点的简单方法。

4）沉淀的吸附现象不影响滴定的准确度。

目前在水质分析中，主要是应用生成难溶性银盐的反应。这种利用生成难溶性银盐的沉淀滴定法，称为银量法。用银量法可以测定 Cl^-、Br^-、I^- 等离子。

银量法确定终点的方法较多，水质分析中最常用的是摩尔法。

以 K_2CrO_4 作指示剂，用 $AgNO_3$ 作标准溶液滴定被测物质的方法，称为摩尔法。以测定 Cl^- 为例，反应式如下：

$$Ag^+ + Cl^- = AgCl \downarrow \quad （白色）$$

$$2Ag^+ + CrO_4^{2-} = Ag_2CrO_4 \downarrow \quad （砖红色）$$

由于 $AgCl$ 的溶解度小于 Ag_2CrO_4 的溶解度，根据分步沉淀原理，在滴定过程中，首先生成 $AgCl$ 沉淀。随着 $AgNO_3$ 标准溶液继续加入，$AgCl$ 沉淀不断产生，溶液中 Cl^- 离子浓度越来越小，Ag^+ 离子浓度越来越大，$AgCl$ 定量沉淀完全后，过量一滴 $AgNO_3$ 溶液即与 CrO_4^{2-} 生成砖红色的 Ag_2CrO_4 沉淀，从而指示滴定终点的到达。

应用摩尔法的注意事项：

1）指示剂的用量

指示剂的用量越多，终点显示越灵敏。但用量过多，会使终点过早显示，使结果偏低；反之，用量过少，会使滴定终点推迟，使结果偏高。一般是在 50mL 水样中加入 1mL5% 的 K_2CrO_4 溶液。

2）水样的酸度

用摩尔法测定 Cl^- 时，水样的酸度应控制在 pH 值在 6.0～10.5 的范围。若溶液酸度太大，Ag_2CrO_4 沉淀会溶解，反应如下：

$$Ag_2CrO_4 + H^+ = 2Ag^+ + HCrO_4^-$$

若溶液的碱性太大，则会生成棕黑色 Ag_2O 沉淀：

$$2Ag^+ + 2OH^- = 2AgOH\downarrow$$
$$\downarrow$$
$$Ag_2O\downarrow + H_2O$$

因此，当溶液酸性太大时，必须用 $NaHCO_3$ 中和；碱性太大时，必须用稀 HNO_3 中和（都可用酚酞为指示剂来调节），然后再进行滴定。

（2）沉淀滴定法在水质分析中的应用。

沉淀滴定法在污水监测中应用最广的是氯化物的测定。

1）测定步骤：

用移液管吸取 50mL 水样于锥形瓶中，先用 pH 试纸检查水样的酸度，若 pH 值在 6.5～10.5 范围内，可直接滴定；超出此范围的水样，应以酚酞作指示剂，用 H_2SO_4 或 NaOH 溶液滴定至无色，再进行测定。加 1mL5% 的 K_2CrO_4 溶液，在不断振荡下用 $AgNO_3$ 溶液滴定至出现淡桔红色为止。同时做空白实验。记录 $AgNO_3$ 用量。

2）注意事项：

（A）Ag_2CrO_4 沉淀为砖红色，但实际滴定时以出现淡桔红色为终点，因为 Ag_2CrO_4 沉淀量过多，溶液颜色太深，不容易判断终点。

（B）如水样有颜色，可取 150mL 水样，加入 2mL $Al(OH)_3$ 悬浊液，振荡摇匀后过滤，弃去 20mL 初滤液。

（C）如果水样有机物含量高或颜色太深，可蒸干后灰化处理。取适量污水于蒸发皿或坩埚内，调节 pH 至 8～9，在水浴上蒸干，置于马弗炉中 600℃灼烧 1h，取出冷却后，加 10mL 水使之溶解，移入 250mL 锥形瓶，调节 pH 至 7 左右，稀释至 50mL。

4. 配位滴定法

（1）配位滴定法概述

配位滴定法是利用生成配合物的反应来进行滴定分析的方法。

能够用于配位滴定的反应，必须具备下列条件：

（A）生成的配合物要有确定的组成。

（B）生成的配合物要有足够的稳定性。

（C）反应要有足够快的速度。

（D）要有反映滴定终点到达的指示剂或其他方法。

1）配合剂

常见的配合剂有无机和有机两类。无机配合剂如 CN^- 可与 Ag^+ 发生配合反应

$$Ag^+ + 2CN^- \rightleftharpoons \left[Ag\,(CN)_2 \right]^-$$

利用此反应可测定水中氰化物含量。以硝酸银标准溶液为滴定剂，以试银灵为指示剂，滴定终点时，溶液颜色由黄变橙红。

能够形成无机配合物的反应很多，但能用于配合滴定的并不多，这是由于大多数无机配合物稳定性不高，而且还存在分步配合，使反应条件难以控制，判断终点困难，因此无机配合剂的应用受到了限制。

很多有机配合物如氨羧配合剂与金属离子能形成稳定的水溶性螯合物。氨羧配合剂分子中有氨基和羧氧两种基团，配合能力很强，能与许多金属离子生成环状结构的配合物，因此也称之为螯合剂。

氨羧配合剂的种类很多，在滴定分析中最常用的是乙二胺四乙酸，简称 EDTA，可用 H_4Y 表示。由于 EDTA 在水中溶解度很小，因此在实际工作中常采用它的二钠盐，即乙二胺四乙酸二钠，用 $Na_2H_2Y \cdot 2H_2O$ 表示，习惯上也称它为 EDTA。EDTA 与金

属离子的反应特性如下：

（A）EDTA 同时具有氨基和羧氧两种配合能力很强的配位基，可以和很多金属离子配合，形成具有环状结构的螯合物。

（B）EDTA 与金属离子配合时，不论金属离子是几价的，绝大多数离子都以 1:1 的关系配合，同时释放出两个 H^+，反应式如下：

$$M^{2+} + H_2Y^{2-} \Longrightarrow MY^{2-} + 2H^+$$

$$M^{3+} + H_2Y^{2-} \Longrightarrow MY^- + 2H^+$$

$$M^{4+} + H_2Y^{2-} \Longrightarrow MY + 2H^+$$

（C）EDTA 与大多数金属离子的反应可瞬间完成，符合滴定分析的要求。

（D）本身无色的金属离子与 EDTA 形成的配合物也是无色的，这有利于用指示剂确定滴定终点；而有色金属离子与 EDTA 形成的配合物也有色且颜色加深，如 FeY^-（黄色）、NiY^{2-}（蓝绿色），因此在滴定这些离子时，应注意控制被测溶液的浓度。

2）指示剂

在配位滴定中，由于指示剂是用来指示金属离子浓度的变化情况，故称之为金属离子指示剂，简称金属指示剂。

（A）金属指示剂的作用原理

金属指示剂（以 In 表示）本身是一种有色的配合剂，它能与金属离子（M）形成一种与指示剂本身颜色有显著差别的有色配合物（MIn）。

以 EDTA 滴定 Mg^{2+}（pH = 10），用铬黑 T（简称 EBT）作指示剂，说明金属指示剂的变色原理。在 pH 为 7～11 范围内，铬黑 T 显蓝色，与 Mg^{2+} 配合后生成酒红色配合物。反应式如下：

$$\underset{\text{(蓝色)}}{Mg^{2+}} + \underset{\text{}}{EBT} \Longrightarrow \underset{\text{(酒红色)}}{Mg-EBT}$$

随着 EDTA 的滴加，溶液中游离的 Mg^{2+} 逐步被 EDTA 配合生成无色 MgY，而整个溶液仍呈酒红色，到接近终点时，游离的 Mg^{2+} 几乎被 EDTA 全部配合完。又由于 Mg－EBT 配合物不如

MgY 配合物稳定，再继续滴加 EDTA 时，EDTA 便夺取 Mg – EBT 中的 Mg^{2+}，从而使 EBT 游离出来，呈现 EBT 本色（蓝色）。

$$Mg \cdot EBT + Y \rightleftharpoons MgY + EBT$$
（酒红色）　　　　　　　（蓝色）

溶液由酒红色变为蓝色，即指示到达终点。

（B）金属指示剂应具备的条件

从以上变色原理可知，作为金属指示剂，必须具备以下条件：

a. 在滴定的 pH 范围内，游离指示剂（In）本身的颜色与其金属离子配合物（MIn）的颜色应有显著的区别，这样终点时的颜色变化才明显。

b. 金属离子与指示剂所形成的有色配合物应该有合适的稳定性。如果稳定性不够大，在金属离子浓度很小时，会显示出明显的指示剂颜色，使终点提前到来；但稳定性又必须小于该金属离子与 EDTA 形成配合物的稳定性（两者稳定常数应相差 100 倍以上），以免到达终点时仍不发生颜色变化，终点延后。

c. 指示剂与金属离子之间的反应必须灵敏、快速，并且有良好的变色可逆性。

d. 指示剂应具有一定的选择性。即在一定条件下，只对某一种或某几种离子发生显色反应。

e. 金属指示剂还应比较稳定、易溶于水等，便于贮存和使用。

常用的金属指示剂是铬黑 T。

3）滴定方法

在配位滴定中，采用不同的滴定方式，不仅可以扩大配位滴定的应用范围，而且可以提高滴定的选择性。常用的滴定方式有以下几种。

（A）直接滴定法

直接滴定法就是将水样调节到所需的酸度，加入必要的其他试剂和指示剂，直接用 EDTA 标准溶液滴定的方法。这种方法操作简便，是配位滴定中的最基本方法，但对于下列几种情况，便无法滴定，即便勉强滴定误差也较大。

a. 待测离子不能与 EDTA 形成配合物，或待测离子与 EDTA 形成的配合物不稳定。

b. 待测离子虽能与 EDTA 形成稳定的配合物，但缺少敏锐的指示剂。

c. 待测离子与 EDTA 的配合速度很慢，本身又易水解或封闭指示剂。

(B) 间接滴定法

间接滴定法就是往待测溶液中加入一定量过量的、能与 EDTA 形成稳定配合物的金属离子作沉淀剂，以沉淀待测离子，过量的沉淀剂用 EDTA 滴定（或者将沉淀分离、再溶解后，用 EDTA 滴定其中的金属离子），最后利用沉淀待测离子消耗沉淀剂的量，间接地计算出待测离子的含量。

例如水中 SO_4^{2-} 的测定可采用 EDTA 间接滴定法。在水样中加入过量的 Ba^{2+} 标准溶液，与 SO_4^{2-} 沉淀完全，过量的 Ba^{2+} 用 EDTA 标准溶液滴定。

(C) 返滴定法

返滴定法就是往待测溶液中加入一定量过量的 EDTA 标准溶液，使待测离子完全配合后，再用其他金属离子标准溶液滴定过量的 EDTA。

例如测定 Al^{3+} 时，由于 Al^{3+} 易形成一系列的多羟基配合物，且与 EDTA 配合速度较慢。为此，可先加入过量的 EDTA 标准溶液，调节酸度为 pH = 3.5，煮沸溶液，使 Al^{3+} 完全与 EDTA 配合，冷却后再调节酸度至 pH = 5.6，加入二甲酚橙指示剂，用 Zn^{2+} 标准溶液进行返滴定。

(D) 置换滴定法

置换滴定法是利用置换反应，置换出配合物中的另一金属离子或 EDTA，然后再进行滴定的方法。

(2) 配位滴定在水质分析中的应用

1）水中总硬度的测定

溶于水中的钙盐和镁盐是形成水的硬度的主要成分。测定水的总硬度就是测定水中的 Ca^{2+}、Mg^{2+} 的总量，通常用 EDTA 配位滴定法测定，其原理如下：

在水样中加入 NH_3 – NH_4Cl 缓冲溶液，使 pH 保持在 10 左右，滴加指示剂铬黑 T（以 HIn^{2-} 表示），生成酒红色配合物，反应如下：

$$Ca^{2+} + \underset{(蓝色)}{HIn^{2-}} \Longrightarrow \underset{(酒红色)}{Ca-In^-} + H^+$$

$$Mg^{2+} + \underset{(蓝色)}{HIn^{2-}} \Longrightarrow \underset{(酒红色)}{Mg-In^-} + H^+$$

再用 EDTA 标准溶液进行滴定，滴入的 EDTA 首先与游离的 Ca^{2+}、Mg^{2+} 配合，接近终点时 EDTA 便从 $Ca-In^-$ 和 $Mg-In^-$ 中夺取 Ca^{2+}、Mg^{2+}，当溶液由酒红色变为蓝色时，即指示终点到来。其反应如下：

$$\underset{(酒红色)}{Ca-In^-} + H_2Y^{2-} \Longrightarrow CaY^{2-} + \underset{(蓝色)}{HIn^{2-}} + H^+$$

$$\underset{(酒红色)}{Mg-In^-} + H_2Y^{2-} \Longrightarrow MgY^{2-} + \underset{(蓝色)}{HIn^{2-}} + H^+$$

根据所消耗 EDTA 标准溶液的体积及其浓度，可计算出水中总硬度的含量。

2）水中 SO_4^{2-} 的测定

用配位滴定法测定水中的 SO_4^{2-} 时，因为 SO_4^{2-} 不能直接与 EDTA 反应，所以不能直接滴定，但是可以用间接滴定法，具体做法是在被测水样中加入过量的 $BaCl_2$ 标准溶液，使水样中的 SO_4^{2-} 全部与 Ba^{2+} 结合生成 $BaSO_4$ 沉淀。

$$Ba^{2+} + SO_4^{2-} = BaSO_4 \downarrow$$

然后以铬黑 T 为指示剂，在 pH = 10 左右的条件下，用 EDTA 滴定剩余的 Ba^{2+}，则

$$Ba^{2+} + HIn^{2-} \Longrightarrow Ba-In^- + H^+$$

$$Ba-In^- + H_2Y^{2-} \Longrightarrow BaY^{2-} + HIn^{2-} + H^+$$

由于水中同时含有易与 EDTA 配合的 Ca^{2+}、Mg^{2+}，所以这

一滴定包括着对总硬度的测定，在计算时应注意扣除。另外，Mg^{2+} 的存在可使终点颜色更鲜明，为提高终点变色的敏锐性，常在 $BaCl_2$ 中加入少量 $MgCl_2$，配成钡镁混合剂。

5. 氧化还原滴定法

（1）氧化还原滴定法概述

氧化还原滴定法是以氧化还原反应为基础的滴定分析法。氧化还原反应是基于电子转移的反应，反应机理较复杂，反应速度一般较慢，而且常伴有副反应。因此，需创造适当的条件，使反应符合滴定分析的要求。

1）氧化还原反应的本质

我们都知道，锌与盐酸反应放出氢气，反应式如下：

$$Zn + 2HCl = ZnCl_2 + H_2 \uparrow$$

$$Zn^0 - 2e = Zn^{+2}$$

$$2H^{+1} + 2e = H_2^0$$

Zn 失去两个电子变为 Zn^{2+}，两个 H^+ 得到两个电子变为 H_2，发生了化合价的升降。再如：

$$H_2^0 + Cl_2^0 = 2\overset{+1}{H}\overset{-1}{Cl}$$

在这个反应里，由于氯原子比氢原子活泼，吸引电子的能力大于氢原子，所以在 HCl 分子中共用的一对电子偏向于氯原子一方，由于电子对的偏移，使氯原子显负电性，氢原子显正电性，氯原子化合价由 0 价变为 – 1 价，而氢原子的化合价由 0 价变为 + 1 价，也发生了化合价的升降。

由上可知，有电子得失或共用电子对偏移的化学反应称为氧化还原反应。这是氧化还原反应的实质。

物质失去电子（化合价升高）的过程，称为氧化；物质得到电子（化合价降低）的过程，称为还原。

氧化和还原是同时发生的，在一个反应里，有得电子的，必有失电子的，即有一物质被还原，同时必有一物质被氧化，而且得失电子的总数必相等。

在氧化还原反应中，凡能失去电子的物质称为还原剂；凡能得到电子的物质称为氧化剂。还原剂具有还原性质，氧化剂具有氧化性质。

另外，有些物质的氧化性与还原性是相对的，与强氧化剂作用表现出还原性，与强还原剂作用则表现出氧化性。这样的物质既可做氧化剂，又可做还原剂。

2）氧化还原反应的速度

许多氧化还原反应的速度是很慢的，因此，在氧化还原滴定分析中，要考虑反应速度是否符合滴定分析的要求，以及如何创造条件加快反应速度。

影响氧化还原反应速度的主要因素如下：

（A）反应物浓度

根据质量作用定律，反应速度与反应物浓度的乘积成正比。由于氧化还原反应机理比较复杂，有些反应是分步进行的，因此反应的总速度往往取决于反应历程中最慢的一步，即反应速度与这一步反应的反应物浓度的乘积成正比。有些氧化还原反应是在酸性条件下进行的，所以 H^+ 浓度的大小也直接影响到反应速度。例如在酸性溶液中 $K_2Cr_2O_7$ 和 KI 的反应：

$$Cr_2O_7^{2-} + 6I^- + 14H^+ = 2Cr^{3+} + 7H_2O + 3I_2$$

从反应式来看，提高 I^- 和 H^+ 的浓度都可以加快反应速度，而 H^+ 浓度对反应速度影响更大，所以在这一反应中必须保持一定的酸度。

（B）温度

对大多数反应来说，升高温度可提高反应速度。一般温度升高 10℃，反应速度约提高 2～3 倍。例如，酸性条件下 $KMnO_4$ 与 $H_2C_2O_4$ 的反应：

$$2MnO_4^- + 5C_2O_4^{2-} + 16H^+ = 2Mn^{2+} + 10CO_2 \uparrow + 8H_2O$$

室温下反应速度缓慢，如果将溶液加热，反应速度大大加快。所以在用 $KMnO_4$ 滴定 $H_2C_2O_4$ 时，通常将温度保持在 75～85℃。

若温度太高,$H_2C_2O_4$ 会分解。

有一些反应不宜采用升高温度的方法加快反应速度。如反应中存在 I_2 这类挥发性较大的物质时,若将溶液加热,会引起挥发损失。还有些物质(如 Fe^{2+}、Sn^{2+} 等)容易被空气氧化,若将溶液加热将促进氧化,也会引起误差。在这些情况下,就不能采用升高温度的办法来加快反应速度。

(C)催化剂

利用催化剂也可加快某些氧化还原反应速度。如 MnO_4^- 与 $H_2C_2O_4$ 的反应中,即使在强酸条件下,将溶液加热至 $75 \sim 85℃$,滴定最初几滴 MnO_4^- 褪色仍很慢,随着 MnO_4^- 溶液的不断加入,褪色逐渐加快,这是因反应生成的 Mn^{2+} 起了催化剂的作用。这种由于本身产生的物质(Mn^{2+})所起的催化作用,称为自动催化作用。

综上所述,氧化还原反应的速度与条件密切相关,所以在滴定分析时一定要遵循操作规程。在实验中应选择最佳条件,以便提高测定的准确度。

3)氧化还原指示剂

在氧化还原滴定过程中,利用某些物质在等计量点附近颜色的改变指示滴定终点,这类物质称为氧化还原指示剂。常用的氧化还原指示剂有以下几种:

(A)自身指示剂:在氧化还原滴定中,利用标准溶液自身颜色来确定终点的称为自身指示剂。如在高锰酸钾法中,高锰酸钾标准溶液本身有明显的紫色,当到达等计量点后,稍微过量的 MnO_4^- 就使溶液显粉红色指示终点。

(B)特效指示剂:有的物质本身不具有氧化还原性,但它能与氧化剂或还原剂产生特殊的颜色,以指示终点。如可溶性淀粉与碘溶液反应,生成深蓝色化合物,当 I_2 被还原为 I^- 时,深蓝色褪去。故在碘量法中,常用淀粉溶液作指示剂。

(C)氧化还原指示剂:这类指示剂本身是具有氧化还原性质的复杂有机化合物,它的氧化形和还原形具有不同的颜色,在滴定过程中也将发生氧化还原反应，可根据其氧化形和还原形颜色的不同，指示终点的到达。

（2）氧化还原滴定法在水质分析中的应用

氧化还原滴定法是水质分析中应用很广泛的一种分析方法，尤其在有机污染物的分析中有重要作用。根据所用标准溶液的不同，通常将氧化还原滴定法分为高锰酸钾法、重铬酸钾法、碘量法等。下面分别介绍这几种方法在水质分析中的应用。

1）高锰酸钾法——水中高锰酸盐指数的测定

（A）高锰酸钾法的基本原理

高锰酸钾是一种强氧化剂，它的氧化能力和还原产物均与溶液的酸度有关。在强酸性溶液中，$KMnO_4$ 被还原为 Mn^{2+}，半反应为：

$$MnO_4^- + 8H^+ + 5e \Longrightarrow Mn^{2+} + 4H_2O$$

酸化时通常采用硫酸，而不用盐酸，因 Cl^- 具有还原性，干扰滴定，只有在 HCl 不影响测定时才使用。HNO_3 因其含氮氧化物容易产生副反应，故很少使用。

高锰酸钾的优点是氧化能力强，本身有颜色，用它滴定无色或浅色溶液时，可不再加指示剂，应用方便。缺点是高锰酸钾常含有少量杂质，标准溶液不够稳定。另外，氧化能力强，可以和许多还原性物质作用，因此干扰比较严重。

（B）水中高锰酸盐指数的测定

高锰酸盐指数指 1L 水中的有机物质，在一定条件下被 $KMnO_4$ 氧化所消耗的 $KMnO_4$ 的量，以氧的毫克数表示（O_2，mg/L）。因此，高锰酸盐指数也称为耗氧量。

测定步骤为：在酸性溶液中，加入一定量且过量的 $KMnO_4$ 标准溶液，加热一定的时间，使反应完成后，再加一定量过量的 $Na_2C_2O_4$ 溶液还原过量的 $KMnO_4$，最后用 $KMnO_4$ 溶液返滴 $Na_2C_2O_4$，根据 $KMnO_4$ 溶液的用量计算耗氧量。

2）重铬酸钾法——水中化学需氧量的测定

（A）重铬酸钾法基本原理

重铬酸钾（$K_2Cr_2O_7$）是一种强氧化剂，在酸性溶液中能氧化还原性物质，本身还原为 Cr^{3+}。半反应为：

$$Cr_2O_7^{2-} + 14H^+ + 6e \Longleftrightarrow 2Cr^{3+} + 7H_2O$$

$K_2Cr_2O_7$ 作为滴定剂有许多优点：

a. 易于提纯，可作基准物质，在 140～150℃ 干燥后，可直接配制成标准溶液；

b. $K_2Cr_2O_7$ 溶液非常稳定，可保存很长时间；

c. 室温下，在 1mol/L 的 HCl 溶液中不受 Cl^- 还原作用的影响，可在 HCl 溶液中进行滴定。

（B）水中化学需氧量的测定

化学需氧量（COD）是指在一定条件下，用强氧化剂处理水样时，所消耗氧化剂的量，以氧的 mg/L 来表示（O_2，mg/L）。

化学需氧量的测定原理是在强酸性的水样中加入一定量的 $K_2Cr_2O_7$ 标准溶液，在回流加热和 Ag_2SO_4 催化作用下，使有机物、还原性物质充分被氧化，以试亚铁灵为指示剂，用硫酸亚铁铵滴定水样中未被还原的 $K_2Cr_2O_7$，由消耗的硫酸亚铁铵的量计算出水样的化学需氧量。

3）碘量法——溶解氧及生化需氧量的测定

（A）碘量法基本原理

I_2 是比较弱的氧化剂，而 I^- 是一个中等强度的还原剂。直接利用 I_2 的氧化作用滴定还原性物质称为直接碘量法。但由于 I_2 的氧化能力不强，可直接测定的还原性物质不多。

在水质分析中常采用间接碘量法。即利用 I^- 的还原性，测定氧化性物质。I^- 被氧化性物质氧化成 I_2，再用还原剂 $Na_2S_2O_3$ 标准溶液滴定生成的 I^-，从而测定出氧化性物质的含量。其基本反应为：

$$2I^- - 2e = I_2$$

$$I_2 + 2S_2O_3^{2-} = S_4O_6^{2-} + 2I^-$$

碘量法的反应条件需严格控制，有以下几点：

a. 溶液的酸度

$Na_2S_2O_3$ 与 I_2 的反应，必须在中性或弱酸性溶液中进行，若在较强酸性溶液中，$Na_2S_2O_3$ 将分解析出 S。

$$S_2O_3^{2-} + 2H^+ = SO_2 + H_2O + S\downarrow$$

若在碱性溶液中，会发生如下副反应：

$$S_2O_3^{2-} + 4I_2 + 10H^+ = 2SO_4^{2-} + 8I^- + 5H_2O$$

b. 防止 I_2 挥发

I_2 具有挥发性，容易挥发损失。为此，加入适当过量的 KI，与氧化剂作用完全，并使反应生成的 I_2 与足够的 I^- 结合成 I_3^-，以减少 I_2 的挥发。

$$I_2 + I^- \rightleftharpoons I_3^-$$

$Na_2S_2O_3$ 滴定 I_2 反应的温度不能高，且滴定时不要剧烈摇动溶液，以防 I_2 挥发。

c. 防止 I^- 被空气中的氧氧化

I^- 在酸性溶液中易被空气中的氧氧化，反应式为：

$$4I^- + 4H^+ + O_2 = 2I_2 + 2H_2O$$

此反应在中性溶液中进行得很慢，但随溶液酸度的提高而加快，若受阳光直射，速度更快。所以用 I^- 还原氧化剂时，应避免阳光照射，析出 I_2 必须在反应完毕后立即滴定，且滴定速度应较快。

碘量法常用淀粉作指示剂，在有少量 I^- 存在下，I_2 与淀粉反应生成蓝色物质。应该在滴定快到终点时，再加入指示剂，继续滴定至蓝色恰好消失，即为终点。指示剂若加入太早，则大量 I_2 与淀粉结合成蓝色物质，这部分 I_2 就不容易与 $Na_2S_2O_3$ 反应，因而产生误差。

淀粉溶液应是新配制的，若放置过久，则与 I_2 形成的配合物不呈蓝色而呈紫色或红色。用 $Na_2S_2O_3$ 滴定时褪色慢，终点不敏锐。

（B）溶解氧及生化需氧量的测定

a. 溶解氧

溶解于水中的分子态氧称为溶解氧（DO）。水中溶解氧的含量与大气压力、水温及含盐量等因素有关。大气压力降低、水温升高、含盐量增加，都会导致溶解氧含量降低。在废水生化处理过程中，溶解氧是一项重要控制指标。

碘量法测定溶解氧的原理是：在水样中加入硫酸锰和碱性碘化钾溶液，水中的溶解氧将二价锰氧化成四价锰，并生成氢氧化物沉淀。加酸后，沉淀溶解，四价锰又可氧化碘离子而释放出与溶解氧量相当的游离碘。以淀粉为指示剂，用硫代硫酸钠标准溶液滴定释放出的碘，可计算出溶解氧含量。反应式如下：

$$MnSO_4 + 2NaOH = Mn(OH)_2 \downarrow + Na_2SO_4$$

$$2Mn(OH)_2 + O_2 = 2MnO(OH)_2 \downarrow$$

$$MnO(OH)_2 + 2H_2SO_4 = Mn(SO_4)_2 + 3H_2O$$

$$Mn(SO_4)_2 + 2KI = MnSO_4 + K_2SO_4 + I_2$$

$$2Na_2S_2O_3 + I_2 = Na_2S_4O_6 + 2NaI$$

当水样中含有氧化性物质、还原性物质及有机物时，会干扰测定，应预先消除并根据不同的干扰物质采用修正的碘量法。

b. 生化需氧量

生化需氧量（BOD）是指由于水中的好氧微生物的繁殖或呼吸作用，水中所含的有机物被微生物生化降解时所消耗的溶解氧的量。微生物分解有机物是一个缓慢的过程，要把可分解的有机物全部分解掉常需要 20 天以上的时间。通常规定 20℃下培养 5 天作为测定生化需氧量的标准条件，这样测得的结果称为五日生化需氧量，以 BOD_5 表示，单位为 mg/L。

对于生活污水和一般工业废水来说，BOD_5 约为全部生化需氧量的 70%～80%，因此已具有代表性。

根据定义可知，测定 BOD_5 即测定当日与五日后溶解氧之差。在实际测定时，只有某些天然水中溶解氧接近饱和，BOD_5

小于 4mg/L，可以直接培养测定。对于大部分污水和严重污染的天然水，要稀释后培养测定。稀释的目的是降低水样中有机物的浓度，使整个分解过程在有足够溶解氧的条件下进行。稀释程度一般以经过 5 天培养后，消耗的溶解氧至少为 2mg/L，剩余的溶解氧至少 1 mg/L 为宜。

稀释后的水样分为两份，一份立即测定溶解氧，一份在 20 ± 1℃下培养 5 天，5 天后测定培养瓶中的溶解氧。5 天内溶解氧的损失即 BOD_5，结果以 O_2，mg/L 表示。

（二）比色分析法

1. 比色分析法概述

许多物质本身具有颜色，有些物质虽然本身没有颜色，但与某些化学试剂反应后，可生成有明显颜色的物质，且当这些有色物质的溶液浓度改变时，溶液颜色的深浅也随着改变。溶液越浓，颜色越深。因此，可以通过比较溶液颜色的深浅来测定溶液中有色物质的含量。

这种通过比较溶液颜色深浅来测定物质含量的方法，称为比色分析法。

比色分析法的特点如下：

（1）灵敏度高，可用于测定微量组分的含量。

（2）准确度较高，目视比色法的相对误差为 5%～10%，分光光度法的相对误差为 2%～5%。

（3）简便快速，分光光度法所使用的仪器设备简单，价格便宜，一般实验室都能配备。仪器的操作简单，易于掌握。

（4）应用范围广，几乎所有的无机离子和有机化合物都可直接或间接地用分光光度法进行测定。目前分光光度法在实验室中是一种常规的分析方法。

2. 比色分析法原理

（1）有色溶液对光的选择性吸收

不同溶液会呈现不同的颜色，是由于溶液对不同波长的光选择性吸收的结果。在白光的照射下，如果可见光几乎全部被吸收，则溶液呈黑色；如果全部不吸收或吸收极少，则溶液呈无色；如果只吸收或最大程度吸收某种波长的色光，则溶液呈被吸收色光的互补色。例如当白光通过 $KMnO_4$ 溶液时，它选择地吸收了白光中的绿色光，其他色光不被吸收而透过溶液，从互补规律可知，透过的光线中，除紫色光外，其他颜色的光互补成白光，所以 $KMnO_4$ 溶液呈透过光的颜色，即紫色。

为了更详细地了解溶液对光的选择性吸收性质，可以使用不同波长的单色光分别通过某一固定浓度和厚度的有色溶液，测量该溶液对各种单色光的吸收程度（即吸光度），以波长 λ 为横坐标、吸光度 A 为纵坐标作图，所得曲线叫光吸收曲线，该曲线能够很清楚地描述溶液对不同波长单色光的吸收能力。图 6-2 是四种不同浓度 $KMnO_4$ 溶液的光吸收曲线。从图中可以看出，不管浓度大小，在可见光范围内，$KMnO_4$ 溶液对波长 525nm 附近的绿色光吸收最多，而对紫色和红色光吸收很少。光吸收最大处的波长叫最大吸收波长。浓度改变时，其最大吸收波长不变。

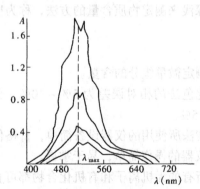

吸收曲线是比色分析中选择测量波长的重要依据，通常都是选择最大吸收波长的单色光进行比色，因为在此波长的单色光照射下，溶液浓度的微小改变能引起吸光度的较大变化，因而可提高比色分析的灵敏度。

图 6-2　$KMnO_4$ 溶液的光吸收曲线

（2）光的吸收定律

当一束平行的单色光通过均匀、非散射的稀溶液时，溶液对光的吸收程度与溶液的浓度及液层厚度的乘积成正比。此定量关系称为光的吸收定律，也叫朗伯—比耳定律。它的数学表达式是：

$$A = KCb$$

式中，A 是吸光度；K 是吸光系数；C 是溶液的浓度；b 是液层厚度。

3. 比色分析法的影响因素

（1）显色反应

1）显色反应和显色剂

比色分析或分光光度法是根据溶液中待测组分对某波长光选择性吸收，且吸收程度与待测组分的浓度有定量关系来测定的。这就要求待测组分必须选择性地吸收某波长的光，即有一定的颜色。而实际溶液大部分是无色的或颜色很淡，不能直接进行测定。我们可以往溶液中加入试剂，使待测组分转变为有色物质，然后再进行比色或吸光度测定。将被测组分转变为有色化合物的反应叫显色反应。显色反应主要是配合反应，其次是氧化还原反应。在显色反应中，所加入的与被测组分形成有色物质的试剂叫显色剂。同一组分常常可以与多种显色剂反应，生成多种不同的有色物质，应根据下列原则选择最有利于测定的显色反应。

（A）选择性好。在一定条件下，显色剂仅与待测组分发生显色反应，干扰物质较少，或干扰物质容易去除。

（B）灵敏度高。由于分光光度法常用于微量组分的测定，因此要求灵敏度要高。

（C）有色化合物的组成恒定（符合一定的化学式）、性质稳定。这样可以保证在测定过程中溶液的吸光度基本不变。

（D）显色剂与生成的有色化合物之间有较大的颜色差别。一般要求二者的最大吸收波长相差 60nm 以上。这样显色时颜色变化明显，可以降低试剂空白，提高准确度。

在水质分析中，有机显色剂用得较普遍，而无机显色剂由于其灵敏度和选择性都不太高，用得比较少。

2）影响显色反应的因素

影响显色反应的因素有以下几方面：

（A）显色剂用量

显色反应可表示为： $\underset{\text{（待测组分）}}{M} + \underset{\text{（显色剂）}}{R} = \underset{\text{（有色化合物）}}{MR}$

根据平衡移动原理，增加显色剂的浓度，可使待测组分转变成有色化合物的反应更完全，但显色剂过多，则会发生其他副反应，对测定不利。因此，在实际工作中应根据实验要求严格控制显色剂的用量。

（B）酸度

有机显色剂大部分是有机弱酸，溶液的酸度影响显色剂的浓度以及本身的颜色；大部分的金属离子很容易水解，溶液的酸度也会影响金属离子的存在状态，进一步还要影响到有色化合物的组成、稳定性。因此，应通过试验确定出合适的酸度范围，并在测试过程中严格控制。

（C）显色时间

不同的显色反应，其反应速度不同，颜色达到最大深度且趋于稳定的时间也不同。另外，有的反应完成显色后，过一段时间颜色会慢慢地变浅。因此，应该在显色反应后，颜色达到最大深度（即吸光度最大）且稳定的时间范围内进行测定。

（D）显色温度

一般情况下，显色反应大多在室温下进行，不需要严格控制显色温度。但是，有的显色反应需要加热到一定温度才能完成，有的有色化合物的吸光系数会随温度的改变而改变，对于这种情况，应注意控制温度。

（E）溶剂

溶剂的不同可能会影响到显色时间、有色化合物的离解度及颜色等。在测试时标准溶液和被测溶液应采用同一种溶剂。

（2）测量条件的选择

为了使测量结果有较高的准确度和灵敏度，在具体测量时还应注意以下几个方面。

1）入射光波长的选择

入射光的波长应根据被测液光谱吸收曲线选择。一般选最大吸收波长，因为此时的灵敏度最高。如果有干扰物质在此波长也有较大的吸收，则可选择灵敏度稍低，但能避免干扰的入射光波长。

2）控制吸光度读数范围

根据理论推导及测试经验，将标准溶液和待测溶液的吸光度读数控制在 $0.2 \sim 0.8$ 范围内，能够使测量的相对误差最小。对此，可根据朗伯—比耳定律改变试液浓度或选用不同厚度的比色皿，使吸光度读数处在该范围内。

3）参比溶液的选择

在分光光度法测定中，利用参比溶液调节仪器零点，即将其透光率调到 100% 处（吸光度为 0）作为相对标准，以消除比色皿、溶剂等对入射光的反射和吸收所带来的误差。若参比溶液选择不当，则对测量读数的准确度有相当大的影响。

选择参比溶液的原则是：

（A）参比溶液的性质要稳定，在整个测试过程中，其本身的吸光度要不变。

（B）在测定波段，参比液本身应无明显吸收。大多数溶剂在可见光区域是无色透明的，所以在不考虑其他影响的情况下，可用作可见光区的参比液。

（C）如果全程序试剂空白无色透明，也可用作参比液。如果全程序试剂空白与蒸馏水或溶剂对照发现有明显的吸光度，从而需要测定其空白实验值，则应选用水或溶剂作参比。

（D）如果显色剂无色，而试样基体本身有色，则宜采用不加显色剂的试样溶液（即试样空白液）作参比。

（E）当试样基体和显色剂均为有色物质时，可取一份试液加入适当的掩蔽剂，使待测组分被掩蔽而不再显色，然后以之作为参比液。

4. 比色分析方法

比色分析法通常有目视比色法、光电比色法和分光光度法三种，这里介绍目视比色法和分光光度法。

(1) 目视比色法

直接用眼睛观察并比较溶液颜色深浅以确定物质含量的方法叫目视比色法。常用的目视比色法是标准系列法。准备一套由同一材料制成的大小、形状、壁厚完全相同的平底玻璃管（称为比

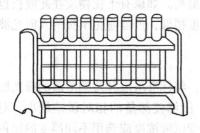

图6-3 比色管及比色管架

色管，如图6-3)，在其中依次加入不同量的标准溶液，再分别加入等量的显色剂及其他试剂，并用蒸馏水或其他溶剂稀释到同样体积，形成一套颜色逐渐加深的标准色阶。将一定量待测溶液置于另一同样比色管中，在同样条件下显色，并稀释至同样体积。然后从管口垂直向下观察（如果颜色较明显也可从侧面观察），并与标准色阶比较，如果待测液与标准色阶中某一标准液颜色深度相同，则其浓度也相同；如果介于两标准液之间，则待测液浓度为两标准液浓度的平均值。

目视比色的理论根据是：白光照射有色溶液时，溶液吸收某种色光，透过其互补光，溶液呈透过光的颜色。根据光吸收定律 $A = KCb$ （图6-4)，溶液浓度越大，对该色光的吸光度越大，则透过的互补光就越突出，观察到的溶液颜色也就越深，由于待测液与标准液是在完全相同的条件下显色，比较颜色时液层厚度也相同，所以两者颜色深浅一样时，浓度相等。因为采用标准系列法，并直接用色阶中的标准溶液浓度来表示测定结果。所以，

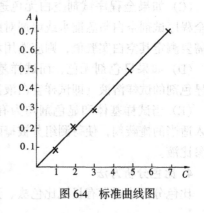

图6-4 标准曲线图

尽管目视比色时的条件并不一定严格满足光吸收定律（如：不是单色光，有时浓度偏高，有的显色反应本身就不符合光吸收定律等），仍能用此法进行测定。

目视比色法具有设备简单、操作方便、测定灵敏度高、适用浓度范围较大（浓度高时，从比色管侧面观察；浓度低时，从比色管口垂直观察）等优点，所以广泛地应用于准确度要求不高的常规分析中，尤其是在野外进行大批量试样的测定。

但是标准系列溶液不稳定，不能久存，需要在测定同时配制，比较麻烦。另外，人眼观察有主观误差，准确度不高。

（2）分光光度法

分光光度法是采用被待测溶液吸收的单色光作入射光源，用仪表代替人眼来测量溶液吸光度的一种分析方法。采用分光光度计来测定。

1）分光光度法的特点：

（A）用仪表代替人眼，不但消除了人的主观误差，而且将入射光的波长范围由可见光区扩大到了紫外光区和红外光区，使许多在紫外光区和红外光区有吸收峰的无色物质都可以直接用分光光度法测定。

（B）用较高纯度的单色光代替了白光，更严格地满足朗伯—比耳定律要求，使偏离朗伯—比耳定律的情况大为减少，从而提高了灵敏度和准确度。

（C）当溶液中有多种组分共存时，只要吸收曲线不十分重叠，就可以选取适当波长入射光直接测定而避免相互影响，不需通过专门的样品预处理来消除干扰。甚至可以选择合适波长的入射光同时测出多种组分含量。

2）分光光度法的定量方法

（A）标准曲线法

分光光度法定量可以采用标准曲线法。即：在朗伯—比耳定律的浓度范围内，配制一系列不同浓度的溶液，显色后在相同条件下分别测定它们的吸光度值，然后以各标准溶液的浓度 C 为横坐标，对应的吸光度 A 为纵坐标作图，得到一条直线，该直线称为标准曲线或工作曲线，如图6-4所示。然后，在同样的条件下测出样品溶液的吸光度 A_x 值。根据 A_x 值，从标准曲线上直接查出样品的浓度 C_x，或利用方程式计算出样品的浓度 C_x。这种方法准确度较好，主要适用于大批试样的分析，可以简化手续，加快分析速度。

（B）比较法

在 λ_{max} 处分别测出标准溶液和试样溶液的吸光度，根据朗伯—比耳定律：

$$A = KbC$$

$$A_{标} = KbC_{标}$$

$$A_{样} = KbC_{样}$$

$$C_{样} = C_{标} \times A_{样}/A_{标}$$

比较法适用于线性关系好且通过原点的情况。用比较法测定时，为了减少误差，所用标准溶液与被测溶液的浓度应尽量接近。

（C）一元线性回归法

用吸光度 A 和浓度 C 作工作曲线，横坐标 C 称为自变量，纵坐标 A 称为因变量。通常自变量是可以精确测量和控制的变量，因变量是一个随机变量，有误差。根据散点画一条直线，称这条直线为回归线。

若直线通过所有实验点，可以说 A 与 C 是密切线性相关。如果实验点不完全在直线上，为使误差达到最小，需要进行一元线性回归。

设回归方程为

$$y = a + bx$$

式中　a——回归线在纵轴上的截距；

　　　b——回归线的斜率。

我们只需确立 a、b 两个参数，就可以得到线性回归方程。用数学上的最小二乘法可以求得 a、b 两个参数。带有线性回归

144

功能的计算器可实现这一计算，只需输入标准系列的浓度和相应的吸光度即可，这里不再详细叙述。

确立线性回归方程后，把样品测得的吸光度值代入方程，即可求出样品的浓度。

5．比色分析法在水质分析中的应用

（1）氨氮的测定

氨氮的测定方法通常有纳氏试剂比色法、苯酚—次氯酸盐（或水杨酸—次氯酸盐）比色法、蒸馏滴定法和电极法等。纳氏试剂比色法具有操作简便、灵敏度高等特点，水中钙、镁和铁等金属离子、硫化物、醛和酮类、颜色以及浑浊等均干扰测定，需做相应的预处理。苯酚—次氯酸盐比色法具有灵敏、稳定等优点，干扰情况和消除方法同纳氏试剂比色法。电极法通常不需要对水样进行预处理，具有测量范围宽等优点。氨氮含量较高时，可采用蒸馏—酸滴定法。这里只介绍纳氏试剂比色法。

1）方法原理

碘化汞和碘化钾的碱性溶液与氨反应生成从黄色到淡红棕色的化合物，在波长为 410～425nm 范围用分光光度法或比色法测定。

2）测定步骤

（A）水样带色或浑浊以及其他一些干扰物质影响氨氮的测定，因此，在分析时需要做适当的预处理。对较清洁的水，可采用絮凝沉淀法；对污染严重的水或工业废水，则以蒸馏法消除干扰。

絮凝沉淀法：加适量的硫酸锌于水样中，并加氢氧化钠使之呈碱性，生成氢氧化锌沉淀，再经过滤除去颜色和浑浊。

蒸馏法：调节水样的 pH 值在 6.0～7.4 的范围，加入氧化镁使之呈微碱性，蒸馏释出的氨被吸收于硫酸或硼酸溶液中。采用纳氏试剂比色法或酸碱滴定方法时，以硼酸溶液为吸收液；采用水杨酸—次氯酸盐比色法时，则以硫酸溶液为吸收液。

（B）分取适量预处理后的水样（使氨氮含量不超过 0.1mg，

如果是蒸馏预处理后的水样，需加碱中和），加入 50mL 比色管中，稀释至标线，加 1.0mL 酒石酸钾钠溶液，混匀。加 1.5mL 纳氏试剂，混匀。放置 10min 后，在波长 420nm 处比色。

由水样测得的吸光度减去空白试验的吸光度后，从校准曲线上查得氨氮含量（mg）。

3）计算公式

$$氨氮（N，mg/L）= \frac{m}{V} \times 1000$$

式中　m——由校准曲线查得的氨氮量，mg；

　　　V——水样体积，mL。

（2）亚硝酸盐氮

亚硝酸盐（$NO_2 - N$）是氮循环的中间产物，不稳定，在氧和微生物的作用下可被氧化成硝酸盐，在缺氧条件下也可被还原为氨。亚硝酸盐在水中可受微生物等作用而很不稳定，在采集后应尽快进行分析，必要时以冷藏抑制微生物的影响。

水中亚硝酸盐的测定方法通常采用重氮—偶联反应，使之生成紫红色染料，方法灵敏，选择性强，所用重氮和偶联试剂种类较多，最常用的是对氨基苯磺酰胺和 α 萘胺。

1）方法原理

在酸性介质中，亚硝酸盐与对氨基苯磺酰胺反应，生成重氮盐，再与 α 萘胺偶联生成紫红色染料，在 540nm 波长下测定。

氯胺、氯、硫代硫酸盐、聚磷酸钠和高铁离子有干扰；水样有色或浑浊，可加氢氧化铝悬浮液并过滤消除。当水样 pH ≥ 11 时，可加入 1 滴酚酞指示液，用（1 + 9）磷酸溶液中和。

2）测定步骤

分取经预处理的水样于 50mL 比色管中，用水稀释至标线，加 1.0mL 显色剂，混匀。静置 20min 后，于波长 540nm 处比色。

3）计算公式

$$亚硝酸盐氮（N，mg/L）= \frac{m}{V} \times 1000$$

式中 m——由校准曲线查得的亚硝酸盐氮含量，mg；

V——水样体积，mL。

（3）硝酸盐氮的测定

硝酸盐是在有氧环境中最稳定的含氮化合物，也是含氮有机化合物经无机化作用最终阶段的分解产物。水中硝酸盐的测定方法很多，有酚二磺酸分光光度法、镉柱还原法、戴氏合金还原法、离子色谱法、紫外分光光度法和离子选择电极法等。这里只介绍紫外分光光度法。

1）方法原理

硝酸根离子对 220nm 波长的紫外光有特征吸收，因此，可通过测定水样对 220nm 紫外光的吸收度来确定水样中硝酸盐氮的含量。

溶解在水中的有机物对 220nm 紫外线也有吸收，但有机物除在 220nm 处有吸收外，还可吸收 275nm 紫外线，而硝酸根离子对 275nm 紫外线则无吸收，因此，对含有机物的水样，必须在 275nm 处做一次测定，以扣除有机物的影响。水样浑浊或含有悬浮固体时，可用孔径为 $0.45\mu m$ 的微孔滤膜过滤。

紫外分光光度法具有方法简便、快速的优点，但对含有机物、表面活性剂、亚硝酸盐、六价铬、碳酸氢盐和碳酸盐的水样，需进行预处理。如用氢氧化铝絮凝并沉淀和大孔中性吸附树脂可除去浊度、高价铁、六价铬和大部分常见有机物。

本法适用于清洁地表水和未受明显污染的地下水中硝酸盐氮的测定。

2）测定步骤

量取 200mL 水样置于锥形瓶或烧杯中，经絮凝沉淀后，吸取 100mL 上清液通过吸附树脂柱，弃去开始的流出液，收集 50mL 于比色管中，加 1.0mL 盐酸溶液，0.1mL 氨基磺酸溶液，在 220nm 和 275nm 处分别比色。以 220nm 处的吸光度值减去 2 倍的 275nm 处的吸光度值作为校正的吸光度（$A_{校} = A_{220} - 2A_{275}$），根据 $A_{校}$ 进行定量测定。

(4) 总磷的测定

在天然水和废水中，磷几乎都以各种磷酸盐的形式存在，分为正磷酸盐、缩合磷酸盐和有机结合的磷（如磷脂）。化肥、冶炼、合成洗涤剂等行业的废水及生活污水中常含有大量磷。磷是生物生长必需的元素之一。但水体中磷含量过高（如超过0.2mg/L），可造成藻类的过度繁殖，使水体富营养化。

水中磷的测定，通常根据其存在形式分别测定总磷、溶解性正磷酸盐和总溶解性磷。水样经 $0.45\mu m$ 的滤膜过滤后，滤液可直接测定溶解性正磷酸盐，滤液经强氧化剂消解后可测定总溶解性磷。未过滤的水样经强氧化剂消解后可测得总磷含量。磷的测定有钼锑抗分光光度法、氯化亚锡还原钼蓝法、离子色谱法等。这里只介绍钼锑抗分光光度法。

1) 方法原理

在酸性条件下，正磷酸盐与钼酸铵、酒石酸锑氧钾反应，生成磷钼杂多酸，被还原剂抗坏血酸还原，变成蓝色络合物（通常称磷钼蓝）。

总磷的消解可采用过硫酸钾消解法、硝酸—硫酸消解法、硝酸—高氯酸消解法等。

2) 测定步骤

分取适量消解后的水样（使含磷量不超过 $30\mu g$）加入 50mL 比色管中，用水稀释至标线。加入 1mL 10% 的抗坏血酸溶液，混匀。30s 后加 2mL 钼酸盐溶液充分混匀，放置 15min 后，以零浓度溶液为参比，于 700nm 波长处比色。从校准曲线上查出含磷量。

3) 计算公式

$$磷酸盐（P，mg/L）= \frac{m}{V}$$

式中　m——由校准曲线查得的磷含量，μg；

　　　V——水样体积，mL。

(5) 总氰化物的测定

氰化物属于剧毒物质，人体摄入一定量的氰化物会导致缺氧窒息。氰化物污染主要来自于冶炼、选矿、电镀、有机化工、炼焦化肥等工业废水。

水中氰化物的测定方法通常有硝酸银滴定法、异烟酸—吡唑啉酮光度法、吡啶—巴比妥酸光度法和电极法。

测定水中氰化物必须预处理。预处理方法不同，所测得的氰化物种类也不同。总氰化物是指在磷酸和 EDTA 存在下，pH 小于 2 的介质中，加热蒸馏能形成氰化氢的氰化物。包括全部简单氰化物和绝大部分络合氰化物，不包括钴氰络合物。

水样预处理步骤：量取 200mL 水样，移入 500mL 蒸馏瓶中（若水样含量高可少取，加水稀释到 200mL），加数粒玻璃珠。往接收容器内加 10mL1% 的氢氧化钠溶液。连接蒸馏装置。在蒸馏瓶内加入 10mLNa$_2$EDTA 溶液，迅速加入 10mL 磷酸，使 pH < 2，立即塞好瓶塞，打开冷凝水，以 2~4mL/min 馏出液的速度加热蒸馏。待接收容器内溶液接近 100mL 时，停止蒸馏。用少量蒸馏水洗涤馏出液导管，取下接收容器，用水稀释至标线待测定。

异烟酸—吡唑啉酮分光光度法：

1）方法原理

在中性条件下，氰离子与氯胺 T 反应生成氯化氰（CNCl）；氯化氰再与异烟酸作用，经水解生成戊烯二醛，与吡唑啉酮进行缩合反应，生成蓝色染料，在 638nm 下进行测定。

2）测定步骤

分别吸取 10.00mL 试样馏出液和 10.00mL 空白试验馏出液于具塞比色管中，加入 5mL 磷酸盐缓冲溶液，混匀。迅速加入 0.2mL 氯胺 T 溶液，立即盖塞，混匀，放置 3~5min。加入 5mL 异烟酸—吡唑啉酮溶液，混匀。加水稀释至标线，摇匀。在 25 ~35℃的水浴中放置 40min。以空白试剂为参比，在 638nm 波长处测量吸光度。从校准曲线上查出相应的氰化物含量。

3）计算公式

$$氰化物（CN^-，mg/L）= \frac{m_a - m_b}{V} \cdot \frac{V_1}{V_2}$$

式中　m_a——由校准曲线查得的氰化物含量，μg；

　　　m_b——由校准曲线查得的空白试验的氰化物含量，μg；

　　　V——水样体积，mL；

　　　V_1——试样馏出液的体积，mL；

　　　V_2——显色时所取馏出液的体积，mL。

(6) 挥发酚的测定

挥发酚通常指沸点在230℃以下的酚类。酚类属高毒物质，人体摄入一定量时，可出现紧急中毒症状。酚类主要来自炼油、煤气洗涤、炼焦、造纸、木材防腐和化工等废水。

最常用的酚类测定方法是4-氨基安替比林光度法。当水样中挥发酚浓度低于0.5mg/L时采用4-氨基安替比林萃取光度法，浓度高于0.5mg/L时采用4-氨基安替比林直接光度法。高浓度含酚废水可采用溴化容量法。

水样应预蒸馏，以除去颜色、浑浊度等干扰。若水样中含氧化剂、油、硫化物等干扰物质，还应在蒸馏前做适当处理以排除干扰。

预蒸馏步骤：量取250mL水样于蒸馏瓶中，加数粒玻璃珠，再加入2滴甲基橙指示液，用磷酸调节至pH为4，加5mL硫酸铜溶液。连接冷凝器加热蒸馏，至蒸出约225mL时，停止加热，放冷。向蒸馏瓶中加入25mL水，继续蒸馏至馏出液接近250mL止。用水稀释至标线待测定。

4-氨基安替比林萃取光度法：

1) 方法原理

酚类化合物在pH 10.0±0.2介质中，在铁氰化钾的存在下，与4-氨基安替比林反应所生成的橙红色安替比林染料可被三氯甲烷萃取，并在460nm波长处有最大吸收。

2) 测定步骤

分取馏出液于分液漏斗中，加水至250mL，加2.0mL氯化铵

—氨水缓冲溶液混匀。加 1.5mL 4 – 氨基安替比林溶液，混匀，再加入 1.5mL 铁氰化钾溶液，充分混匀后，放置 10min。准确加入 10.0mL 三氯甲烷，加塞，剧烈振摇 2min，静置分层。用干脱脂棉或滤纸筒拭干分液漏斗颈管内壁，于颈管内塞一小团干脱脂棉或滤纸，放出三氯甲烷层，弃去最初滤出的萃取液后，直接放入光程为 20mm 的比色皿中，以三氯甲烷为参比，在 460nm 波长处测量吸光度。

用蒸馏水代替水样进行蒸馏后，按相同测定步骤进行测定，以其结果作为水样测定的空白校正值。

3）计算公式

$$挥发酚（以苯酚计，mg/L）= \frac{m}{V}$$

式中 m——由水样的校正吸光度从校准曲线查得的苯酚含量，μg；

　　　　V——分取馏出液的体积，mL

思　考　题

1. 容量分析有哪几种滴定方法？
2. 简述酸碱指示剂的变色原理。
3. 简述金属指示剂的变色原理。
4. 简述沉淀滴定法的适用条件。
5. 影响氧化还原反应速度的主要因素有哪些？
6. 氧化还原反应指示剂有哪几种？
7. 简述比色分析法原理。
8. 什么是朗伯—比耳定律？写出其数学表达式。
9. 影响显色反应的因素有哪些？

七、有机化学基础知识

有机化合物与人类的关系非常密切，自然界存在的化合物绝大部分是有机化合物。目前，已发现的和人工合成的有机物已超过二千万种，而且新的有机物仍在不断地被发现和合成出来。我们在水质监测中所用到的化学试剂、污水水质的一些指标及污水中诸多有毒有害的物质多数属于有机化合物，所以我们应该学习和掌握有机化学的有关知识。

（一）有机化合物简介

1. 有机化合物和有机化学

（1）有机化合物

有机化合物是碳氢化合物及其衍生物的总称，有机化合物中除了碳和氢以外，常见的元素还有氧、氮、卤素、硫和磷。有些简单的化合物，如二氧化碳、碳酸盐等由于其性质与无机物相同，不属于有机化合物。因此世界上绝大多数的含碳化合物，都是有机化合物，简称有机物。

（2）有机化学

有机化学是化学科学的一个分支，它是研究有机化合物的组成、结构、性质、反应规律及合成方法的科学。

2. 有机化合物的特性

典型的有机化合物与典型的无机化合物性质有明显差异，其特性如下：

（1）有机化合物一般都可以燃烧，绝大多数的无机化合物不能燃烧。

（2）有机化合物的挥发性较大，通常是以气体、液体或低熔点固体的形式存在的。

（3）有机化合物通常不溶或难溶于水，无机化合物则较易溶解。

（4）有机化合物的反应一般进行的比较慢，通常需要加热使反应加快，并且常有副反应发生，产量很少能达到100%，能达到85%～90%已经是很好了。无机化合物的反应则可以在瞬间完成。

（5）有机化合物与无机化合物分子中化学键的本性不同。一般有机化合物是以共价键结合起来的；而典型的无机化合物则是用离子键结合起来的。

这些特性并不是有机化合物的绝对标志。有的有机化合物不能燃烧或熔点很高，有的有机反应可以爆炸式地进行。但是这些相对性的标志可以反映大多数有机化合物的特性。

3. 有机化合物的分类

有机化合物一般根据分子中碳原子组成的骨架分成三类：

（1）无环化合物

这类化合物中，碳原子相联成链而无环状结构，所以称为无环化合物或开链化合物。因为油脂含有这种开链结构，所以又称脂肪族化合物。主要包括烷、烯、炔及其衍生物脂肪族的醇、醚、醛、羧酸等。

（2）碳环化合物

这类化合物分子中含有完全由碳原子组成的碳环。它又可分为两类：

1）脂环族化合物　链状化合物两端的碳原子连接起来而形成的环状化合物，不含苯环的碳环化合物都属于这一类。它们的性质与脂肪族化合物相似，因此称为脂环族化合物。

2）芳香族化合物　含有由六个碳原子组成的苯环，或是具有苯的结构特征的平面碳环化合物，称为芳香族化合物。这类化合物具有一些特殊的芳香性质。

（3）杂环化合物　由碳原子和氧、硫、氮等原子共同组成的杂环化合物，这类化合物分子中都含有由碳原子和别的原子所组成的杂环。成环的原子，除碳以外，都称杂原子。

（二）烃类化合物

只含碳和氢两种元素的有机化合物叫做碳氢化合物，简称烃。烃是最简单的有机化合物，其他的有机化合物可看作是烃的衍生物。烃可以分为开链烃（又称脂肪族烃，它分为饱和烃和不饱和烃）、脂环族烃和芳香族烃。

1. 烷烃

（1）烷烃的结构

烷烃又称饱和烃。在烷烃分子中碳碳原子间以共价单键结合、其余价键均与氢原子结合而完全达到八电子饱和状态。烷烃分为直链烷烃和环烷烃两大类，常见的主要是直链烷烃，因此我们主要讨论直链烷烃。

从天然气或石油中分离出来的烷烃，如甲烷、乙烷、丙烷、丁烷等，它们的分子式依次为 CH_4、C_2H_6、C_3H_8、C_4H_{10} 等。两个烷烃分子式之间相差 CH_2 或其倍数，如果把烷烃中的碳原子数定为 n，烷烃中的氢原子数就是 $2n+2$，所以烷烃的分子式的通式为：C_nH_{2n+2}。

像这样结构相似，在分子组成上相差一个或若干个 CH_2 原子团的物质互称为同系物。烷烃中的甲烷、乙烷、丁烷等，它们互为同系物。

（2）同分异构现象

同组成的有机物由于分子中原子互相连接的方式不同，性质上有很大差异。例如丁烷（C_4H_{10}）就有分子组成和相对分子质量完全相同，但结构和性质却有差异的两种物质，即正丁烷和异丁烷。

化合物具有相同的分子式，但具有不同的结构式的现象，叫做同分异构现象。具有同分异构现象的化合物互称为同分异构体。正丁烷和异丁烷就是丁烷的两种同分异构体。

在烷烃分子里，含碳原子数越多，碳原子的结合方式就越趋复杂，同分异构体的数目就越多。例如，戊烷（C_5H_{12}）有 3 种同分异构体；己烷（C_6H_{14}）有 5 种；庚烷（C_7H_{16}）有 9 种；而癸烷（$C_{10}H_{22}$）有 75 种之多。

烃失去 1 个氢原子后所剩余的原子团叫做烃基。烃基一般用"R—"表示。如果失去氢原子的烃是烷烃，剩余的原子团就叫做烷基。例如，甲烷分子失去 1 个氢原子后剩余的"– CH_3"部分叫做甲基，乙烷分子失去 1 个氢原子后剩余的"– CH_2CH_3"部分叫做乙基等等。在异丁烷、异戊烷、新戊烷等带支链的烷烃中，其支链可以看成是由烷基（甲基）取代了烃分子中的氢原子而形成的。

（3）烷烃的命名

烷烃可以根据分子里所含碳原子的数目来命名，碳原子数在十以下的，用甲、乙、丙、丁、戊、己、庚、辛、壬、癸来表示；碳原子数在十以上的，就用数字表示。例如，C_5H_{12} 叫戊烷，$C_{17}H_{36}$ 叫十七烷。前面提到的戊烷的三种同分异构体，可用"正"、"异"、"新"来区别，这种命名方法叫做习惯命名法。习惯命名法在实际应用上有很大的局限性，如果烷烃分子中的碳原子数目再多一些，用这样简单的命名方法就不能满足需要，如己烷有 5 种同分异构体，用习惯命名法就很困难。因此在有机化学中广泛采用系统命名法。

系统命名法命名的步骤：

1）选定分子中最长的碳链（即含有碳原子数目最多的链）为主链，并按照主链上碳原子的数目称为"某烷"。

2）把主链中离支链最近的一端作为起点，用阿拉伯数字给主链上的各个碳原子依次编号定位，以确定支链的位置。

3）把支链作为取代基，把取代基的名称写在烷烃名称的前面，在取代基的前面用阿拉伯数字注明它在烷烃直链上所处的位置，并在数字与取代基名称之间用一短线隔开。

4）如果主链上有相同的取代基，可以将取代基合并起来，用二、三等数字表示，在用于表示取代基位置的阿拉伯数字之间要用"，"隔开；如果主链上有几个不同的取代基，就把简单的写在前面，把复杂的写在后面。

以 2，3-二甲基己烷为例，对一般有机物的命名可图析如下：

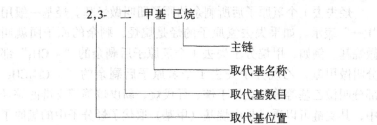

(4)烷烃的物理性质和化学性质

1）物理性质

烷烃的种类很多，表7-1中列出了部分烷烃的物理性质。

几种烷烃的物理性质   表 7-1

名称	结构简式	常温时的状态	熔点/℃	沸点/℃	相对密度
甲烷	CH_4	气	－182	－164	0.466
乙烷	CH_3CH_3	气	－183.3	－88.6	0.572
丙烷	$CH_3CH_2CH_3$	气	－189.7	－42.1	0.5853
丁烷	$CH_3(CH_2)_2CH_3$	气	－138.4	－0.5	0.5788
戊烷	$CH_3(CH_2)_3CH_3$	液	－130	36.1	0.6262
癸烷	$CH_3(CH_2)_8CH_3$	液	－29.7	174.1	0.7300
十七烷	$CH_3(CH_2)_{15}CH_3$	固	22	301.8	0.7780

烷烃的物理性质随着其分子里碳原子数的递增，呈现规律性的变化。例如，常温下，它们的状态由气态变到液态又变到固态；它们的沸点逐渐升高，相对密度逐渐增大。烷烃为非极性分子，根据"相似相溶"原理，它们不溶于水，能溶于弱极性溶剂和非极性溶剂，如苯、氯仿、四氯化碳等溶剂中。

2）化学性质

（A）稳定性

通常状况下，烷烃很稳定，跟酸、碱及氧化剂都不发生反应，也难与其他物质化合。但这些烃在空气里都能点燃，在光照的条件下，它们都能与氯气发生取代反应。

（B）氧化反应

烷烃在空气中完全燃烧生成二氧化碳和水，并放出大量的热量，因而烷烃可以广泛地作为燃料使用。如天然气、汽油等均是很好的燃料。

$$CH_4 + 2O_2 \xrightarrow{\text{点燃}} CO_2 + 2H_2O$$

烷烃在常温下与空气或氧气不起反应，升高温度并控制温度条件，可以氧化成醇、醛、酮、羧酸等含氧化合物。

（C）卤代反应

气态烷烃和氯气在光照或高温下，可以生成卤代烷和卤化氢。

$$R - H + Cl_2 \xrightarrow{\text{光}} R - Cl + HCl$$

烷烃分子中碳原子上的氢原子被卤素原子取代的反应称为卤代反应。卤代反应是取代反应的一种。卤代反应在暗处或低温时不发生，必须在光照或高温（250～400℃）的引发下才能进行。

2. 烯烃

在碳氢化合物中，除了碳原子之间都以碳碳单键相互结合的饱和链烃之外，还有许多烃，它们的分子里含有碳碳双键或碳碳三键，碳原子所结合的氢原子数少于饱和链烃的氢原子数，这样的烃叫做不饱和烃。

分子中含有碳碳双键的一类链烃叫做烯烃。由于烯烃分子中双键的存在，使得烯烃分子中含有的氢原子数，比相同碳原子数的烷烃分子中所含氢原子数少 2 个，而且相邻两种烯烃在组成上，也是相差一个"CH_2"原子团。所以，烯烃的通式是：C_nH_{2n}。

乙烯是最简单的烯烃。乙烯的分子式是 C_2H_4，结构简式是 $CH_2 = CH_2$。

（1）烯烃的命名

烯烃的系统命名法与烷烃相似。不过必须选择含双键的最长碳链作为主链，在编号时，也必须从靠近双键的一端开始，使表示双键位置的数字尽可能地小一些。表示双键位置的方法是将双键上第一个碳原子的号码用阿拉伯字写出，放在烯烃名称之前，并用一条短线隔开，取代基表示的方法与烷烃相同。

（2）物理性质

表 7-2 列出了几种烯烃的物理性质。

几种烯烃的物理性质　　　　　　表 7-2

名称	结构简式	常温时状态	熔点℃	沸点℃	相对密度
乙烯	$CH_2 = CH_2$	气	− 169.2	− 103.7	0.566
丙烯	$CH_3CH = CH_2$	气	− 185.2	− 47.4	0.5193
1-丁烯	$CH_3CH_2CH = CH_2$	气	− 185.3	− 6.3	0.5951
1-戊烯	$CH_3（CH_2）_2CH = CH_2$	液	− 138	30	0.6405
1-己烯	$CH_3（CH_2）_3CH = CH_2$	液	139.8	63.4	0.6731
1-庚烯	$CH_3（CH_2）_4CH = CH_2$	液	119	93.6	0.6970

烯烃的物理性质与烷烃相似，直链烯烃的熔点和沸点随碳原子数目的增加而有规律的升高。$C_2 \sim C_4$ 为气体，$C_5 \sim C_{18}$ 为液体，C_{19} 以上为固体。相对密度也逐渐增加。与烷烃一样，它们不溶于水而溶于弱极性或非极性溶剂中（如乙醚、四氯化碳、己烷等）。

（3）化学性质

1）氧化反应

乙烯在空气中燃烧生成二氧化碳和水：

$$CH_2 = CH_2 + 3O_2 \xrightarrow{点燃} 2CO_2 + 2H_2O$$

烯烃的双碳键可接受氧原子而被氧化。

把乙烯通入盛有 $KMnO_4$ 酸性溶液的试管中，可以看到，$KMnO_4$ 酸性溶液的紫色很快褪去。这说明乙烯能被氧化剂 $KMnO_4$ 氧化，它的化学性质比烷烃活泼。利用这个反应可以区别甲烷和乙烯。

2）加成反应

把乙烯通入溴的四氯化碳溶液中，可以看到，溴的红棕色很快褪去，说明乙烯与溴发生了反应。在这个反应中，乙烯双键中的一个键断裂，2 个溴原子分别加在两个价键不饱和的碳原子上，生成无色的 1，2-二溴乙烷：

$$CH_2 = CH_2 + Br - Br \longrightarrow CH_2Br - CH_2Br$$

这种有机物分子中双键（或三键）两端的碳原子与其他原子或原子团直接结合生成新的化合物的反应，叫做加成反应。

乙烯不仅可以与溴发生加成反应，还可以与水、氢气、卤素、卤化氢、氯气等在一定的条件下发生加成反应。例如：

$$CH_2 = CH_2 + H_2O \xrightarrow{\text{催化剂}} CH_3 - CH_2OH$$

工业上可以利用乙烯与水的加成反应，即乙烯水化法制取乙醇。

3）聚合反应

在适宜的温度、压强和有催化剂存在的条件下，乙烯的碳碳双键中的一个键可以断裂，分子间通过碳原子的相互结合能形成很长的碳链，生成聚乙烯：

$$CH_2 = CH_2 + CH_2 = CH_2 + CH_2 = CH_2 + \cdots\cdots \longrightarrow - CH_2 - CH_2 - CH_2 - CH_2 - CH_2 - CH_2 - \cdots\cdots$$

聚乙烯的分子很大，相对分子质量可达几万到几十万。这种相对分子质量很大的化合物属于高分子化合物，简称高分子或高聚物。由相对分子质量小的化合物分子结合成相对分子质量大的高分子的反应叫做聚合反应。

在聚合反应中，由不饱和的相对分子质量小的化合物分子结合成相对分子质量大的化合物的分子，这样的聚合反应同时也是加成反应，所以这种聚合反应又叫做加成聚合反应，简称加聚反应。乙烯聚合成聚乙烯的反应就属于加聚反应。

3. 炔烃

分子里含有碳碳三键的一类链烃叫做炔烃。炔烃分子里氢原子的数目比含相同碳原子数目的烯烃分子还要少 2 个，相邻炔烃之间也是相差一个"CH_2"原子团，所以炔烃的通式是 C_nH_{2n-2}。乙炔是最简单的炔烃。

（1）炔烃的命名

炔烃的命名法与烯烃相似，即选择含三键的最长碳链作为主链，将支链作为取代基，三键与支链的表示方法与烯烃相同。

（2）物理性质

与烷烃和烯烃相类似，炔烃的物理性质也是随着碳原子数目的增加而递变。

炔烃的沸点比对应的烯烃高一些，比重比对应的烯烃稍大，折射率也大一些。炔烃在水里的溶解度很小，但比烷烃和烯烃大一些。炔烃易溶于四氯化碳、乙醚、烷烃等极性小的溶剂。

（3）化学性质

乙炔在分子结构上类似于乙烯，分子里含有碳碳三键，碳碳三键中有两个键较易断裂，因此乙炔在化学性质上与乙烯类似。易发生氧化反应、加成反应。

1）氧化反应

$$2C_2H_2 + 5O_2 \xrightarrow{\text{点燃}} 4CO_2 + 2H_2O$$

乙炔燃烧时放出大量的热，如在氧气中燃烧，产生的氧炔焰的温度可达 3000℃以上。因此，可用氧炔焰来焊接和切割金属。乙炔和空气（或氧气）的混合物遇火时可能发生爆炸，在生产和使用乙炔时，一定要注意安全。

把纯净的乙炔通入 $KMnO_4$ 酸性溶液中，片刻后，溶液的紫色逐渐褪去。说明乙炔也易被 $KMnO_4$ 所氧化。

2）加成反应

把纯净的乙炔通入溴的四氯化碳溶液中，可以观察到溴的颜色逐渐褪去。这说明乙炔也能与溴发生加成反应。反应过程可分步表示如下：

$$HC \equiv CH + Br_2 \longrightarrow BrCH = CHBr$$

$$BrCH = CHBr + Br_2 \longrightarrow Br_2CH - CHBr_2$$

与乙烯类似，在一定的条件下，乙炔也能与氢气、氯化氢等发生加成反应。

在 150～160℃和用氯化汞作催化剂的条件下，乙炔与氯化氢发生加成反应，生成氯乙烯：

$$HC \equiv CH + HCl \longrightarrow H_2C = CHCl$$

在适当的条件下，氯乙烯可以通过加聚反应生成聚氯乙烯：

$$nCH_2 = CHCl \longrightarrow -CH_2 - CHCl-]_n$$

由于炔烃中都含有相同的碳碳三键，炔烃的化学性质与乙炔相似，易发生加成反应、氧化反应、聚合反应等，使溴的四氯化碳溶液及高锰酸钾酸性溶液褪色。炔烃也可以使溴水褪色，因此常用溴水代替溴的四氯化碳溶液来检验炔烃。

4. 芳香烃

在有机化合物中，有很多分子里含有一个或多个苯环的碳氢化合物，这样的化合物属于芳香烃，简称芳烃。根据芳烃中苯环的数目和联结方式可分为：

单环芳烃 分子中只含有一个苯环，如苯、甲苯、苯乙烯等。

多环芳烃 分子中含有两个或两个以上的苯环。

苯是最简单、最基本的芳烃。芳香族化合物的特性是由于苯环的特殊结构引起的。

（1）苯的结构

苯的分子式是 C_6H_6。从苯分子中的碳、氢原子比来看，苯是一种远没有达到饱和的烃。因为在苯分子中需要增加 8 个氢原子才能符合饱和链烃的通式：C_nH_{2n+2}。经过科学家的长期研究，人们对苯的结构获得一定的认识，认为苯分子的结构式可以表示为：

从这样的结构式来推测，苯的化学性质应显示出极不饱和的性质。但实验表明苯不能使 $KMnO_4$ 酸性溶液和溴水褪色。这说明苯与 $KMnO_4$ 酸性溶液和溴水都不发生反应。由此可知，苯在化学性质上与烯烃有很大差别。对苯分子结构的进一步研究表明，苯分子里不存在一般的碳碳双键，苯分子里 6 个碳原子之间的键完全相同，这是一种介于单键和双键之间的独特的键。苯分子里的 6 个碳原子和 6 个氢原子都在同一平面上。

（2）苯的物理性质

苯是没有颜色，带有特殊气味的液体，苯有毒，不溶于水，而溶于有机溶剂，密度比水小，熔点为 5.5℃，沸点为 80.1℃。如果用冰冷却，可凝结成无色的晶体。

苯是一种重要的化工原料，它广泛用于生产合成纤维、合成橡胶、塑料、农药、医药、染料和香料等。苯也常用作有机溶剂。

（3）苯的化学性质

苯不能被高锰酸钾氧化，一般情况下也不能与溴发生加成反应，说明苯的化学性质比烯烃、炔烃稳定。但是在一定条件下，苯也能发生某些化学反应。

1）苯的燃烧

像大多数有机化合物一样，苯也可以在空气中燃烧，生成二氧化碳和水：

$$2C_6H_6 + 15O_2 \xrightarrow{\text{点燃}} 12CO_2 + 6H_2O$$

2）苯的取代反应

苯较易发生取代反应。

（A）苯与溴的反应

在有催化剂存在时，苯与溴发生反应，苯环上的氢原子被溴原子取代，生成溴苯。

在适当催化剂的作用下，苯也可以与其他卤素发生取代反应。

（B）苯的硝化反应

苯与浓硝酸和浓硫酸的混合物共热至 55～60℃发生反应，苯环上的氢原子被硝基（–NO$_2$）取代，生成硝基苯。

苯分子里的氢原子被硝基（–NO$_2$）所取代的反应，叫做硝化反应。

（C）苯的磺化反应

苯与浓硫酸共热至 70～80℃时发生反应，生成苯磺酸：

苯分子里的氢原子被硫酸分子里的磺酸基（–SO$_3$H）取代，这样的反应叫做磺化反应。

3）苯的加成反应

虽然苯不具有典型的碳碳双键所应有的加成反应的性质，但在特定的条件下，苯仍然能发生加成反应。例如，在有镍催化剂的存在和 180～250℃的条件下，苯可以与氢气发生加成反应，生成环己烷。

5. 卤代烃

烃类分子中一个或多个氢原子被卤素原子取代生成的化合物叫做卤代烃。含一个或多个卤原子的卤代烃分别叫做一卤代烃和多卤代烃。

卤代烃根据烃基的不同主要分为：卤代烷烃、卤代烯烃和卤代芳烃等。

（1）一卤代烷的命名

一卤代烷是烷烃的一卤衍生物，通式为 $C_nH_{2n+1}X$ 或 $R-X$。其异构体的数目较母体烷烃多。

卤代烷的系统命名原则是将烷烃当作母体，卤素为取代基。直链烷烃从距卤原子最近的一端起始编号；而支链卤代烷从距烷基较近的一端编起，将卤素的位号、名称作词头写在前面，称为卤代某烷。例如：$CH_3-CH_2-CH_2-CH_2-Cl$　1－氯丁烷

含有不同的卤原子时，按 F，Cl，Br，I 的次序来命名。

（2）一卤代烷的性质

室温下，低级卤代烷为气体，较高级的卤代烷为液体。一卤代烷为极性分子，沸点高于相应的烷烃，相对密度也大于相应的烷烃。但由于一卤烷分子中的卤原子不能与水形成氢键，故卤烷不溶于水而溶于醇、醚、烷烃等有机溶剂中，卤代烷本身又可作为有机溶剂。

一卤代烷可发生取代反应、去卤化氢反应等。卤烷与水作用，羟基取代卤原子生成相应的醇。

$$R-X+HOH \longrightarrow R-OH+H-X$$

（3）重要的卤代烃

1）三氯甲烷（$CHCl_3$）

又名氯仿，为无色而有甜味的液体，可溶解多种有机物，是一种很好的萃取剂，可利用它从水溶液中提取有机物，挥发酚等有机物的测定就需利用氯仿进行萃取前处理。

2）四氯化碳（CCl_4）

四氯化碳为无色液体，相对密度约为 1.6，是优良的溶剂、干洗剂和萃取剂。

四氯化碳不可燃，沸点低，其蒸气比空气重，不导电。受热易气化，形成的重蒸气覆盖在燃烧的物体上，能隔绝空气而灭火，它是一种常用的灭火剂，适用于扑灭电源及贵重仪器附近的火灾。

（三）烃的衍生物

烃的衍生物从组成上说，除含有 C、H 元素外，还有 O、X（卤素）、N、S 等元素中的一种或几种，如甲醇（CH_3OH）、乙醇（C_2H_5OH）、乙酸（CH_3COOH）及一氯甲烷（CH_3Cl）、硝基苯（$C_6H_5NO_2$）、苯磺酸（$C_6H_5SO_3H$）等都属于烃的衍生物。这些化合物从结构上说，可以看成是烃分子里的氢原子被其他原子或原子团取代而衍变成的，因此叫做烃的衍生物。

在烃的衍生物中，取代氢原子的其他原子或原子团，影响着烃的衍生物的性质，使其具有不同于相应的烃的特殊性质。这种决定化合物特殊性质的原子或原子团叫做官能团。羟基（- OH）、羧基（- COOH）、硝基（- NO_2）等都是官能团，烯烃和炔烃中分别含有的碳碳双键和碳碳三键也是官能团。

烃的衍生物的种类很多，这里着重介绍醇、酚、醛、羧酸等衍生物的一些性质。

1. 醇、酚、醚

醇、酚、醚为烃的含氧衍生物。醇和酚都是分子里含有羟基官能团的化合物。羟基与直链烃基相连的是醇，如甲醇、乙醇；羟基与苯环上的碳相连的是酚，如苯酚。

（1）醇

1）醇的分类与命名

醇是分子中含有跟链烃基或苯环侧链上的碳结合的羟基的化合物。根据醇分子里羟基的数目，醇又可以分为一元醇、二元醇和多元醇，分子里只含有一个羟基的，叫做一元醇。由烷烃所衍生的一元醇，叫做饱和一元醇，如甲醇、乙醇等，它们的通式是 $C_nH_{2n+1}OH$，简写为：R - OH

根据系统命名法选择含有羟基的最长碳链作主链，把支链当作取代基，按主链所含碳原子的数目称为某醇；主链中碳原子的编号从靠近羟基较近的一端起始；支链的位号、名称和羟基的位号作词头写在前面。

2）醇的性质

醇的沸点变化情况与烷烃类似，也是随分子里碳原子数的递增而逐渐升高。低级的饱和一元醇为无色中性液体，甲醇、乙醇、丙醇可与水以任意比混溶；含 4～11 个 C 的醇为油状液体，可以部分地溶于水；含 12 个 C 以上的醇为无色无味的蜡状固体，不溶于水。

乙醇的化学性质：

（A）乙醇与钠的反应

$$2CH_3CH_2OH + 2Na \longrightarrow 2CH_3CH_2ONa + H_2 \uparrow$$

这个反应类似于水与钠的反应，因此乙醇可以看做是水分子里的氢原子被乙基取代的产物。乙醇与钠的反应比水与钠的反应要缓和得多，这说明乙醇羟基中的氢原子不如水分子中的氢原子活泼。

（B）乙醇的氧化反应

乙醇除了燃烧时能生成二氧化碳之外，在加热和有催化剂（Cu 或 Ag）存在的条件下，也能与氧气发生氧化反应，生成乙醛：

$$2CH_3CH_2OH + O_2 \longrightarrow 2CH_3CHO + 2H_2O$$

工业上根据这个原理，由乙醇制取乙醛。

（C）乙醇的消去反应

乙醇在有浓硫酸作催化剂的条件下，加热到 170℃即生成乙烯。

$$CH_3CH_2OH \longrightarrow CH_2 = CH_2 \uparrow + H_2O$$

在这个反应里，每一个乙醇分子脱去了一个水分子。像这样，有机化合物在一定条件下，从一个分子中脱去一部分（如 H_2O、HBr 等），而生成不饱和（含双键或三键）化合物的反应，叫做消去反应。

从乙醇的上述两个反应可以看出，羟基比较活泼，它决定着乙醇的主要化学性质。

3）重要的醇

（A）甲醇（CH_3OH）

纯净的甲醇为无色透明的液体，与水、乙醇、乙醚可以混溶，易燃，有毒。

甲醇用途很广，是很好的溶剂，在仪器分析，如离子色谱、液相色谱中与水一同作载液。

（B）乙醇（CH_3CH_2OH）

乙醇俗名酒精，是最常用的一种醇。能与水混溶。

（C）丙三醇（$CH_2OHCHOHCH_2OH$）

丙三醇俗名甘油，吸湿性强，能跟水、酒精以任意比混溶。

（2）苯酚

酚是分子里含有与苯环上碳原子直接相连的羟基的化合物。苯分子里只有一个氢原子被羟基取代的生成物是最简单的酚叫做苯酚，可简称为酚。苯酚的分子式是 C_6H_6O。

苯酚是一种重要的化工原料，广泛用于制造合成纤维、医药、合成香料、染料、农药等。苯酚有毒，它的浓溶液对皮肤有强烈的腐蚀性，使用时要小心，如不慎沾到皮肤上，应立即用酒精洗涤。化工系统和炼焦工业的废水中常含有酚类，在排放以前必须经过处理。

纯净的苯酚是无色的晶体，露置在空气里会因小部分发生氧化而呈粉红色。苯酚具有特殊的气味，熔点43℃，在水中的溶解度不大，当温度高于65℃时，则能与水混溶。苯酚易溶于乙醇等有机溶剂。

苯酚可与NaOH反应，生成苯酚钠；也可与 Br_2 发生取代反应。苯酚与 Br_2 的反应很灵敏，常用于苯酚的定性检验。

（3）醚

醚可以看作是醇分子中的氢原子被烃基取代而成的衍生物。结构为 R—O—R'。R 与 R'可相同也可不同。其中 C—O—C 键称为醚键，RO—称为烷氧基。同碳原子数的醇和醚互为同分异构体。

1）分类与命名

醚主要分为单醚和混醚两类，R 与 R′相同的醚称为单醚，R
与 R′不同的醚称为混醚。

简单的醚的命名一般采用习惯命名法，单醚直接按 R 中碳
原子的个数称某醚，混醚则将氧原子两端的烃基名称小的排在前
面命名。例如：

$$CH_3-CH_2-O-CH_2-CH_3 \quad 乙醚$$

$$CH_3-O-CH_2-CH_2-CH_3 \quad 甲丙醚$$

复杂的醚采用系统命名法。取连有烷氧基而最长的碳链作主
链，将烷氧基作为取代基来命名。

2）重要的醚

乙醚：为无色液体，可溶于水。乙醚是很好的溶剂和萃取
剂，能溶解树脂、油脂、硝化纤维等。乙醚易燃易爆，且不易扩
散，使用时应注意远离明火。

2. 醛、酮

醛和酮具有共同的官能团——羰基（ $\diagdown C=O$ ），所以统称
为羰基化合物。

羰基碳原子上至少连接一个氢原子的化合物为醛， $-\overset{H}{\underset{}{C}}=$
O 称为醛基，通式简写作 RCHO。醛基总是位于碳链的一端。羰
基碳原子上同时连接两个烃基的化合物为酮，因而酮分子中的羰
基也常称为酮基。酮基必须位于碳链的中间。

1）醛酮的分类与命名

醛、酮按羰基上所连的烃基不同，可分为脂肪族醛酮、脂环
族醛酮和芳香族醛酮。也可按羰基数目分为一元醛酮、二元醛酮
等。

因醛基位于碳链一端，因此醛只有碳链异构；而酮除有碳链
异构外，还有酮基位置的异构。

醛的习惯命名法与醇相似，根据碳原子数目而称为某醛。酮

则根据羰基所连两个烃基的名称来命名。

醛酮的系统命名法是选择含羰基的最长碳链为主链，支链作为取代基，根据主链上碳原子数目而称为某醛或某酮。主链碳原子编号从靠近羰基较近的一端起始，用阿拉伯数字编号。

2）乙醛的性质

乙醛是无色、具有刺激性气味的液体，乙醛易挥发，易燃烧，能跟水、乙醇、氯仿等互溶。

从结构上乙醛可以看成是甲基跟醛基（－CHO）相连而构成的化合物。由于醛基比较活泼，乙醛的化学性质主要由醛基决定。例如，乙醛的加成反应和氧化反应，都发生在醛基上。

（A）乙醛的加成反应

乙醛分子中的碳氧双键上能够发生加成反应。例如，使乙醛蒸气和氢气的混合气体通过热的镍催化剂，乙醛与氢气即发生加成反应：

$$CH_3CHO + H_2 \xrightarrow{\text{催化剂}} CH_3CH_2OH$$

（B）乙醛的氧化反应

在有机化学反应中，通常把有机物分子中加入氧原子或失去氢原子的反应叫做氧化反应。乙醛易被氧化，如在一定温度和催化剂存在的条件下，乙醛能被空气中的氧气氧化成乙酸。在工业上，可以利用这个反应制取乙酸。

$$2CH_3CHO + O_2 \xrightarrow{\text{催化剂}} 2CH_3COOH$$

（C）乙醛的银镜反应

硝酸银与氨水生成的银氨溶液中含有 $Ag(NH_3)_2OH$（氢氧化二氨合银），这是一种弱氧化剂，它能把乙醛氧化成乙酸，乙酸又与氨反应生成乙酸铵，而 Ag^+ 被还原成金属银：

$CH_3CHO + 2Ag(NH_3)_2OH \longrightarrow CH_3COONH_4 + 2Ag\downarrow + 3NH_3 + H_2O$

还原生成的银附着在试管壁上，形成银镜，所以这个反应叫做银镜反应。

银镜反应常用来检验醛基的存在。

3) 重要的醛酮

甲醛：也叫蚁醛，是分子结构最简单的醛。在通常情况下，为无色有刺激性气味的气体，易溶于水，35%～40%的甲醛水溶液叫做福尔马林，可用作防腐剂。

丙酮：无色液体，易溶于水，并能溶解多种有机物。在生产和生活中，广泛用作溶剂和粘合剂。

3. 羧酸

分子由烃基与羧基相连而构成的有机化合物统称为羧酸。

1) 羧酸的分类与命名

根据与羧基相连的烃基的不同，羧酸可以分为脂肪酸（如乙酸）和芳香酸（C_6H_5COOH）等；根据羧酸分子中羧基的数目，羧酸又可以分为一元羧酸、二元羧酸（如乙二酸 HOOC-COOH）和多元羧酸等。

一元羧酸的通式为 R—COOH。在一元羧酸里，羧酸分子里的烃基含有较多碳原子的叫做高级脂肪酸（如硬脂酸 $C_{17}H_{35}$COOH）。

羧酸的系统命名法是以含羧基的最长碳链为主链，支链为取代基，按主链的碳原子数目称为某酸，主链编号从羧基碳原子开始，用阿拉伯数字标明取代基的位次。

由于羧酸分子中都含有相同的官能团——羧基，它们的化学性质很相似，如都有酸性，都能发生酯化反应等。

2) 乙酸的性质

乙酸又名醋酸，它是食醋的主要成分，是日常生活中经常接触的一种有机酸。乙酸的分子式是 $C_2H_4O_2$，结构式简写为 CH_3COOH。

乙酸从结构上可以看成是甲基和羧基（–COOH）相连而构成的化合物。乙酸的化学性质主要由羧基决定。

（A）乙酸的酸性

乙酸具有酸的通性，能使紫色的石蕊试液变红。乙酸的酸性强于碳酸，尽管如此，乙酸仍是一种弱酸，它在水溶液里还是只能部分电离。

（B）乙酸的酯化反应

在有浓硫酸存在并加热的条件下，乙酸能与乙醇发生反应，生成乙酸乙酯（$CH_3COOC_2H_5$）。

$$CH_3COOH + C_2H_5OH \longrightarrow CH_3COOC_2H_5 + H_2O$$

乙酸乙酯是酯类化合物的一种。酸和醇起作用，生成酯和水的反应叫做酯化反应。

酯的一般通式是 $RCOOR'$，其中 R 和 R′ 可以相同也可以不同。

思 考 题

1.烷烃的通式是＿＿＿＿。烷烃分子中的碳原子数目每增加 1 个，其相对分子质量就增加＿＿＿＿。

2.烯烃是分子里含有＿＿＿＿键的不饱和烃的总称。烯烃的通式为＿＿＿＿，丙烯、1-丁烯的结构简式分别是＿＿＿＿和＿＿＿＿。

3.什么是同系物？什么是同分异构现象和同分异构体？

4.什么是卤代烃？

5.什么是芳香烃？

6.写出下列物质的化学名称：

甘油、酒精、氯仿、醋酸、福尔马林。

7.醛和酮在化学结构上有什么异同？

8.分别写出醇、醛、酮、羧酸的通式。

八、水微生物学

（一）水中微生物简介

微生物是指一群形体微小、结构简单的单细胞或多细胞或无细胞结构的生物，其类群杂，种类繁多，且繁殖快，易变异，在环境中分布极广，适应能力极强。水中微生物对水体的自净有重要作用，也是对污水进行生物处理的工作主体。

细菌是微生物中的主要类群，与水处理的关系最为密切，下面以细菌为代表来说明微生物的形态结构和生理特征。

1. 细菌的形态和结构

（1）细菌的形态

细菌是单细胞原核微生物，是微生物在自然界中分布最广、数量最多的一类，其个体微小，种类繁多。就单个细菌而言，其基本形态可分为球形、杆形、螺旋形三种，分别称为球菌、杆

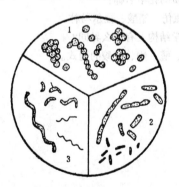

图 8-1　细菌的形态
1—球菌；2—杆菌；3—螺旋菌

菌、螺旋菌，如图8-1所示。

（2）细菌的大小

细菌体积微小，通常以微米作为计量单位，可用测微尺在显微镜下进行测量。球菌以其直径表示，大多数球菌直径约（0.5~2.4）μm；杆菌和螺旋菌以其长度和宽度表示，杆菌一般为（0.5~1）μm×（1~5）μm，螺旋菌常约为（0.3~1）μm×（1~50）μm，不过螺旋菌的长度是指菌体两端点间的距离，而不是真正的长度。

（3）细菌细胞的基本结构

细菌细胞的基本结构包括细胞壁、细胞质膜、细胞质、细胞核物质及内含物。如图8-2所示：

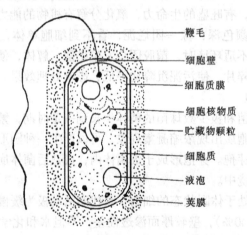

图8-2 细菌细胞的基本结构

（4）细菌的特殊结构

细菌的特殊结构有夹膜、芽孢和鞭毛三种类型，如图8-3所示。

1）荚膜与菌胶团

某些细菌在其生活过程中，向细胞壁表面分泌一层黏液状物质，薄厚不一，比较薄时称为黏液层，相当厚时称为荚膜。通常

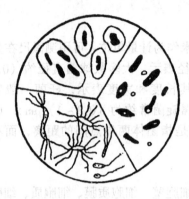

情况下，每个菌体外包围一层荚膜，但有的细菌，它们的荚膜物质相互融合连为一体，组成共同的荚膜，多个菌体包含其中，称为菌胶团。如图 8-4 所示。

图 8-3　细菌的夹膜、芽孢与鞭毛

活性污泥中的细菌通常即以菌胶团的形式存在。在污水生物处理中，菌胶团对活性污泥的结构与沉降性能等均有重要影响。新生菌胶团颜色较浅，有旺盛的生命力，氧化分解有机物的能力强。老化了的菌胶团颜色深，像一团烂泥，看不到细胞单体，生命力较差。当遇到不适环境时，菌胶团会发生松散、解体，使大块的活性污泥变为碎片，使污泥沉降比降低，影响处理效果。

2）芽孢

某些杆菌和极少数球菌的菌体生长到一定时期，繁殖速度降低，菌体细胞质出现浓缩凝集现象，可以产生一种圆形或椭圆形结构，称为芽孢。芽孢形成于细菌体内，成熟后菌体崩解，芽孢即游离于环境中。

芽孢是处于休眠状态的细菌，其代谢活动极为缓慢。芽孢含水量低（约40%），壁较厚而渗透性差，不但水和化学药品不易

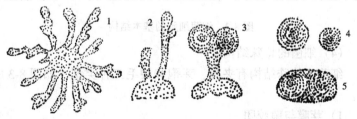

图 8-4

1—垂丝状；2—分枝状；3—蘑菇形；4—球形；5—椭圆形

渗透到芽孢内，芽孢内的水分也不易散失。因此，芽孢对于干燥、热和化学药品、紫外线都有很强的抵抗能力。在废水生物处理尤其是处理有毒废水时常见芽孢杆菌生长。

由于不是所有细菌都能形成芽孢，芽孢的位置、大小也因菌种的不同而不同，所以芽孢是鉴别菌种的特征之一。

3）鞭毛

螺旋菌与某些杆菌表面着生有细长、呈波浪形弯曲的原生质丝，称为鞭毛。鞭毛着生在细胞质膜上，它是细菌的运动胞器，以波浪式摆动或旋转运动推动细菌前进。

鞭毛极纤细易脱落，所以幼龄菌运动活泼，而老龄菌因鞭毛脱落而不运动。

2. 细菌的繁殖和菌落特征

细菌在固体培养基上生长繁殖，由单个菌体发展成为由无数细菌组成的、肉眼可见的群落，叫菌落。各种细菌在一定的培养条件下形成一定的菌落特征，如大小、形状、光泽、颜色等，是细菌分类鉴定的依据。如具荚膜的细菌其菌落表面光滑、湿润、黏稠，为光滑型菌落；而不具荚膜的细菌其菌落表面干燥、皱褶，是粗糙型菌落。

（二）污水生物处理

1. 污水生物处理概述

（1）污水生物处理的特征

污水的生物处理就是以污水中的混合微生物群体作为工作主体，对污水中的各种有机污染物进行吸收、转化，同时通过扩散、吸附、凝聚、氧化分解、沉淀等作用，去除水中的污染物。因此，污水生物处理实际上是水体自净的强化，不同的是，在去除了污水中的污染物后，必须将微生物从出水中分离出来，这种分离主要是通过微生物本身的絮凝和原生动物、轮虫等的吞噬作用完成的。

污水经过生物处理后，其中的杂质和污染物质能以某种形式（如生物絮凝作用）被分离除去，或被转为无害的物质。例如，城市生活污水经生物处理后，活性污泥法的 BOD_5 和 SS（悬浮性固体）去除率都在 90% 左右；生物滤池法 BOD_5 去除率在 80%、SS 去除率在 90% 左右。

生物处理还能减少城市污水中的病原微生物和病毒，但出水中这些有害微生物的浓度仍然较高，因此，出水和剩余污泥都要消毒。

(2) 污水生物处理方法

微生物在污水生物处理中起主要作用。处理构筑物和运转操作主要是为微生物创造适宜的生存环境。根据微生物对氧气的需求不同，污水生物处理可分为好氧处理和厌氧处理两大类。

1) 好氧生物处理

好氧生物处理是在水中溶解氧存在的条件下，借好氧和兼性厌氧微生物（其中主要是好氧菌）的作用来进行的。在处理过程中，绝大多数的有机物都能被相应的微生物氧化分解。废水中的溶解性有机物透过细菌的细胞壁和细胞膜被细菌吸收，固体和胶体的有机物先附着在细菌外，由细菌分泌的酶分解为溶解性物质，再渗入细胞。细菌通过自身的活动——氧化、还原、合成等过程，把一部分被吸收的有机物氧化成简单的无机物，并放出细菌生长所需的能量，而把另一部分有机物转化成生物体所必需的营养物质，组成新的细胞物质。

整个好氧分解过程可分为两个阶段。第一阶段，主要是有机物被转化为 CO_2、H_2O、NH_3 等，第二阶段，主要是 NH_3 转化为 NO_2^- 和 NO_3^-。

用好氧法处理污水，基本上没有臭气，处理所需的时间比较短，如果条件适宜，一般 BOD_5 去除率可在 80% ~ 90% 左右，有时甚至可达 90% 以上。

根据处理构筑物的不同，好氧生物处理的方法可分为活性污泥法、生物膜法、氧化塘法等。其中活性污泥法和生物膜法应用最广泛。

2）厌氧生物处理

厌氧生物处理是在无氧的条件下，借厌氧和兼性厌氧微生物（其中主要是厌氧菌）作用来分解污水中有机物的方法，也称厌氧消化或厌氧发酵。

厌氧生物处理主要应用于有机污泥和高浓度有机污水的处理。由于是密闭发酵，所以在处理过程中不影响周围环境；同时隔绝空气又加以高温发酵，可以杀死寄生虫卵和致病菌；并且可以产生生物能源甲烷。

常用的厌氧处理是中温消化法，所用构筑物称为消化池或沼气池。

2. 微生物在污水处理中的作用

1）活性污泥微生物群落及其作用

活性污泥是指由细菌、微型动物为主的微生物与胶体物质、悬浮物质等混杂在一起形成的，具有很强吸附分解有机物的能力和良好沉降性能的绒絮状颗粒。

活性污泥中生存着各种微生物，主要的是细菌（以好氧性异养菌为主）和原生生物，此外还有酵母菌、丝状霉菌、单胞藻类、轮虫、线虫等。

在活性污泥形成初期，细菌多以游离态存在，随着活性污泥的成熟，菌胶团细菌分泌胞外聚合物（蛋白质、核酸、多糖等）形成细纤维状的胞间物质，然后通过它们相互纠缠作用而形成菌胶团絮状物，随后丝状细菌、霉菌、原生动物等交织附着其上，形成活性污泥绒絮状颗粒。这个过程称为生物絮凝作用。

活性污泥中原生动物在数量和种类上仅次于细菌，常见的优势种是纤毛类。它们主要附聚在污泥表面。其作用在于：

（A）有些原生动物（如变形虫）能吞噬水中有机颗粒，对污水有直接净化作用；

（B）某些原生动物（如纤毛虫）能分泌糖类物质，可促进生物絮凝；

(C) 吞噬游离细菌，有利于改善出水水质；

(D) 可作为污水净化的指示生物。

在活性污泥的培养和驯化阶段中，原生动物按一定的顺序出现。在运行初期曝气池中常出现鞭毛虫和肉足虫。若钟虫出现且数量较多，则说明活性污泥已成熟，充氧正常。若固着型纤毛虫减少，游泳型纤毛虫突然增加，说明污水处理运转不正常。因此，根据污水中微生物的活动规律就可以判断水质和污（废）水处理程度。

2）生物膜中的微生物群落及其作用

当污水通过滤料时，在滤料表面逐渐形成一层黏膜，黏膜中生长着各种微生物，这层黏膜就是生物膜。生物膜有巨大的表面积，能吸附污水中呈各种状态的有机物，具有非常强的氧化能力。

生物膜上的丝状细菌降解有机物的能力很强，大量生长的菌丝体交织粘连形成层层的网状结构，吸附截留水中的悬浮物，对水流具有过滤作用，可使出水变澄清，同时菌丝的交织作用又可使膜块的机械强度增加，不易脱落更新，但丝状细菌过速生长会堵塞滤池，影响净化过程的正常进行。

生物膜上微生物的生态演替主要受溶解氧和营养的制约。从膜面到膜内，微生物按好氧→兼性→厌氧的顺序出现；从滤池的上层到下层，有机物浓度逐渐降低，优势种以菌胶团细菌→丝状细菌、鞭毛虫、游泳型纤毛虫→固着型纤毛虫、轮虫的序列出现。因此，通过观察各区段微生物种类的分布，有可能判断出废水浓度的变化或污泥负荷的变化。

3. 污水生物处理对水质的要求

在污水生物处理中，微生物的生长繁殖条件极为重要，因此，对待处理的污水的水质有一定要求。

（1）pH 值

好氧生物处理 pH 值应在 6～9 范围内，厌氧生物处理 pH 值应在 6.5～8 之间。

（2）温度

大多数微生物的最适宜生活温度是 $20 \sim 40$℃，在污泥的厌氧消化中利用高温微生物进行厌氧发酵，所以温度应提高到 $50 \sim 60$℃。

（3）有毒物质

废水中含有酚、氰、砷、重金属等有毒物质，当它们的含量超过微生物本身的耐受能力时，会使微生物活动受限制甚至死亡。因此，须控制废水中有毒物质的含量。

（4）营养

微生物的生长繁殖需要各种营养物质，如氮、磷、碳等，但不同种类的微生物需要的营养物质不完全一样。一般好氧生物处理要求 $BOD_5 : N : P = 100 : 5 : 1$，城市生活污水能满足此要求。但工业废水缺乏某些养料，故这种污水在进行生物处理时，需加入生活污水补充营养物质。

（三）微生物学实验基础知识

1. 水质细菌学检验常用仪器

（1）培养皿

常用培养皿皿底直径 90mm，高 15mm。在培养皿内倒入适量固体培养基制成平板，用于细菌分离、纯化、鉴定菌种和微生物计数。

（2）试管

微生物学实验所用的试管，其管壁比化学实验所用的要厚些，使用时管口要塞棉花塞或盖以试管帽。大试管（约 18mm×180mm）用于盛倒平皿用的培养基，中试管（约 15mm×150mm）用于盛液体培养基或制琼脂斜面，小试管一般用于乳糖发酵试验，另有德汉氏试管是在乳糖发酵试验时使用的，使用时倒置于盛培养液的试管中，以观察细菌的产气情况，故又称发酵小套管。

(3) 载玻片与盖玻片

普通载玻片用于微生物涂片、染色、作形态观察等，盖玻片可用作压滴法制片，凹玻片是在一块厚玻片中有一圆形凹窝，作悬滴观察活细菌时用。

(4) 接种工具

接种细菌用接种环和接种针（如图8-5），接种不易与培养基分离的放线菌和真菌，可用接种钩和接种铲，用涂布法在琼脂平板上分离菌落时需用玻璃涂布器。

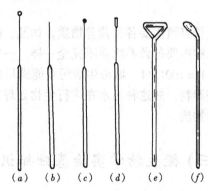

图 8-5　接种工具

(a) 接种环；(b) 接种针；(c) 接种钩；
(d) 接种铲；(e)、(f) 玻璃涂布器

(5) 显微镜

显微镜是观察细菌形态结构的装置，它的使用原理将在后面的内容中介绍。

细菌学检验所使用的玻璃仪器和接种工具在使用前均需经灭菌处理。

2. 培养基的制备与灭菌

培养基是将微生物生长繁殖所需要的各种营养物质，用人工方法配制而成的。其中含有水分、碳源、氮源、无机盐以及维生素等。营养琼脂培养基中以牛肉膏为碳源，蛋白胨为氮源，同时

含有水分和无机盐（NaCl）。用 HCl 溶液或 NaOH 溶液调节培养基的 pH 值，以保证微生物在最适宜的酸碱度范围内表现它们最大的生命活力并生长繁殖。

（1）培养基的制备

1）配制培养基的要求：

（A）含有可被迅速利用的碳源、氮源、无机盐以及其他成分。

（B）含有适量的水分。

（C）调至适合微生物生长的 pH。

（D）具有合适的物理性能（透明度、固化性等）。

2）一般培养基的配制步骤

（A）调配：按培养基配方准确称取各成分，用少量水溶解。

（B）溶化：将各成分混匀于水中加热，以促进营养成分的溶化，注意随时搅拌并防止外溢，溶化完毕，要补足失去的水分。

（C）调整 pH 值：一般细菌用的培养基用 HCl 和 NaOH 调节 pH 值在 6.8 ~ 7.2 之间，但在高压灭菌后，pH 值约降低 0.1 ~ 0.2，故校正时应比实际需要的 pH 值高 0.1 ~ 0.2。因在相同的 pH 下有机酸比无机酸更容易抑制微生物生长，因此除非特殊需要，最好不要用有机酸来调节 pH 值。

（D）过滤澄清：用纱布或滤纸过滤。若培养基杂质很少或实验要求不高，可不过滤。

（E）分装：根据需要将培养基分装于不同容量的锥形瓶和试管中，分装量不宜超过容器的 2/3，以免灭菌时外溢。琼脂斜面分装的量为试管容量的 1/5，灭菌后须趁热放置成斜面，斜面长度约为试管长度的 2/3。

（F）包装：塞好棉塞并包扎，锥形瓶单独包扎，试管可以多支一起包扎。包扎前要贴上标签，标签上写明培养基名称和配制日期。

（G）灭菌：配制培养基后，在 2h 内进行灭菌处理。

（H）无菌检验：取其中 1～2 支试管于培养箱 37℃培养 24h，证实无菌；同时再用已知菌种检查在此培养基上的生长情况，符合要求方可用。

（I）保存：配制好的培养基，不宜存放过久，以少量勤配制为宜。每批应注明制作日期。已灭菌的培养基可在 4～10℃存放 1 个月。

实验中所需稀释水也应高压蒸汽灭菌。

（2）灭菌

灭菌是微生物学实验的基本技术之一。所谓灭菌，即指杀死一切微生物的细胞及芽孢或孢子。灭菌时利用高温，使菌体内的蛋白质发生凝固变性，从而杀死微生物。灭菌的方法很多，一般玻璃器皿可用干热灭菌，培养基采用湿热灭菌，无菌室或无菌箱可用紫外线消毒。

1）干热灭菌法

（A）将包装好的待灭菌物品（培养皿、移液管等）放入干燥箱内。不要摆得太挤，不得与内层底板直接接触。

（B）关闭箱门，开启电源开关，旋动恒热调节器至 160℃。待温度升至 160℃，恒温 2h。注意不超过 170℃，以免包装纸被烤焦。

（C）2h 后切断电源，待温度降至 70℃以下，才能开箱门取出灭菌物品，否则玻璃器皿可因骤冷而爆裂。

2）高压蒸汽灭菌法

（A）打开灭菌锅盖，向锅内加入适量的水。将待灭菌的培养基和自来水放入锅内，不要太挤或紧靠锅壁，以免影响蒸汽的流通和冷凝水顺壁流入物品中，加盖拧紧螺旋，密闭。

（B）打开排气阀，加热，自开始产生蒸汽后约 10 min 再关紧排气阀，此时蒸汽已将锅内的冷空气由排气孔排尽。若锅内冷空气未排尽，则达不到应有的温度，结果造成灭菌不彻底。

（C）待压力逐渐上升到所需压力时（一般为 98066.5Pa 表压），控制热源，开始计算灭菌时间。

（D）灭菌时间到达后，停止加热。待压力表指针降到"0"时，才可打开排气阀。注意切勿过早打开，否则可因骤然减压降温造成液体外溢和玻璃破碎。

（E）待排气孔无蒸汽排出，方可开锅盖，取出物品，将锅内剩余的水放掉。

含糖培养基一般是控制在 65704.555Pa（112℃）的压力，灭菌 30min，以防高温破坏培养基的成分。

3. 无菌操作

无菌操作是微生物实验最基本的技术之一。其要求是：凡实验中使用的仪器物品需预先消毒灭菌；实验者在实验前后都要洗手消毒；有条件的实验室，可在无菌室或无菌箱中操作；一般的实验，则要求在酒精灯的火焰附近进行。

（1）制作培养基平板

准备：灭菌培养皿、灭菌培养基融化后冷却至 50℃左右。

（A）点燃酒精灯，培养皿放在火焰附近桌面。

（B）右手持盛培养基的试管或锥形瓶，置于火焰旁。用左手食指和中指夹出管塞，迅速灼烧试管口或瓶口。

（C）用左手拇指与无名指、小指揭开培养皿盖，迅速倒入培养基约 15mL。

（D）加盖轻摇培养皿，使其均匀分布并平置于桌面，待凝固后即成培养基平板。

（2）接种技术

1）斜面接种：

（A）点燃酒精灯。

（B）左手持菌种管和空白斜面试管，拇指压住两支试管，中指位于两试管之间，斜面向上，管口平齐。

（C）右手拿接种环，在火焰上将环烧红灭菌。

（D）用右手的手掌边缘和小指、小指和无名指分别夹持棉塞，将其取出，并迅速灼烧管口。

（E）将灭菌的接种环伸入菌种管，先在培养基的无菌部分放一下以冷却接种环，然后挑取少量菌种，接种环退出菌种管。

（F）接种环迅速伸入空白斜面试管，自斜面底部向上端划一直线或波浪状曲线至顶部，注意勿将培养基划破或接触管壁管口。

（G）接种环退出后，再次用火焰灼烧管口，并在火焰边将棉塞塞上。

（H）灼烧接种环，接种完毕。

2）液体接种

（A）开始步骤与斜面接种（A）～（E）步相同，但管口略向上倾斜，以免培养液流出。

（B）将取有菌种的环送入液体管后，接种环应在液体表面处的管内壁轻轻磨擦，使菌体从环上脱落，均匀散入液体中。

（C）以后步骤与斜面接种（G）、（H）相同，并需要将液体培养基轻轻摇动。

3）穿刺接种：

操作程序与斜面接种相同，不同的是接种工具为接种针，挑取菌种后伸入待接种试管，自培养基的中心垂直地刺入深层培养基内3/4处，然后沿原路拔出，灼烧管口后塞上棉塞，并再次烧灼接种针。

4）平板划线接种

（A）以无菌操作法从菌种管或悬菌液中挑取菌种。

（B）左手持盛有培养基的平皿，移近火焰，将沾有菌液的接种环在平板上划线。

（C）注意在不同方向划线前，要将接种环灼烧以除去多余菌体，达到菌落分离的目的（划线法如图8-6）。

（3）细菌涂片

1）在灭菌载玻片正面边角作一记号，中央加一滴无菌水（或生理盐水），玻片置于火焰边。

2）以无菌操作法用接种环在菌种管（或菌悬液）中挑取少量菌体。

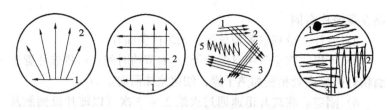

图 8-6 平板划线分离法

3）将挑取的菌体置于玻片水滴中，用接种环调匀并涂成薄膜。

4）灼烧接种环，以杀灭残余菌体。

4. 细菌的染色

一般微生物，尤其是细菌，其菌体是无色半透明的。因此，必须借助染色法使菌体着色，与背景形成鲜明反差，才有利于显微观察。

简单染色法是利用细菌带负电荷，易与碱性染料结合而被着色，采用一种单色染料对细菌进行染色。此法操作简便，适用于细菌形态和大小的观察。

革兰氏染色法属于复合染色，是细菌学中重要而常见的鉴别染色法。染色时先用草酸铵结晶紫染色，经媒染后再用酒精脱色（媒染的作用是加强染料与细菌的亲和力），因为革兰氏阳性菌带的负电荷比革兰氏阴性菌多，等电点也较低，所以它与草酸铵结晶紫的结合力很牢固，对酒精脱色的抵抗力也更强，故而加入脱色剂后，革兰氏阳性菌体内的染料不被脱色，仍呈紫色；而革兰氏阴性菌体内的染料则被酒精提取而呈无色。脱色后再用蕃红（沙黄）染料复染，其目的是使已脱色的细菌重新染上另一种颜色，以便与未脱色菌进行比较。因此，凡经革兰氏染色后，镜检菌体呈紫色的为革兰氏阳性菌，镜检菌体为红色的是革兰氏阴性菌。

（1）简单染色法

涂片→固定→染色→水洗→干燥→镜检。

1）标记。在标签纸上分别填上菌名、染色剂名称、日期，贴在载玻片右侧。

2）涂片。分别取葡萄球菌、杀螟杆菌涂片。

3）干燥。在空气中自然晾干。（为节约时间，可将玻片置于酒精灯火焰高处稍稍加热干燥，细菌涂抹面向上。）

4）固定。将玻片迅速通过火焰 2 ~ 3 次（以玻片反面触及皮肤，热而不烫为宜），使细菌蛋白质因加热凝固而粘附在载玻片上。

5）染色。分别用美蓝染液或石炭酸品红染液进行染色。染色时间长短视不同染液而定，美蓝约 2 ~ 3 min，石炭酸品红约 1 ~ 2 min，染液滴加在涂片薄膜上，以覆盖标本为度。

6）水洗。倾去染液，斜置载玻片于烧杯边沿，用水自涂片上方轻轻冲洗，直至流下之水无色为止。

7）干燥。用吸水纸吸去涂片边缘的水（注意不要将细菌擦掉），自然干燥。

8）镜检。用油镜观察涂片和染色的效果。

（2）革兰氏染色法

涂片→固定→结晶紫染色→水洗→媒染→水洗→脱色→水洗→复染→水洗→干燥→镜检。

1）首先在载玻片上贴好标签，取一小滴大肠杆菌和枯草杆菌的菌悬液分别涂片（或混合两种菌悬液涂片），并干燥固定。

2）在涂膜上加一滴草酸铵结晶紫染液，约 1min 后水洗。

3）以卢戈氏碘液作媒染剂媒染 1 min，水洗。

4）用 95% 的酒精溶液脱色。先将玻片斜靠在烧杯的杯沿上，然后一滴滴地滴加酒精于涂膜上方，并轻轻摇动玻片，至流出的酒精不出现紫色时立即停止，随即水洗。

5）滴加蕃红染液复染 1 min，水洗。

6）吸干涂片边缘的水分，镜检。观察时应选择分散开的细菌来判断是阳性菌还是阴性菌，过于密集或重叠的细菌往往呈假阳性。

革兰氏染色的关键，是严格掌握酒精脱色的时间。脱色时间过长，阳性菌容易被误认为阴性菌；脱色时间过短，则易将阴性菌误认为阳性菌。

5．显微镜的使用与细菌形态结构观察

（1）光学显微镜的构造（如图 8-7 所示）

1）目镜：安在镜筒上方的透镜。一般配 5 倍（5×）、10 倍（10×）、15 倍（15×）三种规格的目镜。

2）物镜：装在转换器孔上的透镜。一般配低倍镜（8×、10×、20×）、高倍镜（40×、45×）、油镜（100×）三种镜头。

3）集光器、光圈、反光镜：具有聚光和调节光度的作用。

4）底座：由镜座、镜柱和镜臂组成。上面连接载物台与镜筒，镜臂可活动（通过倾斜关节来调节）。

5）转换器：用来装配和移换物镜。

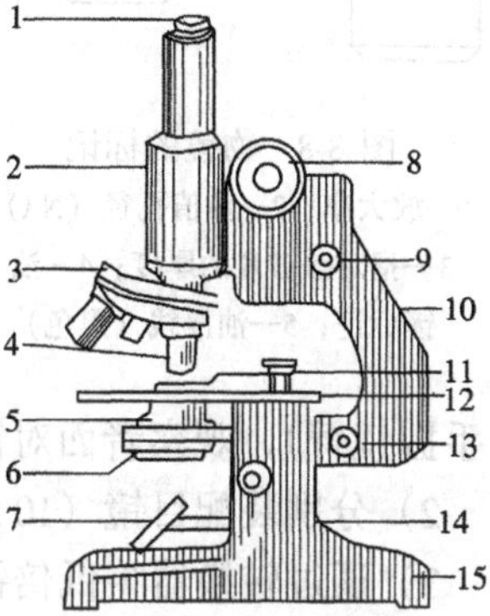

6）载物台：放载标本，上有压片夹以固定玻片，或装有复式十字推进器用来移动玻片。

图 8-7　光学显微镜

1—目镜；2—镜筒；3—转换器；4—物镜；5—集光器；6—光圈；7—反光镜；8—粗调螺旋；9—细调螺旋；10—镜臂；11—压片夹；12—载物台；13—倾斜关节；14—镜柱；15—镜座

7）粗调螺旋与细调螺旋：调节镜筒与标本的距离，即调节焦距。

（2）光学显微镜的使用

低倍镜与高倍镜一般用作微生物活体观察，而油镜多用来观察染色的涂片。

显微镜的总放大率为：物镜放大率与目镜放大率的乘积，如目镜为 5 倍（5×），物镜为 100 倍（100×），则总放大率为 5×100＝500 倍。

显微的效果是否清晰，并不决定于显微镜的放大率，而是由分

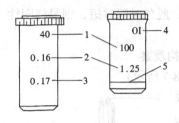

图 8-8　物镜的标记
1—放大率；2—数值孔径（NA）；
3—指定盖玻片的厚度；4—油
镜标记；5—油浸线（黑色）

辨力决定的。分辨力是指显微镜能够辨别两点之间最小距离的能力,辨别两点的距离越小,分辨力越高,则观察到的标本越清晰。显微镜的分辨力与射入光的波长、物镜的数值孔径有关(见图 8-8)。

使用显微镜的油镜观察细菌的基本形态：

1）将显微镜置于平整的实验台上（移动显微镜时左手托镜座,右手握镜臂）,观察者面对镜臂。

2）分别装配目镜（10×）和物镜（10×、40×、100×）。

3）通过转换器将低倍镜移到镜筒下方。

4）将反光镜对准光源,用左眼在目镜上观察,调节光圈,至视野明亮为止。

5）用压片夹将待观察的制片固定在载物台上,标本处于通光孔的正中央。

6）向下转动粗调螺旋,使物镜接近玻片,约离玻片 0.5cm 止。注意物镜不要与玻片相触。

7）用左眼在目镜上观察,同时向上慢转粗调螺旋,至标本显出。

8）调节细调螺旋,至标本完全清晰。

以上为低倍镜观察。若粗调螺旋转动太快而超过焦点,必须从第 6 步重调,切忌一边观察一边向下转动粗调螺旋,以防没把握的旋转使物镜与载玻片相撞而损坏。如果低倍镜观察放大率不够,可转高倍镜观察。

9）将高倍镜移换到镜筒下方。

10）此时标本可能不够清晰,可小心调节细调螺旋,使其清晰并寻找最佳的典型观察视野。

若高倍镜观察放大率仍不够理想,可接着转油镜观察。

11）提高镜筒，距标本约 2cm，在载玻片标本部位加一滴香柏油（或液体石蜡）。

12）将油镜转换到镜筒下方。

13）转动粗调螺旋，使油镜浸入油滴（至油浸线），几乎与标本相触，但不可将油镜压到标本上，以免损坏镜头和压碎玻片。

14）调节粗调和细调螺旋，至标本清晰。

15）油镜使用完毕，须立即用擦镜纸或脱脂纱布将镜头和玻片上的油擦干净，再用二甲苯擦拭镜头（若用液体石蜡作介质可不用二甲苯擦拭），最后擦去二甲苯。

6. 水的细菌学检验

水质的细菌学检验主要包括两个常规项目：细菌总数和总大肠菌群。

对水样进行细菌学检验时，有以下注意事项：

1）水样必须收集在预先经过灭菌处理的采样瓶中，并保证在采集、运送、保存过程中不受污染。

2）水样在采集后应尽可能迅速检验，若需推迟检验，应在 0～10℃下保存（通常贮藏于 4℃的冰箱），保存时间不得超过 4h。

3）所取水样必须能够代表该水质。

4）自来水、深井水等清洁水，可直接用于检验；水源水及生活污水一般要稀释后才能用于检验。稀释倍数视水的污染程度而定。

5）细菌培养时需要在同等条件下作空白对照培养。

（1）水中细菌总数的测定——平板计数法

水中的细菌种类繁多，各种细菌的生理特性不完全一致。没有任何一种单独的培养基能满足水样中所有细菌的生理要求，但大多数细菌在营养琼脂培养基上生长良好。因此，细菌总数实际上是指 1mL 水样在营养琼脂培养基中，于 37℃培养 24h 所生长的细菌菌落总数。由此法测出来的细菌总数可能会低于水中实际生长的细菌总数。

采用平板计数技术测定水中的细菌总数，是将水样接种于营养琼脂培养基上，于37℃培养24h，在培养基表面会生长出肉眼可见的菌落。每个独立的菌落可代表培养前水样中的一个细菌。通过菌落计数和计算，报告每毫升原水样中的细菌总数。

(2) 总大肠菌群的测定

1) 多管发酵法

多管发酵法是测定大肠菌群的基本方法，是根据大肠菌群能发酵乳糖、产酸产气以及具备革兰氏阴性、无芽孢、呈杆状等有关特性来检验的。包括推测实验、确定实验、验证实验三个连续步骤：

(A) 推测实验（初发酵）

根据大肠菌群能发酵乳糖并产酸产气的生化特性，将水样接种于含乳糖的液体培养基，37℃培养24h后，观察产酸产气情况。若产酸产气则为阳性。由于一些非大肠菌群细菌也产酸产气，因此阳性反应只能推测大肠菌群存在的可能性，需要进一步做确定实验。

(B) 确定实验（平板分离与革兰氏染色镜检）

该实验包括鉴别和镜检两部分，是根据大肠菌群在鉴别培养基上生长并形成典型菌落、革兰氏染色阴性和无芽孢的特征来进行的。将推测实验成阳性的菌液接种于远藤氏培养基或伊红美蓝培养基。这类培养基能抑制非大肠菌群细菌的生长，而有利于大肠菌群的生长并形成典型特征的菌落。大肠菌群在远藤氏培养基上典型的菌落特征是：a. 紫红色，具有金属光泽；b. 深红色，不带或略带金属光泽；c. 边缘淡红色，中心深红色。大肠菌群在伊红美蓝培养基上的典型菌落特征是：a. 深紫黑色，具有金属光泽；b. 紫黑色，不带或略带金属光泽；c. 边缘淡紫红色，中心深紫色。

接种于选择培养基上的细菌37℃培养24h后，若有大肠菌群典型菌落形成，则对典型菌落的细菌进行革兰氏染色。若经镜检证实为革兰氏染色阴性无芽孢杆菌，则可初步确定有大肠菌群存在，但还要作验证实验。

（C）验证实验（复发酵）

该试验主要验证革兰氏阴性无芽孢杆菌能否使乳糖发酵并产酸产气。从确定实验中选取一些证实为革兰氏阴性无芽孢杆菌的菌落，接种于乳糖液体培养基中，经 37℃ 培养 24h。若产酸产气，即证实有大肠菌群存在。

根据证实有大肠菌群存在的阳性管数（推测试验）及实验所用的水样量，利用数理统计原理或查阅专用统计表（大肠菌群检数表），以最可能数报告每升水中所含的总大肠菌群数。

2）滤膜法

滤膜法是利用一种具有微孔的滤膜，用抽滤方法使水中的细菌截留在滤膜上，然后置于特制的选择培养基上培养。因大肠菌群可发酵乳糖，在滤膜上出现紫红色具有金属光泽的菌落，以菌落特征、镜检、乳糖发酵鉴定滤膜上生长的典型大肠菌群菌落。最后对滤膜上生长的肯定为大肠菌群的菌落直接计数，根据抽滤的水样量换算出每升水中的总大肠菌群数。

滤膜法中所用的滤膜是一种多孔性的硝化纤维薄膜或乙酸纤维薄膜，与细菌滤器配套使用。常用的圆形滤膜直径有 35mm 和 47mm 两种，滤膜上的微孔径为 0.45～0.65μm。

多管发酵法使用历史较久，适用于各种水样，又称水的标准分析法，为我国大多数实验室所采用。但完成全部检验需要 72h。滤膜法是一种快速的替代法，而且结果重复性好，操作简便，能测定大体积的水样。不过在检验浊度高、非大肠杆菌类细菌密度大的水样时，有其局限性。

思 考 题

1. 细菌细胞的基本结构是什么？
2. 什么是芽孢，为什么芽孢是鉴别菌种的特征之一？
3. 简述污水生物处理的类别。

4. 简述制备培养基平板的步骤。

5. 简述斜面接种的步骤。

6. 简述革兰氏染色法原理。

7. 简述显微镜的使用步骤。

8. 水样的细菌学检验有哪些注意事项?

九、仪 器 分 析

（一）气 相 色 谱 法

1. 气相色谱法的特点

气相色谱法是以气体为流动相的柱色谱法。由于气体的黏度小，组分扩散速率高，传质快，可供选择的固定液种类比较多，加之采用高灵敏度的通用型检测器，使得气相色谱法具有下列特点：

（1）选择性好。气相色谱能分离同位素、同分异构体等物理、化学性质十分相近的物质。例如，用其他方法很难测定的二甲苯的三个同分异构体（邻二甲苯、间二甲苯、对二甲苯）用气相色谱法很容易进行分离和测定。

（2）柱效高。一根 1~2m 长的色谱柱一般有几千块理论塔板，而毛细管柱的理论塔板数更高，可以有效地分离极为复杂的混合物。例如，用毛细管柱能在几十分钟内一次完成含有一百多个组分的油类试样的分离测定。

（3）灵敏度高。气相色谱样品用量少，一次进样量在 10^{-1} ~ 10^{-3}mg。由于使用高灵敏度的检测器，在农药残留量的分析中，可测出水中质量分数为 10^{-6} ~ 10^{-9} 数量级的卤素、硫、磷化合物。

（4）应用范围广。分析对象可以是无机、有机试样。

2. 气相色谱法原理及构造

（1）气相色谱仪的基本流程，如图 9-1 所示。

载气由高压气瓶输出，经减压阀减压及净化器净化，由气体调节阀调至所需流速后，以稳定的压力和恒定的流速连续流经气

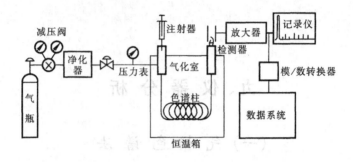

图 9-1 气相色谱流程示意图

化室、色谱柱、检测器后放空。试样被注入气化室后，瞬间气化为蒸气，被载气携带至色谱柱中进行分离。分离后的组分依次进入检测器，检测器将组分的浓度（或质量）的变化转换为电信号，经放大后在记录仪上记录下来，即可得到各组分的色谱峰。根据色谱峰的位置或出峰时间，可对组分进行定性分析，根据色谱峰的峰高或峰面积，可对组分进行定量分析。

（2）气相色谱仪的构造

气相色谱仪的构造主要包括以下五大系统：气路系统、进样系统、分离系统、温度控制系统以及检测和记录系统。

1）气路系统

气路系统是一个载气连续运行的密闭管路系统，对气路系统的要求是密封性好、流速稳定、流速控制方便和测量准确等。

载气流量的大小和稳定性对色谱峰有很大影响，通常控制在 $30 \sim 100$ mL/min。柱前的载气流量用转子流量计指示，作为分离条件选择的相对参数。大气压下柱后流量一般用皂膜流量计测量。

气相色谱仪的载气气路有单柱单气路和双柱双气路两种。双柱双气路分两路进入各自的色谱柱与检测器。其中一路作为分离分析用，而另一路不携带试样，补偿由于温度变化、高温下固定液流失以及载气流量波动所产生的噪声对分析结果的影响。

2）进样系统

进样系统的作用就是把试样快速而定量地加到色谱柱上端。进样量、进样速度和试样的气化速度都影响色谱的分离效率以及分析结果的精密度和准确度。

气化室由电加热的金属块制成，其作用是将液体或固体试样瞬间气化，以保证色谱峰有较小的宽度。

3）分离系统

色谱柱是色谱仪的分离系统，试样各组分的分离在色谱柱中进行。色谱柱分为填充柱和毛细管柱两种。

（A）填充柱。填充柱由柱管和固定相组成，固定相紧密而均匀地填装在柱内。填充柱外形为 U 形或螺旋形，材料为不锈钢或玻璃，内径 2~4mm，柱长 1~6m。填充柱制备简单，应用普遍。

（B）毛细管柱。毛细管柱又叫开管柱，通常将固定液均匀地涂渍或交联到内径 0.1~0.5mm 的毛细管内壁而制成。毛细管材料可以是不锈钢、玻璃或石英。

毛细管柱的固定液涂渍在管壁上，不存在涡流扩散所导致的峰展宽。固定相液膜的厚度小，组分在固定相中的传质速率较高，而且气体在空心柱中的流动阻力小，柱管可以做得很长（一般为几十米甚至上百米）。所以毛细管柱比填充柱有更高的柱效能和分析速度。缺点是固定相体积小使分配比降低，因而最大允许进样量受到限制，柱容量较低。

4）温度控制系统

柱温改变会引起分配系数的变化，这种变化会对色谱分离的选择性和柱效能产生影响，而检测器温度直接影响检测器的灵敏度和稳定性，所以对色谱仪的温度应严格控制。

温度控制的方式有恒温法和程序升温法两种。通常采用空气恒温的方式来控制柱温和检测室温度。如果组分的沸点范围较宽，采用恒定柱温无法实现良好的分离时，可采用程序升温。

程序升温是在一个分析周期内使柱温按预定的程序由低向高逐渐变化。使用程序升温法可以使不同沸点的组分在各自的最佳柱温下流出，从而改善分离效果，缩短分析时间。

　　5）检测记录系统

　　气相色谱检测器是一种指示并测量载气中各组分及其浓度变化的装置。这种装置能把组分及其浓度变化以不同方式转换成易于测量的电信号。常用的检测器有热导池检测器、氢火焰电离检测器、电子捕获检测器和火焰光度检测器等。

　　（A）热导池检测器。热导池检测器（TCD）由于结构简单、灵敏度适中及对所有物质均有响应而被广泛采用。

　　热导池由金属池体和装入池体内两个完全对称孔道内的热敏元件所组成。热敏元件常用电阻温度系数和电阻率较高的钨丝或铼钨丝。

　　热导池检测器是基于被分离组分与载气的导热系数不同进行检测的，当通过热导池池体的气体组成及浓度发生变化时，引起热敏元件温度的改变，由此产生的电阻值变化通过惠斯登电桥检测，其检测信号大小和组分浓度成正比。

　　（B）氢火焰电离检测器。氢火焰电离检测器（FID）简称氢焰检测器，是除热导池检测器以外又一种重要的检测器。它对大多数有机物有很高的灵敏度，比热导池检测器的灵敏度高 $10^2 \sim 10^4$ 倍，而且结构简单，稳定性好，响应好，适宜于痕量分析，因而在有机物分析中得到广泛应用。

　　氢焰检测器的主要部件为离子室，一般用不锈钢制成，内有火焰喷嘴、极化电极（阴极）和信号收集极（阳极）等构件。

　　氢焰检测器是根据含碳有机物在氢火焰中发生电离的原理而进行检测的。工作时，氢气与空气在进入喷嘴前混合，助燃气（空气）由另一侧引入，用点火器点燃氢气，在喷嘴处燃烧，氢焰上方为一筒状收集板，下方为一圆环状极化电极，在两极间施加一定电压，形成电场。当被测组分随载气进入氢火焰时，在燃烧过程中发生离子化反应，生成数目相等的正负离子，在电场中分别向两极定向移动而形成离子流，再经放大后在记录仪上以电压信号显示出来，信号大小与单位时间内进入火焰的被测组分的量成正比，据此测量有机物的含量。

（C）电子捕获检测器。电子捕获检测器（ECD）是一种选择性很强的检测器。对具有电负性物质（如卤素）的检测有很高灵敏度（检出限约 10^{-14}g/mL）。

（D）火焰光度检测器。火焰光度检测器（FPD）是一种对含硫、磷化合物具有高选择性和高灵敏度的检测器，仪器主要由火焰喷嘴、滤光片和光电倍增管三部分组成。

3. 气相色谱法的定性定量方法

（1）定性方法

1）利用保留时间定性

所谓保留时间，即指某一组分从进入色谱柱时算起，到出现谱峰的最高点为止所需要的时间。在相同条件下测定纯物质和被测组分的保留时间，若两者保留时间相同，则可认为是同一物质。这种方法要求严格控制实验条件。为提高此法的准确性，可采用双柱定性法，即用两根极性差别较大的柱作同样实验，若所得结果相符，则认为是同一物质。

2）利用相对保留值定性

选取一种标准物，求得其与待定组分的纯物质之间的相对保留值，再通过实验求得其与待定组分间的相对保留值。若两次结果相等，则可认为试样中待定物与所用纯物质为同一物。

3）利用加入纯物质定性

先测定试样的谱图，再在试样中加入待定组分的纯物质，以同样条件做试验，若得出的谱图待定组分的峰高增加而半峰宽不变，则说明纯物质与待定组分是同一物质。

（2）定量方法

1）定量分析基本公式

色谱法定量依据是：检测器的响应信号与进入检测器的待测组分的质量（或浓度）成正比，即

$$m_i = f_i A_i$$

式中：m_i 为待测组分 i 的质量；A_i 为待测组分 i 的峰面积；

f_i 为待测组分 i 的校正因子。

2）峰面积的测量

在色谱图中得到的色谱峰并不总符合正态分布，有的是不对称峰，有的有严重的拖尾。现代化的色谱仪都配有自动积分装置，可准确、精密地计算任何形状的色谱峰的面积。

3）定量方法

（A）归一化法

若样品中的全部组分都显示在色谱图上，可用下式计算某一组分的百分含量：

$$组分~i~的百分含量~=~\frac{A_i f_i}{\sum\limits_{i=1}^{n} A_i f_i} \times 100\%$$

其中 A_i 为组分 i 的峰面积；f_i 为组分 i 的响应因子；n 为样品谱图中峰的个数。

（B）外标法（校准曲线法）

用待测组分的纯物质制作校准曲线。取纯物质配成一系列不同浓度的标准溶液，分别进样，测出峰高或峰面积，以待测物质的量为横坐标，以峰高或峰面积为纵坐标，作校准曲线。再在同一条件下测定样品，记录色谱图。根据峰高或峰面积从校准曲线上求出待测组分的含量。

（C）内标法

内标法是在几份含等量已知待测组分的样品中加入不同量的内标化合物，制成不同比例的混合样品，对其进行色谱分析，从色谱图上求出各自的峰面积。以待测组分的含量 C_x 与内标物的含量 C_s 的比值 C_x/C_s 为横坐标，以待测组分的峰面积 A_x 与内标物的峰面积 A_s 的比值 A_x/A_s 为纵坐标，绘制一条校准曲线。

测定时，在一定量的样品中加入适当量的内标物，其含量为 C'_s，进行气相色谱分析，求出峰面积比，从校准曲线上查得相应的含量比，用下式计算待测组分含量：

$$C'_x = \left(\frac{C_x}{C_s}\right) \times C'_s$$

式中：C'_x为待测组分的含量；C_x/C_s为从校准曲线上查得待测组分和内标物的含量比。

（二）原子吸收光谱法

1. 概述

原子吸收光谱法又称原子吸收分光光度法，简称原子吸收法。

原子吸收光谱法具有如下特点：

（1）灵敏度高。大多数元素用火焰原子吸收光谱法可测到10^{-9} g/mL 数量级。用无火焰原子吸收光谱法可测到10^{-13} g/mL数量级。

（2）干扰少或易于消除。由于原子吸收是窄带吸收，选择性好，所以干扰少或干扰易于消除。

（3）准确度高。在一般低含量测定中，准确度可达到1%～3%。

（4）应用范围广。用原子吸收光谱法可以测定70多种元素，既能用于痕量元素的测定，也能用于常规低含量元素的测定，采用特殊的分析技术还可进行高含量及基体元素的测定。

（5）操作简便、快速，易于实现自动化。原子吸收光谱法的选择性好、干扰少，试样通常只需简单处理，不经分离就能直接测定，使分析工作能简便、快速和连续地进行，并易于实现自动化操作。

虽然原子吸收光谱法具有上述优点，但也有其局限性。在可测定的70多个元素中，比较常用的仅30多个；标准工作曲线的线性范围窄（一般在一个数量级范围）；对于某些复杂试样，干扰比较严重；测定不同的元素，需要更换不同的元素灯，不利于多种元素同时测定。

2. 原子吸收光谱法基本原理

原子吸收光谱分析法是在待测元素的特定和独有的波长下，通过测量试样所产生的原子蒸气的吸收度来测量试样中该元素浓度的一种方法。测量待测原子吸收光谱的待定波长，可进行定性分析。而测量待测原子吸收光谱的吸收度，可进行定量分析。所测得的吸收度的大小与试样中该元素的含量成正比。

（1）基态原子对共振线的吸收

自然界的各种物质由不同元素的原子组成。原子由原子核和绕核运动的电子组成。在正常情况下，原子处于稳定状态，能量最低，这种状态称为基态。当原子受到外界能量作用时，原子中外层电子吸收了一定的能量被激发，从基态跃迁到较高的能级上，处于这种状态的原子称为激发态。吸收的能量是激发态与基态两能级间的能量差。处于激发态的原子非常不稳定，在极短时间内（约 10^{-8}s）便从激发态返回基态或其他较低的能级上，同时辐射出原子吸收的能量。

原子具有多种能级状态，受外界能量激发时，最外层电子可能跃迁到不同的能级，因此有不同的激发态，电子从基态跃迁到能量最低的第一激发态，要吸收一定频率的辐射，对应的谱线称为共振吸收线（简称共振线）。它再回到基态时，又发射出同样频率的辐射，对应的谱线称为共振发射线（也简称共振线）。因此，共振线是电子从基态跃迁到第一激发态，随后又回到基态所产生的吸收或发射的谱线。

各种元素的原子结构和外层电子排布不同，不同元素的原子从基态激发至第一激发态（或由第一激发态跃回基态）时，吸收（或发射）的能量不同，因此各种元素的共振线不同，因而有特征性，于是这种共振线称为元素的特征谱线。从基态到第一激发态的激发电位最低，这一跃迁最容易发生，对大多数元素来说，共振线是所有谱线中最灵敏的谱线。

原子吸收光谱分析法，就是利用处于基态的待测原子蒸气，对光源辐射出的特征谱线的吸收进行分析的。基态原子吸收光能从基态跃迁到第一激发态，随后又回到基态时，主要以热能的形式释放能量，而不是辐射出与吸收时相同频率的特征谱线。所以光源辐射光通过基态原子蒸气后，光强减弱，根据其减弱程度，可测定待测物质的含量。

实际测定是将待测物质制成溶液，经喷雾与可燃性气体混合进入火焰，在高温下离解成原子蒸气。以该元素制成的空心阴极灯发射该元素的特征谱线，通过原子蒸气时，被基态原子吸收。测定吸收程度可求得待测物质的含量。

（2）原子吸收光谱法的定量关系

研究证明，在一定条件下，原子蒸气对光源发出特征谱线的吸收符合朗伯—比耳定律，即

$$A = \lg \frac{I_0}{I_t} = kLN_0$$

式中　L——原子蒸气的厚度，即火焰的宽度；

　　　N_0——单位体积原子蒸气中吸收辐射的基态原子数。

上式表明吸光度与原子蒸气中待测元素的基态原子数成正比。

实际分析要求测定的是试样中待测元素的浓度，而此浓度与待测元素吸收辐射的原子总数成正比。因此在一定浓度范围和一定火焰宽度 L 的条件下，上式可以表示为：

$$A = K'C$$

式中　C——待测元素的浓度；

　　　K'——与实验条件有关的常数。

3. 原子吸收分光光度计的主要构造

原子吸收光谱法所用的测量仪器称为原子吸收分光光度计。虽然测定原子吸收的仪器形式多种多样，但它们都是由光源、原子化系统、分光系统和检测系统四个基本部分组成。

光源：发射待测元素基态原子所吸收的特征共振线。最普遍使用的光源是空心阴极灯。

原子化系统：常用火焰原子化装置，有足够的温度，使溶液

中待测元素转变成原子蒸气。近年来有的仪器采用无火焰的石墨管炉原子化装置，进一步提高了测定的灵敏度。

分光系统：利用光栅或棱镜单色器将经过火焰中原子吸收后的共振线分离出来，以供测定。

检测系统：从单色器分出的共振线投射到检测器光电倍增管上产生光电流，经放大后直接读数或进行记录。

稳压电源向仪器的光源供电，由光源发出待测元素的光谱线经过原子化系统的火焰，其中的共振线即被火焰中待测元素的原子蒸气吸收一部分，透射光进入单色器，经分离出来的共振线照射到检测器上，产生直流电信号，经过放大器放大后，就可以从读数器读出吸光值。

4. 定量分析方法

原子吸收光谱法的定量依据是 $A = K'C$，在实际工作中并不需要确定 K' 值，而是通过与标准相比较的方法进行定量分析。常用的定量分析方法有标准曲线法和标准加入法。

（1）标准曲线法

配制一系列合适的、含有不同浓度的待测元素的标准溶液，用试剂空白溶液作参比。在选定的条件下，由低浓度到高浓度依次喷入火焰，分别测定其吸光度 A。以 A 为纵坐标，对应的标准溶液浓度 C 为横坐标，绘制 $A-C$ 标准曲线（也称工作曲线）。在相同条件下，喷入待测试样测定其吸光度 A_x，即可从标准曲线上求出试样中待测元素的浓度 C_x。

标准曲线法简单、快速，适于大批量组成简单和相似试样的分析。为确保分析准确，应注意，如果喷雾条件稍有变化，火焰中基态原子状态的浓度就会发生改变。应该尽量使测定条件一致。即使测定条件一致，有时测定的标准曲线的斜率也会改变，因此每次实验都应绘制标准曲线。

（2）标准加入法

标准加入法是利用标准曲线外推法，求得试样溶液的浓度。标准加入法首先要求在测定的条件下，标准曲线必须呈现良好的线性。标准加入法的操作步骤如下：

取若干份（例如 4 份）体积相同的试样溶液于等容积的容量瓶中，从第二份开始分别按比例加入不同量的待测元素的标准溶液，然后用溶剂稀释至刻度，分别测定吸光度。设试样中待测元素的浓度为 C_x，加入标准溶液后浓度分别为 $C_x + C_0$，$C_x + 2C_0$，$C_x + 4C_0$，四份溶液分别测得的吸光度为 A_x、A_1、A_2、A_3。以 A 对加入的标准量作图，得到如图 9-2 所示工作曲线，此工作曲线不通过原点，说明试样中含有被测元素，截距所对应的吸光度正是试样中待测元素所引起的效应。外延曲线与横坐标相交，交点至原点的距离所相应的浓度 C_x 即为所测试样中待测元素的浓度。

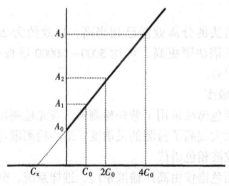

图 9-2　标准加入法

（三）其他仪器分析法

1. 高效液相色谱法

（1）高效液相色谱法的特点

高效液相色谱法（HPLC）是在 20 世纪 70 年代继经典液体柱色谱和气相色谱的基础上迅速发展起来的一项高效、快速的分离分析新技术。它应用了气相色谱的理论，在技术上采用了高压泵、高效固定相和高灵敏度的检测器。因此，它具有以下几个突出的特点：

1) 高压

液相色谱是以液体作为流动相，液体称为载液。载液流经色谱柱时受到的阻力较大，为了能迅速地通过色谱柱，必须对载液施加 $15 \sim 30MPa$，甚至高达 $50MPa$ 的高压。所以也称为高压液相色谱法。

2) 高速

由于采用了高压，载液在色谱柱内的流速较经典液体色谱法要高得多，一般可达 $1 \sim 10mL/min$，因而所需的分析时间要少得多，一般都小于 1h。

3) 高效

气相色谱法的分离效能已相当高，柱效约为 2000 塔板/m，而高效液相色谱法则更高，可达 $5000 \sim 30000$ 塔板/m 以上，分离效率大大提高。

4) 高灵敏度

高效液相色谱法采用了紫外检测器、荧光检测器等高灵敏度的检测器，大大提高了检测的灵敏度。最小检测限可达 $10^{-11}g$。

(2) 高效液相色谱仪

高效液相色谱仪由高压输液系统、进样系统、分离系统以及检测和记录系统四大部分组成，此外，还可根据一些特殊的要求，配备一些附属装置，如梯度洗脱、自动进样、馏分收集及数据处理等装置。

其流程是：贮液器中的载液（需预先脱气）经高压泵输送到色谱柱入口，试样由进样器注入输液系统，流经色谱柱进行分离，分离后的各组分由检测器检测，输出的信号由记录仪记录下来，即得液相色谱图。根据色谱峰的保留时间进行定性分析，根据峰面积或峰高进行定量分析。

1) 高压输液系统

高压输液系统由贮液器、高压泵及压力表等组成，核心部件是高压泵。

（A）贮液器

贮液器用来贮存流动相，一般由玻璃、不锈钢或聚四氟乙烯塑料制成，容量为 1 ~ 2L。

（B）高压输液泵

高压输液泵按其操作原理分为恒流泵和恒压泵两大类。恒流泵的特点是，在一定的操作条件下输出的流量保持恒定，与流动相黏度和柱渗透性无关。往复式柱塞泵、注射式螺旋泵属于此类。恒压泵的特点是，保持输出的压力恒定，流量则随色谱系统阻力的变化而变化，气动泵属于恒压泵。这两种类型各有优缺点，但恒流泵正在逐渐取代恒压泵。

2）进样系统

进样系统包括进样口、注射器和进样阀等，它的作用是把分析试样有效地送入色谱柱上进行分离。

高效液相色谱的进样方式有注射器进样和阀进样两种。注射器进样操作简便，但不能承受高压、重现性较差。进样阀进样是通过六通高压微量进样阀直接向压力系统内进样，每次进样都由定量管计量，重现性好。

3）分离系统

分离系统包括色谱柱、恒温器和连接管等部件。色谱柱常采用内径为 2 ~ 6mm、长度为 10 ~ 50cm、内壁抛光的不锈钢管。柱形多为直形，便于装柱和换柱。

4）检测系统

高效液相色谱常用的检测器有两种类型。一类是溶质性检测器，它仅对被分离组分的物理或物理化学特性有响应。属于这类的检测器有紫外检测器、荧光检测器、电化学检测器等。另一类是总体检测器，它对试样和洗脱液总的物理性质或化学性质有响应。属于这类的检测器有示差折光检测器等。

2. 色谱—质谱联用技术

（1）质谱法基本原理

有机物在高真空中受热成为气态分子，在 $50 \sim 100 eV$ 的高速电子撞击下，失去一个电子而成为带正电荷的各种质量的离子。这些离子在电场和磁场的综合作用下，按照质荷比（m/e）的大小顺序被收集和记录下来，得到质谱图。根据质谱图峰的位置，可以进行定性和结构分析；由峰的强度，可以进行定量测定。这种分析方法称为质谱法（MS）。

（2）质谱仪

质谱仪由进样系统、电离室、质量分析器、离子检测器和记录系统组成，由于整个装置必须在高真空条件下运转，还应该包括高真空系统。

（3）气相色谱—质谱联用仪

质谱分析具有灵敏度高、定性能力强等特点，但对多组分复杂混合物的鉴定、定量分析比较困难；色谱法则具有高效分离多组分混合物和定量分析简便的特点，但定性能力较差。将两种分析技术联用，色谱仪是质谱法理想的进样器，样品经色谱分离后以纯物质形式进入质谱仪，从而避免复杂混合物同时进入离子源，便于检测；质谱仪则是色谱法理想的检测器，它几乎可以检测出全部的化合物，并且灵敏度高。

GC-MS 是应用最多、最早的联用技术。20 世纪 90 年代后，MS 已成为 GC 常见的检测器之一，被称为质谱检测器或质量选择性检测器。

GC-MS 的主要构造包括：GC、结合部、MS 三大部分。

工作流程为：GC 的毛细管色谱柱出口通过接口直接插入离子源内，被测组分被电离成分子离子和碎片离子，经加速、聚焦后进入质量分析器，将各离子按质荷比分离后，在离子检测器上变成电流信号输出。经计算机收集、处理、检索后，可得到各种质谱图和鉴定结果。

在 MS 中，离子源的作用是将被测组分电离成离子，并使这些离子加速和聚集成离子束。

离子源有许多种，常用的是电子轰击离子源（EI）和化学电离源（CI）。

EI 源的特点是：结构简单、温控和操作较方便；电离效率高，所形成的离子动能分散小；性能稳定，所得谱图有特征性，能够表征组分的分子结构。EI 源的使用较广泛。

CI 源是通过反应离子与被测组分分子反应而使组分分子电离的一种方法。反应气体通常是甲烷或异丁烷。与 EI 相比，在 CI 源中，离子—分子反应后剩余内能很小，故分子离子峰大，碎片离子峰小，谱图简单，易识别；另外，CI 具有选择性，通过选择不同的反应气体，使其仅与样品中的被测组分反应，从而使该组分被电离和检测。

3. 电感耦合等离子发射光谱法

电感耦合等离子发射光谱法（ICP-AES）是由原子发射光谱法（AES）衍生出来的、以电感耦合等离子炬为激发光谱的一类光谱分析方法。

由于具有检出限低、准确度及精密度高、分析速度快、线性范围宽、多元素同时测定等优点，因此，ICP-AES 在国外已发展成一种适用范围很广的常规分析方法。我国许多分析单位也逐步采用这种快捷的分析手段。ICP-AES 用于废水中多元素的同时测定已渐成趋势。

（1）工作原理

ICP-AES 法是以电感线圈为耦合元件，将高频电磁场的能量提供给等离子体，并以此作为分析试样的激发源。进行发射光谱测定。即：将消解处理好的样品溶液直接吸入电感耦合等离子焰炬，分析物在等离子炬中挥发、原子化、激发并辐射出特征谱线，根据谱线的强度，确定样品中被测元素的浓度。

（2）仪器装置

ICP-AES 分析装置由等离子体（ICP）焰炬、进样装置、分光和测光器件、控制和指示记录系统等组成。

1）ICP 光源

ICP 焰炬由高频发生器和感应圈、炬管和供气系统、试样引人系统三部分组成。高频发生器的作用是供给能量。炬管被安置在感应线圈中间，由三个同心石英管组成。最外层石英管流过起点燃和冷却作用的氩气，由中层石英管通入的氩气起维持等离子体的作用。内层石英管中通入的氩气作为载气携带气溶胶试样注入等离子体内。经用高频点火装置产生火花后形成的等离子炬焰，其最高温度可达 $1 \times 10^5 K$。当载气携带气溶胶试样通过时，可被加热到 6000 ~ 7000K，并被电离和激发产生发射光谱。

2）进样装置

液体试样经雾化成细微的气溶胶状态后，输入 ICP 炬焰。常用雾化器是利用注入气流进行分散试样的气动雾化器。常用雾化器的雾化率小于 5%。雾化器还容易堵塞，需经常清洗。进样装置的另一组件是雾室，其作用是将雾化后的试样气溶胶中直径大于 $10\mu m$ 的液滴从小液滴中分出，以免这些大液滴进入 ICP 炬焰引起发射信号过大的噪声，并避免 ICP 因接受过多水分而冷却。

3）分光测光器件

这一器件由光学集光系统、分光器和检测器构成。光学集光系统的作用是将 ICP 发射光有效地汇集在分光器。分光器应有足够的分辨率，可使分析线从众多谱线中分出后被检测器所吸收。

常用的检测器有光电倍增管和半导体固体检测器等。对谱线强度测量大多用光电测光法。

（四）水质监测技术的发展

1. 样品预处理技术发展动态

污水样品组成复杂，待测物质的含量一般很低，且许多物质互相干扰，给测定带来很大难度，尤其是样品中的有机污染物含量极低，必须进行分离、富集后再采用仪器分析。传统的预处理方式有液—液萃取、蒸馏、吸附、沉淀、索氏提取等，这些方法有操作过程繁琐冗长、溶剂使用量大、易发生样品损失等缺点，因此建立高效的预处理方法是近年来研究的重点。下面简要介绍几种新的样品预处理方法。

（1）固相萃取

固相萃取（solid phase extraction, SPE）由液固萃取和柱液相色谱技术相结合发展而来。它是一种填充固定相的短色谱柱，用以浓缩被测组分或除去干扰物质。在我国固相萃取已应用于实际分析工作中。

SPE是一个柱色谱分离过程，分离机理、固定相和溶剂的选择等方面与高效液相色谱（HPLC）有许多相似之处。但是，SPE柱的填料粒径（$>40\mu m$）要比 HPLC 填料（$3\sim10\mu m$）大。借助 SPE 所要达到的目的是：①从试样中除去对以后分析有干扰的物质；②富集痕量组分，提高分析灵敏度；③变换试样溶剂，使之与分析方法相匹配；④原位衍生；⑤试样脱盐；⑥便于试样的储存和运送。其中主要的作用是富集和净化。

1）固相萃取的基本原理

固相萃取的原理基本上与液相色谱分离过程相仿，是一种吸附剂萃取，主要适用于液体样品的处理。当试样通过装有合适的固定相的萃取柱时，被测组分由于与固定相作用力较强被吸附留在柱上，并因吸附作用力的不同而彼此分离，样品基质及其他成分与固定相作用力较弱而随水流出萃取柱。被萃取的组分用少量的选择性溶剂洗脱，达到浓缩或纯化的作用。

2）固相萃取的装置

固相萃取装置分为柱形和盘形两种，如图9-3所示。

（A）柱构形

其结构如图9-3所示。容积为 $1\sim6mL$ 的柱体通常是医用级丙烯管，在两片聚乙烯筛板之间填装 $0.1\sim2g$ 吸附剂。吸附剂粒径一般为 $40\mu m$。

一般的 SPE 装置把多个同样或不同样品的固相萃取柱置于一个架子上，下接好相应的容器，再一并装入箱中，箱子再与真空系统连接。这样就可以同时进行多个固相萃取柱处理。

（B）固相萃取盘

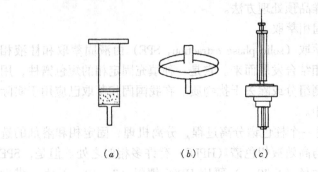

图 9-3　固相萃取装置

(a)固相萃取管;(b)固相萃取盘;(c)萃取器

盘式萃取器是含有填料的圆片，盘的厚度约 1mm，填料约占 SPE 盘总量的 60% ~ 90%。由于填料颗粒紧密地嵌在盘片内，在萃取时无沟流形成，对于等重的填料，盘式萃取的截面积比萃取柱约大 10 倍，因而允许液体试样以较高的流量通过。SPE 盘的这个特点适合从水中富集痕量的污染物。1L 纯净的地表水通过直径为 50mm 的 SPE 盘仅需 15 ~ 20min。

3）固相萃取的操作步骤

固相萃取的操作步骤包括柱预处理、加样、除去干扰物和回收待测物 4 个步骤。

（A）柱预处理

以反相 C_{18} 固相萃取柱的预处理为例，先使数 mL 的甲醇通过萃取柱，再用水冲洗留在柱中的甲醇。柱预处理的目的是除去填料中可能存在的杂质。另一个目的是使填料溶剂化，提高固相萃取的重现性。填料未经预处理，能引起溶质过早穿透，影响回收率。

（B）处理样品

使样品通过固相萃取柱，待测物被保留在吸附剂上。为减少萃取过程中待测物的流失，可以采用增加柱中的填料量、选择对分析物有较强保留的吸附剂、减少样品体积等手段。

（C）除去干扰杂质

用中等强度的溶剂，将干扰组分洗脱下来，同时保持待测物在柱上，对反相萃取柱，清洗溶剂是含适当浓度有机溶剂的水或缓冲溶液。通过调节清洗溶剂的强度和体积，尽可能多地除去能被洗脱的杂质。

（D）待测物的洗脱和收集

这一步骤的目的是将待测物完全洗脱并收集，同时使比待测物更强保留的杂质尽可能留在固相萃取柱上。洗脱溶剂的强度是一个关键，较强的溶剂能够使待测物洗脱且洗脱液总量较小，但强保留杂质也易同时被洗脱下来。当用较弱的溶剂洗脱，洗脱液杂质较少，但总体积较大。加样品于固相萃取柱上，改变洗脱剂的强度和体积，测定待测物的回收率，可选出合适的洗脱溶剂强度和体积。固相萃取常用的洗脱溶剂有甲醇、水、乙酸、乙腈、二氯甲烷、苯、环己烷等。

4）固相萃取在分析中的应用

固相萃取尤其是盘形固相萃取对于水样中痕量有机物的分离、富集帮助很大，把1L水的处理时间缩短到30min，与通常的液—液萃取相比，减少了大量的时间和劳动强度，节省大量有机溶剂，降低了对人体和环境的危害。

固相萃取技术可以在野外直接萃取水样，将萃取后的介质送往实验室，这样，不但极大地缩小了样品体积，方便运输，而且污染物吸附在固相介质上更加稳定，可以延长保存时间。分析前再用溶剂将被测组分从萃取剂上洗脱下来。

固相萃取技术也可用于大气样品的分析，分子筛、氧化铝、硅胶等吸附剂不但可以萃取大气中的污染物，而且可以捕集气溶胶和飘尘，对气体样品起到浓缩作用。

（2）固相微萃取

固相微萃取（Solid Phase Microextraction，SPME）是在固相萃取基础上发展起来的新的萃取分离技术。美国 Supelco 公司于1993年推出了商品化的固相微萃取装置。由于该法既不使用溶剂，也不需要复杂的仪器设备，一经出现，即得到迅速发展。

1）固相微萃取原理及装置

与 SPE 不同，固相微萃取不是将待测物全部萃取出来，而是建立在待测物在固定相和水相之间达成平衡分配的基础上。

固相微萃取装置主要由两部分组成：一是萃取头，固定在不锈钢活塞上；另一部分就是手柄，不锈钢活塞就安装在手柄里，可以推动萃取头进出手柄，整个装置形如一微量进样器；如图 9-4 所示，平时萃取头就收缩在手柄内，当萃取样品的时候，露出萃取头浸渍在样品中，或置于样品上空进行顶空萃取，有机物就会吸附在萃取头上，经过 2～30min 后吸附达到平衡，萃取头收缩，把固相微萃取装置撤离样品，完成样品萃取过程。将萃取装置直接引入气相色谱仪的进样口，推出萃取头，吸附在萃取头上的有机物就在进样口进行热解吸，然后被载气带入毛细管柱进行分析测定。

图 9-4 SPME 萃取器的形状和结构示意图

1—可拿掉的针头；2—注射器；
3—注射芯；4—手柄

2）萃取条件的选择

（A）萃取头

萃取头应根据萃取组分性质来确定，在同一个样品中因萃取头的不同可使其中某一个组分得到最佳萃取，而其他组分受到抑制。目前常用的萃取头有如下几种：①聚二甲基硅氧烷类：厚膜（100μm）适于分析水溶液中低沸点、低极性的物质，如苯类、有机合成农药等；薄膜（7μm）适于分析中等沸点和高沸点的物质，如苯甲酸酯、多环芳烃等；②聚丙烯酸酯类：适于分离酚等强极性化合物。

（B）萃取时间

萃取时间主要是指达到平衡所需要的时间，而平衡时间往往取决于多种因素，如分配系数、物质的扩散速度、样品体积、萃取膜厚、样品的温度等。实际上，为缩短萃取时间没有必要等到完全平衡。通常萃取时间为 5 ~ 20min 即可。但测定平行样时萃取时间要保持一致，以提高分析的重现性。

（C）改善萃取效果的方法

①搅拌：搅拌可加快物质的扩散速度，促进样品均匀，有利于达到萃取平衡；②加温：尤其在顶空固相微萃取时，适当加温可提高液上气体的浓度，一般加温至 50 ~ 90℃；③加无机盐：在水溶液中加入硫酸铵、氯化钠等无机盐至饱和，可降低有机化合物的溶解度，使分配系数提高；④调节 pH 值：萃取酸性或碱性化合物时，通过调节样品的 pH 值，可改善组分的亲脂性，从而提高萃取效率。

3）固相微萃取的应用

固相微萃取既可用于液态样品的预处理（浸渍萃取或顶空萃取），也可用于固态样品的预处理（顶空萃取）和气体样品预处理。固相微萃取解吸时不需要溶剂，萃取物很快被热解吸随载气进入色谱柱，操作简便。

由于固相微萃取操作简便、快速，灵敏度高，又不需要溶剂，经济环保。所以推出后广泛应用于有机污染物的分析中，如污水中挥发性卤代烃、有机氯农药以及多环芳烃的测定。

（3）微波萃取

1）微波萃取简介

微波萃取（Microwave aided Extraction，MAE）是指在微波能的作用下，用有机溶剂将样品基体中的待测组分溶出的过程。它具有设备简单、高效、快速、试剂用量少，可以同时处理多个样品等优点。

微波萃取主要适合于固体或半固体样品，在排水监测领域主要用于污泥中有机污染物的分离。样品制备整个过程包括粉碎、与溶剂混合、微波辐射、分离萃取液等步骤。所需的主要设备是：①带有控温附件的微波制样设备，如 CEM 公司的 MAE 1000 和 O.I. 公司的 7195 或 7165 型微波系统；②微波萃取用制样杯，一般为聚四氟乙烯材料制成的样品杯。

2) 萃取步骤

准确称取一定量已粉碎的待测样品置于微波制样杯内，根据萃取物情况加一定量的萃取溶剂（不超过 50mL）。将装有样品的制样杯放到密封罐中，然后把密封罐放到微波制样炉里。设置温度和萃取时间，加热萃取。萃取结束后把制样罐冷却至室温，取出制样杯，过滤或离心分离并浓缩，制成供下一步测定的溶液。

3) 萃取条件

萃取条件主要包括萃取溶剂、萃取温度、萃取时间等。

（A）萃取溶剂

微波加热的吸收体需要微波吸能物质，极性物质是微波吸能物质，如乙醇、甲醇、丙酮或水等。因非极性溶剂不吸收微波能，所以不能用 100% 的非极性溶剂作微波萃取溶剂。一般可在非极性溶剂中加入一定比例的极性溶剂来使用，如丙酮—环己烷（1:1 或 3:2）。可以使样品含有一定的水分，或将干燥的样品用水润湿后再加入溶剂进行微波辐射，都能取得较好的结果。

（B）萃取温度

由于制样杯置于密封罐中，内部压力可达 1MPa 以上，因此，溶剂沸点比常压下的溶剂沸点提高许多。如在密闭容器中丙酮的沸点提高到 164℃，丙酮—环己烷（1:1）的共沸点提高到 158℃，远高于常压下的沸点。这样用微波萃取可以达到常压下使用同样溶剂所达不到的萃取温度，既可提高萃取效率又不至于分解待测萃取物。

（C）萃取时间

微波萃取时间与被测样品量、溶剂体积和加热功率有关。一般情况下，萃取时间控制在 10~15min 内。有控温附件的微波制样设备可自动调节加热功率大小，以保证所需的萃取温度，在萃取过程中，一般加热 1~2min 即可达到要求的萃取温度。

4) 微波萃取的应用

与传统的样品预处理技术如液—液萃取、索氏抽提相比，微波萃取的主要特点是快速、节约试剂，而且有利于萃取热不稳定物质，可以避免长时间操作引起样品分解，特别适合于快速处理大量的样品。

微波萃取技术已应用于土壤、沉积物中多环芳烃、农药残留、有机金属化合物等的测定。

（4）超临界流体萃取

1) 超临界流体萃取的原理

超临界流体萃取（Supercritical Fluid Extraction，SFE）是利用超临界条件下的流体（即超临界流体）作为萃取剂，从样品中萃取出待测组分的分离技术。

处在临界温度和压力上的物质称为超临界流体，它既不是液体也不是气体，而是兼有液体和气体性质的流体。超临界流体的密度与液体相近，与大多数液体一样易溶解其他物质。同时，它的黏度较小，接近气体，加上表面张力小，很容易渗透到样品中，可以保持较大的流速，快速、高效地完成萃取过程。

2) 超临界流体萃取条件的选择

（A）超临界流体的温度

温度的变化会改变超临界流体萃取的能力，它体现为影响萃取剂的密度与溶质的蒸气压两个因素。在低温区（仍在临界温度以上），温度升高降低流体密度，而溶质蒸气压增加不多，因此，萃取剂的溶解能力降低，溶质从流体萃取剂中析出；温度进一步升高到高温区时，虽然萃取剂密度进一步降低，但溶质蒸气压迅速增加起了主要作用，因而挥发度提高，萃取率不但不减少反而增大。

（B）压力

压力的改变可引起超临界流体对物质溶解能力的很大变化。只要改变萃取剂的压力，就可以将样品中的不同组分按它们在超临界流体中溶解度的大小，先后萃取分离出来。

（C）极性有机溶剂的作用

在超临界流体中加入少量的极性有机溶剂，也可改变它对溶质的溶解能力。通常加入量不超过 10%，而且以极性溶剂如甲醇、异丙醇等居多。

（D）超临界流体萃取剂的选择

超临界流体萃取剂的选择随萃取对象的不同而不同。通常临界条件较低的物质优先考虑。用得最多的是二氧化碳，它不但临界值相对较低，而且具有一系列优点：①化学性质不活泼，不易与溶质反应、无毒、无嗅、无味，不会造成二次污染；②纯度高、价格适中，便于推广应用；③沸点低，容易从萃取后的馏分中除去，后处理比较简单；④特别是不需加热，极适合于萃取热不稳定的化合物。但是，由于二氧化碳的极性极低，只能用于萃取低极性和非极性的化合物。

3）超临界流体萃取操作步骤

超临界流体萃取装置，一般包括：①超临界流体发生源，由萃取剂贮槽、高压泵及其他附属装置组成。其功能是将萃取剂由常温、常压态转变为超临界流体。高压泵通常采用注射泵，最高压力为 10MPa 至几十兆帕，具有恒压线性升压和非线性升压的功能；②超临界流体萃取部分，包括样品萃取管和附属装置；③溶质减压吸附分离部分，由喷口和吸收管组成。

萃取的过程是，处于超临界态的萃取剂进入样品管，待测物从样品的基体中被萃取至超临界流体中，然后通过流量限制出口器进入收集器中。萃取出来的溶质及流体，由超临界态喷口减压降温转化为常温常压，此时流体挥发逸出，而溶质吸附在吸收管内多孔填料表面。用合适的溶剂淋洗吸收管就可把溶质洗脱收集备用。

4）应用

就样品形态而言，超临界流体萃取最适于固体和半固体样品的萃取。大多数液体及气体应首先进行固相吸附或用膜预处理，然后再按固态样品方式进行萃取。超临界流体萃取主要用于有机化合物的萃取。由于 CO_2 是非极性物质,所以不能用于金属离子的直接萃取,但可将金属离子衍生为金属螯合物后再行萃取,这就要求衍生后得到的金属螯合物在超临界流体中有较大的溶解度和稳定性。因此,选择合适的螯合剂是关键。

超临界流体萃取的发展方向是能与其他仪器分析方法的联用,以避免样品转移的损失、沾污,减少各种人为的偶然误差,提高方法的精密度和灵敏度,实现自动化,提高工作效率。目前,超临界流体萃取与气相色谱分析的联用已较为成熟。

2. 现代分析仪器发展动态

近年来,分析仪器的发展非常迅速,仪器向着体积更加小巧、灵敏度更高、多种仪器联用的方向发展。下面简单介绍一些近年发展起来的仪器分析技术。

(1) 流动注射分析

1) 流动注射简介

流动注射分析(Flow Injection Analysis, FIA)是一种溶液自动处理及分析技术。该技术具有许多优点,如仪器简单,可用常规元件自己组装;操作简便,分析速度快;试样和试剂用量少;准确度和精密度好;应用范围广泛,可作为许多仪器分析方法的样品处理和进样手段,可将许多化学操作,如蒸馏、萃取、加试剂、定容显色和测定融为一体,可使操作人员从繁琐的体力劳动中解放出来。

2) 流动注射分析的基本原理

最简单的 FIA 系统是由蠕动泵、进样阀、反应盘管、检测器、记录仪等组成,流路的基本结构如图 9-5 所示。在封闭的管道中,向连续流动的载液间断地注入一定体积的样品溶液,或者由进样阀自动注入一定体积的试液。试剂可由另一管路输入,也可作为载流。试剂和样品在反应盘管中混合并反应,然后流过检测器被检测。在这个系统中管路长度和内径一定,以准确控制泵速、注入样品,以及控制试剂组成来获得最佳的重现性。

流动注射技术不仅可作为各种分析仪器的进样手段,也可进

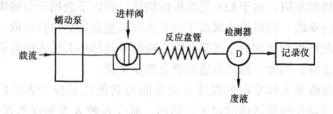

图 9-5 简单的 FIA 流路系统

行在线自动稀释，添加化学试样，进行富集分离。而富集分离包括溶剂萃取、离子交换和膜分离技术等等。因此，FIA 与各种分析仪器联用技术是痕量分析和超痕量分析的理想工具。在水质在线自动监测系统中也被广泛应用。

（2）联用仪器

气相色谱—质谱的联用已得到广泛应用。液相色谱、等离子发射光谱与质谱的联用也逐渐发展起来。

1）液相色谱—质谱联用

液相色谱—质谱（LC-MS）联用主要分析 GC-MS 难以分析的化学物质，难挥发、极性高或热不稳定的化学物质等。近年来，随着对 LC-MS 接口和离子化机理理论化研究的进展，LC-MS 在污水监测中的应用不断扩展。

LC-MS 分析系统由 LC、接口和 MS 三部分组成，其中 MS 部分与 GC-MS 中的 MS 部分原理相同，是根据被离子化的目标物质的质量—电荷比进行检测和定性的一种手段。

LC 与 MS 接口部分的作用是离子化，离子化方式分汽化法、雾化法和解离法三种。汽化法多用于 GC-MS 中。雾化法是使目标物质经过雾化喷雾过程脱去溶剂并使其离子化的方法，因此，多用于以难挥发、热不稳定的化合物为检测对象的 LC-MS 中。解离法是在含有目标物质在内的液相和固相上急剧施加高能使其离子化的方法。

雾化法包括气体喷雾—离子束法、热喷雾法（TSP）和大气压离子化法（API）。

2) 等离子发射光谱—质谱法（ICP-MS）

等离子发射光谱法（ICP-AES）近年发展很快，已用于清洁水基体成分，废水中金属及底质、生物样品中多元素的同时测定。其灵敏度、准确度与火焰原子吸收法大体相当，而且效率高，一次进样，可同时测定 10~30 个元素。

ICP-MS 法是以 ICP 为离子化源的质谱分析方法，其灵敏度比 ICP-AES 法高 2~3 个数量级，特别是当测定质量数在 100 以上的元素时，其灵敏度更高，检出限更低。

（3）自动在线监测技术

近代监测技术向自动化发展的趋势非常明显。采用自动监测技术可节约大量人力、物力。自动监测体系由一个中心监测站和若干个固定监测子站组成。子站通常能够在长时间内无人管理而自行运转。目前已有较完整的水质自动监测体系。

水质自动监测系统可以自动连续地测定几个项目，做到及时掌握水质变化情况，控制污染物的排放总量，为实施污染物总量控制制度提供技术支持。实施在线监测的多是常规监测项目，如水温、色度、浊度、溶解氧、pH、电导、COD、TOC、总磷、氨氮等。

由于污水需前处理，所以在自动监测系统中必须采用间歇供样装置，以使采样、供样和分析过程同步进行。连续流动分析和流动注射分析技术的开发为污水的自动在线监测提供了可能性，此技术除能很好地完成取样、稀释、混合、加试剂等操作外，又能与各种分离、富集技术相联用，而且大部分高灵敏度的分析方法都能作为它们的检测手段。

在污水处理厂中一般安装水温、pH、溶解氧等在线监测仪器，监测数据可作为及时调整运行参数的依据。

（4）快速检测技术

COD、BOD_5 等指标的监测技术已经成熟，但由于检测耗时长，操作烦琐，难以应对突发事故，故人们还在探讨能够快速、简便、省时、省钱的分析技术。例如快速 COD 测定仪、微生物传感器、快速 BOD_5 测定仪已在应用。

另外，每年都会有突发性的污染事故，需要有快速可行的现场监测方法，常用的现场监测手段有：

1）便携式快速仪器法：如 DO 仪、pH 计、便携式气相色谱仪、便携式测气仪等。

2）快速检测管和检测试纸法：如 H_2S 检测管（试纸）、COD_{Cr} 快速检测管、重金属检测管等。

思　考　题

1. 气相色谱仪的构造包括哪几大部分？
2. 简述气相色谱法的定性方法。
3. 简述原子吸收分光光度计的主要构造。
4. 简述高效液相色谱法的特点。
5. ICP—AES 法的主要优点是什么？
6. 简述固相萃取的基本原理。
7. 简述超临界流体萃取的原理。
8. 简述流动注射分析的基本原理。

十、误差与数据处理

（一）误 差 理 论

由于人们认识能力的不足和科学技术水平的限制，测量值与真值之间总是存在差异，这个差异叫误差。任何分析结果都具有误差，即使选择最准确的分析方法，使用最精密的仪器设备，由技术熟练的人员操作，对于同一样品进行多次重复分析，所得的结果也不会完全相同，不可能得到绝对准确的结果。误差存在于一切测量的过程中。为此，我们应该了解误差产生的原因及出现的规律，并采取相应的措施减小误差，使检测结果尽可能地接近真实值。

1. 误差的分类

误差按其产生的原因和性质可分为系统误差、随机误差和过失误差。

（1）系统误差

系统误差又称为恒定误差、可测误差或偏倚，它是指在一定的实验条件下的数次测定中，其测定值与真值之间的差别是由测定过程中某种固定的原因或某些恒定因素造成的。系统误差的特点是具有确定性，即误差的大小和方向在多次重复测定中是恒定的，或在实验条件改变时，误差按照某一确定规律变化。因此，增加平行测定次数并不能减少或消除它的影响。系统误差产生的原因有下列几个方面：

1）方法误差。由于分析方法不够完善造成的误差。例如重量分析中沉淀的溶解以及共沉淀现象，滴定分析中反应进行不完全，指示剂的终点与化学计量点不符合以及滴定副反应等，都会引起化验结果偏高或偏低。

2）仪器误差。指由于使用未经校准的仪器或仪器本身不够精密所造成的误差。如使用的容量仪器刻度不准又未经校正，天平不等臂，砝码数值不准确，分光光度法波长不准等引起的误差。

3）试剂误差。由于试剂不纯或蒸馏水不纯，含有被测物或干扰物而引起的误差。

4）操作误差。由于分析人员对分析操作不熟练，各人对终点颜色的敏感性不同，判断偏深或偏浅，对刻度读数不正确或固有习惯等引起的误差。

5）环境误差。由于测定时环境因素的显著改变引起的误差。

系统误差校正方法：①定期进行仪器检定或校验，并对测定结果进行修正，消除仪器误差；②进行空白实验，用空白实验结果修正测定结果，消除试剂误差；③采用标准方法、标准样品与实际样品进行对照实验，消除方法误差；④严格训练与提高操作人员的技术业务水平，减少操作误差；⑤进行回收率实验，在实际样品中加入已知量的标准物质与样品在相同条件下进行测量，用所得结果计算回收率，观察能否定量回收，必要时可用回收率计算做校正因子。

（2）随机误差

随机误差又称偶然误差或不可测误差，是由测量过程中各种随机因素的共同作用造成的。在实际测量条件下，多次测量同一量时，误差的绝对值和符号的变化，时大时小、时正时负，但是一般服从正态分布，具有下列特点：

有界性：在一定条件下，对同一量进行有限次测量的结果，其误差的绝对值不会超过一定界限。

单峰性：绝对值小的误差出现次数比绝对值大的误差出现次数多。

对称性：在测量次数足够多时，绝对值相等的正误差与负误差出现次数大致相等。

抵偿性：在一定条件下，对同一量进行测量，随机误差的代数和随着测量次数的无限增加而趋于零。

其产生的原因是由许多不可控制或未加控制的因素之微小波动引起的。如环境温度变化、电源电压微小波动、仪器噪声的变化、分析人员判断能力和操作技术的差异等。因此，随机误差可视为大量随机因素导致的误差的叠加。它可以减小，不能消除，减小随机误差的方法除必须严格控制实验条件，正确执行操作规程外，还可用增加测量次数的方法减小随机误差。

（3）过失误差

过失误差也叫粗差。这类误差是分析者在测量过程中发生不应有的错误造成的。例如器皿不洁净、错用样品、错加试剂、操作过程中的样品损失、仪器出现异常而未发现、错记读数以及计算错误等。过失误差无一定规律可循。

过失误差一经发现必须及时纠正。消除过失误差的关键在于改进和提高分析人员的业务素质和工作责任感，不断提高其理论和技术水平。

2. 误差的表示方法

（1）绝对误差与相对误差

绝对误差是测量值（单一测量值或多次测量值的均值）与真值之差。

测量结果大于真值时，误差为正，反之为负。

$$绝对误差 = 测量值 - 真值$$

相对误差是指绝对误差与真值的比值（常以百分数表示）

$$相对误差（RE\%）= \frac{绝对误差}{真值} \times 100\%$$

（2）绝对偏差与相对偏差

绝对偏差为某一测量值（x_i）与多次测量值的均值（$\bar{x}$）之差，以 d_i 表示。

$$d_i = x_i - \bar{x}$$

相对偏差为绝对偏差与均值的比值（常以百分数表示）

$$相对偏差（\%）= \frac{d_i}{x} \times 100\%$$

绝对偏差和相对偏差只能用来衡量单次测量结果对平均值的偏离程度，为更好地说明测量精密度，在一般分析测定中常用平均偏差（$\overline{d}$）来表示。

（3）平均偏差与相对平均偏差

平均偏差为绝对偏差的绝对值之和的平均值，以 $\overline{d}$ 表示

$$\overline{d} = \frac{1}{n} \sum_{i=1}^{n} \mid d_i \mid$$

相对平均偏差为平均偏差与测量均值的比值（常用百分数表示）

$$相对平均偏差 = \frac{\overline{d}}{x} \times 100\%$$

（4）极差

极差为一组测量值内最大值与最小值之差，又称范围误差或全距，以 R 表示。

$$R = X_{\max} - X_{\min}$$

（5）样本的差方和、方差、标准偏差和相对标准偏差

差方和指绝对偏差的平方之和，以 S 表示。

$$S = \sum_{i=1}^{n} (x_i - \overline{x})^2 = \sum_{i=1}^{n} d_i^2$$

样本方差用 s^2 表示。

$$s^2 = \frac{1}{n-1} \sum_{i=1}^{n} (x_i - \overline{x})^2 = \frac{1}{n-1} S$$

样本标准偏差用 s 或 SD 表示

$$s = \sqrt{\frac{1}{n-1} \sum_{i=1}^{n} (x_i - \overline{x})^2}$$

样本相对标准偏差，又称变异系数，是样本的标准偏差与其均值的比值（常用百分数表示）。

$$RSD(\%) = \frac{s}{x} \times 100\%$$

（二）法定计量单位

1.法定计量单位的构成

法定计量单位是国家以法令的形式规定使用或允许使用的计量单位。计量法规定："国家采用国际单位制。国际单位制计量单位和国家选定的其他计量单位，为国家法定计量单位。"因此，法定计量单位是以国际单位制单位为基础，同时选用了一些非国际单位制的单位构成的。

（1）国际单位制计量单位

国际单位制（SI）由以下单位构成：

$$
\text{SI 单位}\begin{cases}\text{SI 基本单位} \\ \text{SI 导出单位}\begin{cases}\text{包括辅助单位在内的具有专门名称的导出单位} \\ \text{组合形式的导出单位}\end{cases}\end{cases}
$$
SI 单位的倍数单位

1）SI 基本单位

国际单位制（SI）的基本单位见表 10-1。

国际单位制（SI）的基本单位　　　　　　　　表 10-1

量 的 名 称	单 位 名 称	单 位 符 号
长　度	米	m
质　量	千克（公斤）	kg
时　间	秒	s
电　流	安［培］	A
热力学温度	开［尔文］	K
物质的量	摩［尔］	mol
发光强度	坎［德拉］	cd

2）SI 导出单位

SI 导出单位是由 SI 基本单位导出，并由 SI 基本单位以代数形式所表示的单位。某些 SI 导出单位具有国际大会通过的专门名称和符号。包括 SI 辅助单位在内的具有专门名称的 SI 导出单位见表 10-2。

包括 SI 辅助单位在内的具有专门名称的 SI 导出单位　表 10-2

量 的 名 称	SI 导 出 单 位		
	名 称	符号	用 SI 基本单位和 SI 导出单位表示
[平面]角	弧度	rad	$1rad = 1m/m = 1$
立体角	球面度	sr	$1sr = 1m^2/m^2 = 1$
频率	赫[兹]	Hz	$1Hz = 1s^{-1}$
力	牛[顿]	N	$1N = 1kg \cdot m/s^2$
压力，压强，应力	帕[斯卡]	Pa	$1Pa = 1N/m^2$
能[量]，功，热量	焦[耳]	J	$1J = 1N \cdot m$
功率，辐[射能]通量	瓦[特]	W	$1W = 1J/s$
电荷[量]	库[仑]	C	$1C = 1A \cdot s$
电压，电动势，电位，(电势)	伏[特]	V	$1V = 1W/A$
电容	法[拉]	F	$1F = 1C/V$
电阻	欧[姆]	Ω	$1\Omega = 1V/A$
电导	西[门子]	S	$1S = 1 A/V$
磁通[量]	韦[伯]	Wb	$1Wb = 1V \cdot s$
磁通[量]密度，磁感应强度	特[斯拉]	T	$1T = 1Wb/m^2$
电感	亨[利]	H	$1H = 1Wb/A$
摄氏温度	摄氏度	℃	$1℃ = 1K$
光通量	流[明]	lm	$1lm = 1cd \cdot sr$
[光]照度	勒[克斯]	lx	$1lx = 1lm/m^2$

除了具有专门名称的 SI 导出单位外，其他 SI 导出单位都称为组合形式的 SI 导出单位，如流速的 SI 单位米每秒（m/s）、流量的 SI 单位立方米每秒（m^3/s）等。

3）SI 的倍数单位

基本单位、具有专门名称的导出单位，以及直接由它们构成的组合形式的导出单位都称为 SI 单位。在实际使用时，量值的变化范围很宽，仅用 SI 单位来表示量值是很不方便的。为此，SI 中规定了 20 个构成十进倍数和分数单位的词头和所表示的因数。这些词头不能单独使用，也不能重叠使用，它们仅用于与 SI 单位（kg 除外）构成 SI 单位的十进倍数单位和十进分数单位。需要注意的是：相应于因数 10^3（含 10^3）以下的词头符号必须用小写正体，等于或大于因数 10^6 的词头符号必须用大写正体，从 10^3 到 10^{-3} 是十进位，其余是千进位。见表 10-3。SI 单位加上 SI 词头后两者结合为一整体，称为 SI 单位的倍数单位，或者叫 SI 单位的十进倍数或分数单位。

用于构成十进倍数和分数单位的词头　　　　　表 10-3

所表示的因数	词头名称	词头符号	所表示的因数	词头名称	词头符号
10^{24}	尧[它]	Y	10^{-1}	分	d
10^{21}	泽[它]	Z	10^{-2}	厘	c
10^{18}	艾[可萨]	E	10^{-3}	毫	m
10^{15}	拍[它]	P	10^{-6}	微	μ
10^{12}	太[拉]	T	10^{-9}	纳[诺]	n
10^{9}	吉[咖]	G	10^{-12}	皮[可]	p
10^{6}	兆	M	10^{-15}	飞[母拖]	f
10^{3}	千	k	10^{-18}	阿[托]	a
10^{2}	百	h	10^{-21}	仄[普托]	z
10^{1}	十	da	10^{-24}	幺[科托]	y

（2）国家选定的其他计量单位

我国选定了若干非 SI 单位与 SI 单位一起，作为国家法定计量单位，它们具有同等的地位。见表 10-4。

我国法定计量单位的构成如下：

1）国际单位制（SI）的基本单位。

2）国际单位制的辅助单位。

3）国际单位制中具有专门名称的导出单位。

4）国家选定的非国际单位制单位。

国家选定的非国际单位制单位　　　　　　表 10-4

量 的 名 称	单 位 名 称	单 位 符 号	换 算 关 系 和 说 明
时 间	分	min	1min = 60s
	[小] 时	h	1h = 60min = 3600s
	天 (日)	d	1d = 24h = 86400s
平面角	[角] 秒	″	$1″ = (\pi/648000)$ rad (π 为圆周率)
	[角] 分	′	$1′ = 60″ = (\pi/10800)$ rad
	度	o	$1° = 60′ = (\pi/180)$ rad
旋转速度	转每分	r/min	$1r/min = (1/60)$ s^{-1}
长 度	海 里	n mile	1n mile = 1852m (只用于航程)
速 度	节	kn	1kn = 1n mile/h = (1852/3600) m/s (只用于航行)
质 量	吨	t	$1t = 10^3kg$
	原子质量单位	u	$1u \approx 1.660540 \times 10^{-27}kg$
体 积	升	L, (l)	$1L = 1dm^3 = 10^{-3}m^3$
能	电子伏	eV	$1eV \approx 1.602177 \times 10^{-19}J$
极 差	分 贝	dB	
线密度	特 [克斯]	tex	1tex = 1g/km
面 积	公 顷	hm^2	$1hm^2 = 10000m^2$ (国际符号为 ha)

5）由以上单位构成的组合形式的单位。

6）由词头和以上单位所构成的十进倍数和分数单位。

2. 法定计量单位的使用规则

（1）法定计量单位名称

1）计量单位的名称，一般是指它的中文名称，用于叙述性文字和口述中，不得用于公式、数据表、图、刻度盘等处。

2）组合单位的名称与其符号表示的顺序一致，符号中的乘号没有对应的名称，除号对应名称为"每"，无论分母中有几个单位，"每"只在除号的地方出现一次。例如：J/（mol·K）的名称应为焦耳每摩尔开尔文。

3）乘方形式的单位名称其指数名称在单位名称之前，例如：m^4 的名称应为四次方米。用二次方或三次方表示面积或体积时，其单位名称为"平方米"或"立方米"。

（2）法定计量单位符号

1）计量单位的符号分为单位符号（即国际通用符号）和单位的中文符号（即单位名称的简称），一般推荐使用单位符号，单位符号按其名称或简称读，不得按字母读音。

2）单位符号一般用正体小写字母书写，但以人名命名的单位符号，第一个字母必须正体大写。"升"的符号"l"，可以用大写字母"L"。

3）分子为1的组合单位的符号，一般不用分子式，而用负数幂的形式。如：每米表示为 m^{-1} 或米$^{-1}$，不能写为 1/m 或 1/米。

4）单位符号中，用斜线表示相除时，分子、分母的符号与斜线处于同一行内，分母中包含两个以上单位符号时，整个分母应加小括号，斜线不得多于1条。

（三）数 据 处 理

1. 原始数据的记录

在水质监测工作中，不仅要准确地进行测定，还应当正确地进行数据记录和计算。当记录及表达数据结果时，不仅要反映测量值的大小，而且还要反映测量值的准确程度。通常用有效数字来体现测量值的可信程度。同时还要保持原始记录信息量的完整，以保证监测值的复现。正确地记录原始数据、运用有效数字及其计算规则，不仅是分析人员的基本技能，在实际分析工作中还关系到测量结果的质量保证。因此，分析人员应重视由监测获取的原始数据的记录和运算整理。

原始记录的填写：

（1）水和污水现场监测采样、样品保存、样品传输、样品交接、样品处理和实验室分析的原始记录是监测工作的重要凭证，是监测过程中各种监测数据的唯一真实记录，操作人员必须依照所选定的操作方法，按规定的记录格式如实、准确填写。不得另用纸张填写，不得弄虚作假。原始记录表应有统一编号，个人不得擅自销毁。

（2）原始数据的记录表格统一编制，记录的内容包括监测流程中的各种受控参数、状态条件、测定结果及计算公式等，做到规范、准确、详实、清晰、信息量完整。根据这些信息量能再现检测过程。实验原始记录表格中应包括日期、温度、湿度、取样体积、稀释倍数、测定值、计算公式、检测结果等内容，同时还要有检测人员、校核人员和审核人员的签名。

（3）原始记录用钢笔或签字笔填写，做到字迹端正清晰，不得任意涂改或撕页。如因错误而需修改时，则应在错误数据上划一横线。在上方填写正确数据，并加盖修改人印章。原始记录中不需填写的项目应划"/"或注明"以下空白"。

（4）监测人员必须具有严肃认真的工作态度，对各项记录负责，及时记录，不得以回忆方式填写记录。

（5）记录原始数据时必须采用法定计量单位和使用有效数字，其有效数字的位数根据计量器具的精密程度及分析仪器的刻度值确定，不得任意添加和删除。原始记录的修约规则应符合《数值修约规则》（GB8170—87）。

（6）监测工作完毕应及时进行合理性检查，及时处理异常数据以决定是否重测。监测过程中出现的异常情况需做详细记录以备复查。

（7）每次报出数据前，原始记录上必须有检测人员、校核人员签名，并经室主任审查签名。

（8）原始记录整理完毕后移交档案室统一整理归档。

(9) 站内外其他人员需查阅原始记录时，需经有关领导批准。

2. 有效数字及记数规则

（1）有效数字的意义

有效数字是指在分析和测量中所能得到的有实际意义的数字。有效数字的位数反映了计量器具（或仪器）的精密度和准确度。由有效数字构成的数值（如测定值）与通常数学上的数值在概念上是不同的。例如，34.5、34.50 和 34.500 在数学上都视为同一数值，如用于表示测定值，则其所反映的测量结果的准确程度是不相同的。有效数字用于表示测量结果，指测量中实际能测得的数字，即表示数字的有效意义。因此测量结果的记录、运算和报告，必须使用有效数字。一个由有效数字构成的数值，其倒数第二位上的数字应该是可靠的，或为确定的，只有末位数字是可疑的或为不确定的。因此有效数字是由全部确定数字和一位不确定数字构成的。

记录和报告的测量结果只应包含有效数字。对有效数字的位数不能任意增删。

由有效数字构成的测定值必然是近似值。因此，测定值的运算应按照近似计算规则进行。

数字"0"，当它用于指示小数点的位置，而与测量的准确程度无关时，不是有效数字；当它用于表示与测量准确程度有关的数值大小时，即为有效数字。这与"0"在数值中的位置有关。

1）第一个非零数字前的"0"不是有效数字，例如：

  0.0398   三位有效数字

  0.008   一位有效数字

2）非零数字中的"0"是有效数字，例如：

  3.0098   五位有效数字

  5301   四位有效数字

3）小数中最后一个非零数字后的"0"是有效数字，例如：

  3.9800   五位有效数字

| | 0.390% | 三位有效数字 |

4）以"0"结尾的整数，有效数字的位数难以判断，例如：39800可能是三位、四位甚至五位有效数字。在此情况下，应根据测定值的准确程度改写成指数形式，例如：

| | 3.89×10^4 | 三位有效数字 |
| | 3.9800×10^4 | 五位有效数字 |

（2）测量数据的有效数字记数规则

1）记录测量数据时，只保留一位可疑数字。

一个分析结果有效数字的位数，主要取决于原始数据的正确记录和数值的正确计算。在记录测量值时，要同时考虑到计量器具的精密度和准确度，以及测量仪器本身的误差。

当用检定合格的计量器具称量物质或量取溶液时，有效数字可以记录到其最小分度值，最多保留一位不确定数字。以实验室最常用的计量器具为例：

（A）最小分度值为0.1mg的分析天平称量物质时，有效数字可以记录到小数点后第4位。如1.3425g，此时有效数字为5位；称取0.8642g，有效数字则为4位。

（B）用玻璃量器量取体积的有效数字位数是根据量器的容量允许差和读数误差来确定的。如单标线A级50mL容量瓶，准确容积为50.00mL；单标线A级10mL移液管，准确容积为10.00mL，有效数字均为4位；用有分度标记的移液管或滴定管量取溶液时，读数的有效位数可达其最小分度后一位，保留一位不确定数字。

（C）分光光度计最小分度值为0.005，因此，吸光度一般可记到小数点后第三位，有效数字位数最多只有三位。

（D）带有计算机处理系统的分析仪器，往往根据计算机自身的设定，打印或显示结果，可以有很多位数，但这并不增加仪器的精度和可读的有效位数。

（E）在一系列操作中，使用多种计量仪器时，有效数字以最少的一种计量仪器的位数表示。

2）表示精密度通常只取一位有效数字。测定次数很多时，方可取两位有效数字，且最多只取两位。

3）以一元线性回归方程计算时，校准曲线斜率 b 的有效位数，应与自变量 x_i 的有效数字位数相等，或最多比 x_i 多保留一位。截距 a 的最后一位数，则和因变量 y_i 数值的最后一位取齐，或最多比 y_i 多保留一位。

4）测量结果的有效数字所能达到的位数不能超过方法检出限的有效数字所能达到的位数。例如，一个方法的最低检出浓度为 0.02mg/L，则分析结果报 0.088mg/L 就不合理，应报 0.09mg/L。

5）在数值计算中，当有效数字位数确定之后，其余数字应按修约规则一律舍去。

6）在数值计算中，某些倍数、分数，不连续物理量的数目，以及不经测量而完全根据理论计算或定义得到的数值，其有效数字的位数可视为无限。这类数值在计算中需要几位就可以写几位。

3. 有效数字修约及计算规则

（1）有效数字修约规则

各种测量、计算的数值需修约时，应按《数值修约规则》（GB 8170—87）进行数值的修约。

1）确定修约位数的表达方式

（A）指定数位。

a. 指定修约间隔为 10^{-n}（n 为正整数），或指明将数值修约到 n 位小数。

b. 指定修约间隔为 1，或指明将数值修约到个数位。

c. 指定修约间隔为 10^n 或指明将数值修约到 10^n 数位（n 为正整数），或指明将数值修约到"十"、"百"、"千"……数位。

（B）指定将数值修约成 n 位有效位数。

2）取舍规则

各种测量、计算数据需要修约时，应按照"四舍六入五考虑，五后非零则进一，五后皆零视奇偶，五前为偶应舍去，五前为奇则进一"的原则取舍，即：

（A）拟舍弃数字的最左一位数字小于 5 时，则舍去，即保留的各位数字不变。

【例 1】　将 12.1498 修约到一位小数，得 12.1。

【例 2】　将 12.1498 修约成两位有效位数，得 12。

（B）拟舍弃数字的最左一位数字大于 5 或虽等于 5 而其后并非全部为 0 的数字时，则进 1，即保留的末位数字加 1。

【例 1】　将 1268 修约到"百"位数，得 13×10^2（特定时可写为 1300）。

【例 2】　将 1268 修约成三位有效位数，得 127×10（特定时可写为 1270）。

【例 3】　将 10.502 修约到个数位，得 11。

注：本标准示例中，"特定时"的涵义指修约间隔或有效位数明确时。

（C）拟舍弃数字的最左一位数字为 5，而右面无数字或皆为 0 时，若所保留的末位数字为奇数（1，3，5，7，9）则进 1，为偶数（2，4，6，8，0）则舍弃。

【例 1】　修约间隔为 0.1（或 10^{-1}）。

拟修约数值	修约值
1.050	1.0
0.350	0.4

【例 2】　修约间隔为 1000（或 10^3）。

拟修约数值	修约值
2500	2×10^3（特定时可写为 2000）
3500	4×10^3（特定时可写为 4000）

【例 3】　将下列数字修约成两位有效位数。

拟修约数值	修约值
0.0325	0.032
32500	32×10^3（特定时可写为 32000）

（D）负数修约时，先将它的绝对值按上述规定进行修约，

然后在修约值前面加上负号。

【例1】 将下列数字修约到"十"数位。

拟修约数值 修约值

-355 -36×10（特定时可写成 -360）

-325 -32×10（特定时可写成 -320）

【例2】 将下列数字修约成两位有效位数。

拟修约数值 修约值

-365 -36×10

-0.0365 -0.036

3）不得连续修约

拟修约数字应在确定修约位数后一次修约获得结果，而不得多次按规则2）连续修约。

例如：将 15.4546 修约到两位有效数字。

正确的做法：$15.4546 \rightarrow 15$

不正确的做法：$15.4546 \rightarrow 15.455 \rightarrow 15.46 \rightarrow 15.5 \rightarrow 16$

（2）有效数字近似计算规则

1）加法和减法

几个近似值相加减时，其和或差的有效数字决定于绝对误差最大的数值，即最后结果的有效数字自左起不超过参加计算的近似值中第一个出现的可疑数字。如在小数的加减计算中，结果所保留的小数点后的位数与各近似值中小数点后位数最少者相同。在实际运算过程中，保留的位数比各数值中小数点后位数最少者多留一位小数，而计算结果则按数值修约规则处理。

例如： $508.4 - 438.68 + 13.046 - 6.0548$

$\approx 508.4 - 438.68 + 13.05 - 6.05 = 76.72$

最后计算结果只保留一位小数，为 76.7。

2）乘法和除法

近似值相乘除时，所得积或商的有效数字位数决定于相对误差最大的近似值，即最后结果的有效数字位数要与各近似值中有效数字位数最少者相同。在实际运算中，先将各近似值修约至比有效数字位数最少者多保留一位有效数字，再将计算结果按上述规则处理。

例如：
$$0.0676 \times 70.19 \times 6.50237$$
$$\approx 0.0676 \times 70.19 \times 6.502$$
$$= 30.850975688$$

最后的计算结果用三位有效数字表示为 30.9。

在当前普遍使用手持计算器的情况下，为减少计算误差，可在运算过程中适当保留较多的数字，对中间结果不做修约，只将最终结果修约到所需位数。

3）乘方和开方

近似值乘方或开方时，原近似值有几位有效数字，计算结果就可以保留几位有效数字。

例如：
$$6.54^2 = 42.7716$$

保留三位有效数字则为 42.8。

$$\sqrt{7.39} \approx 2.718455444\cdots$$

保留三位有效数字则为 2.72。

4）对数和反对数

在近似值的对数计算中，所取对数的小数点后的位数（不包括首数）应与真数的有效数字位数相同。

【例 1】 求 $[H^+]$ 为 7.98×10^{-2} mol/L 溶液的 pH 值。
$$[H^+] = 7.98 \times 10^{-2} \text{mol/L}$$
$$pH = -\lg [H^+] = -\lg (7.98 \times 10^{-2})$$
$$\approx 1.098$$

【例 2】 求 pH 为 3.20 溶液的 $[H^+]$。
$$pH = -\lg [H^+] = 3.20$$
$$[H^+] = 6.3 \times 10^{-4} \text{mol/L}$$

5）平均值

求四个或四个以上准确度接近的近似值的平均值时，其有效数字可增加一位。

【例】 求下列近似值的平均值 $\bar{x}$：3.77，3.70，3.79，

3.80，3.72。

$$\bar{x} = (3.77 + 3.70 + 3.79 + 3.80 + 3.72) / 5$$
$$= 3.756$$

6）差方和、方差和标准偏差

差方和、方差和标准偏差在运算过程中对中间结果不作修约，只将最后结果修约到要求的位数。

4. 监测结果的表示方法

所使用的计量单位应采用中华人民共和国法定计量单位。

（1）浓度含量的表示

水和污水分析结果用 mg/L 表示，浓度较小时，则以 μg/L 表示，浓度很大时，例如 COD12345mg/L 应以 1.23×10^4 mg/L 表示，亦可用百分数（%）表示（注明 m/V 或 m/m）。

底质分析结果用 mg/kg（干基）或 μg/kg（干基）表示。

总硬度用 $CaCO_3$mg/L 表示。

（2）双份平行测定结果在允许差范围之内，则结果以平均值表示。

平行双样相对偏差的计算方法：

$$相对偏差（\%）= \frac{A - B}{A + B} \times 100$$

式中 A，B——同一水样两次平行测定的结果。

当测定结果在检出限（或最小检出浓度）以上时，报实际测得结果值，当低于方法检出限时，报所使用方法的检出限，并加标志位 L。统计污染总量时以零计。

思 考 题

1. 什么是误差？误差有哪些种类？

2. 下列各计算式分别表达什么误差？

（1）测量值-真值

（2）测量值-测量均值

（3）最大测量值-最小测量值

（4）（测量值-测量均值）/测量均值

(5)（测量值-真值）/真值

3. 产生系统误差的原因有哪些?

4. 测定氯化物含量 5 次,测定值分别为 112mg/L、115mg/L、114mg/L、113mg/L、115mg/L,分别计算测定平均值、测定值的平均偏差、标准偏差和变异系数。

5. 什么叫法定计量单位? 我国的法定计量单位有哪些?

6. 我国的法定计量单位以 _____ 的单位为基础,同时选用了一些 _____ 单位所构成。

7. 将以下常用法定计量单位的名称和符号填在表内。

项　目	名　称	符　号	项　目	名　称	符　号
长　度			热力学温度		
时　间			物质的量		
质　量			摄氏温度		
体　积			电　导		
压　力			电　流		
电　阻			电　压		

8. 下列各数的有效位数分别为几位?

20.003　　0.0046　　46000　　5.060　　5.2×10^3　　6.40×10^4　　0.002

9. 按修约规则将下列数字修约成两位有效数字。

2.33　　0.00325　　72500　　0.0435　　2150　　35.47

10. 按数字修约规则,用有效数字表示下列计算结果。

12.27 + 7.2 + 1.13

2.236×1.1581396

11. 213.64 + 4.4 + 0.3244 的计算结果应取几位小数?

十一、质量保证与实验室管理

(一) 质量保证概述

质量保证是水质监测中十分重要的技术工作和管理工作。质量保证和质量控制是保证监测数据准确可靠的方法，也是科学管理实验室的有效措施，它可以保证数据质量，使水质监测建立在可靠的基础上。

1. 名词解释

(1) 准确度

准确度常用以度量一个特定分析程序所获得的分析结果（单次测定值或重复测定值的均值）与假定的或公认的真值之间的符合程度。一个分析方法或分析系统的准确度是反映该方法或该测量系统存在的系统误差和随机误差的综合指标，它决定着这个分析结果的可靠性。

准确度用绝对误差或相对误差表示。

准确度的评价方法：可用测量标准样品或以标准样品做回收率测定的办法评价分析方法和测量系统的准确度。

1) 标准样品分析

通过分析标准样品，由所得结果了解分析的准确度。

2) 回收率测定

在样品中加入一定量标准物质测其回收率，这是目前实验室中常用的确定准确度的方法，从多次回收试验的结果中，还可以发现方法的系统误差。

按下式计算回收率 P：

$$回收率\ P\ (\%)\ =\ \frac{加标试样测定值 - 试样测定值}{加标量} \times 100\%$$

3）不同方法的比较

通常认为，不同原理的分析方法具有相同的不确定性的可能性极小，当对同一样品用不同原理的分析方法测定，并获得一致的测定结果时，可将其作为真值的最佳估计。

当用不同分析方法对同一样品进行重复测定时，若所得结果一致，或经统计检验表明其差异不显著时，则可认为这些方法都具有较好的准确度，若所得结果呈现显著性差异，则应以被公认的可靠方法为准。

(2) 精密度

精密度是使用特定的分析程序在受控条件下重复分析均一样品所得测定值之间的一致程度。它反映了分析方法或测量系统存在的随机误差的大小。测试结果的随机误差越小，测试的精密度越高。

精密度通常用极差、平均偏差和相对平均偏差、标准偏差和相对标准偏差表示。精密度是获得好的准确度的前提，没有好的精密度，尤其是在测定次数少的情况下，不可能获得好的准确度。

为满足某些特殊要求，引用下述三个精密度专用术语。

平行性：在同一实验室中，当分析人员、分析设备及分析时间都相同时，用同一分析方法对同一样品进行双份或多份平行样测定结果之间的符合程度。

重复性：在同一实验室内，当分析人员、分析设备及分析时间中的任一项不相同时，用同一分析方法对同一样品进行两次或多次独立测定所得结果之间的符合程度。

再现性：用相同的方法，对同一样品在不同条件下获得的单个结果之间的一致程度。不同条件指不同实验室、不同分析人员、不同设备、不同（或相同）时间。

精密度分析中应注意的问题：

1）分析结果的精密度与样品中待测物质的浓度水平有关。因此，必要时应取两个或两个以上不同浓度水平的样品进行分析方法精密度的检查。

2）精密度可因与测定有关的实验室条件的改变而变动。通常由一整批分析结果中得到的精密度，往往高于分散在一段较长时间里的结果的精密度。如可能，最好将组成固定的样品分为若干批分散在适当长的时期内进行分析。

3）标准偏差的可靠程度受测量次数的影响。因此，对标准偏差作较好估计时（如确定某种方法的精密度）需要足够多的测量次数。

4）通常以分析标准溶液的办法了解分析方法的精密度，这与分析实际样品的精密度可能存在一定的差异。

5）准确度良好的数据必须具有良好的精密度，精密度差的数据则难以判别其准确度。

（3）灵敏度

灵敏度是指某方法对单位浓度或单位量待测物质变化所致的相应量变化程度。它可以用仪器的响应量或其他指示量与对应的待测物质的浓度或量之比来描述。如分光光度法常以校准曲线的斜率度量灵敏度。一个方法的灵敏度可因实验条件的变化而改变。在一定的实验条件下，灵敏度具有相对的稳定性。

通过校准曲线可以把仪器响应量与待测物质的浓度或量定量地联系起来，用下式表示它的直线部分。

$$A = kc + a$$

式中　A——仪器响应值；

　　　c——待测物质的浓度；

　　　a——校准曲线的截距；

　　　k——方法灵敏度，校准曲线的斜率。

（4）检出限

检出限为某特定分析方法在给定的置信度内可从样品中检出待测物质的最小浓度或最小量。所谓"检出"是指定性检出，即判定样品中存在有浓度高于空白的待测物质。

检出限的几种计算方法:

1) 在《全球环境监测系统水监测操作指南》中规定:给定置信水平为 95% 时,样品测定值与零浓度样品的测定值有显著性差异即为检出限 L。零浓度样品为不含待测物质的样品。

$$L = 4.6\sigma_{wb}$$

式中　　σ_{wb}——空白平行测定(批内)标准偏差(重复测定 20 次以上)

$$L = 2\sqrt{2} \cdot t_f S_{wb}$$

当空白测定次数 n 少于 20 时。

式中　　S_{wb}——空白平行测定(批内)标准偏差;

　　　　f——批内自由度,等于 m ($n-1$);m 为重复测定次数,n 为平行测定次数;

　　　　t_f——显著性水平为 0.05(单侧),自由度为 f 的 t 值。

2) 国际纯粹和应用化学联合会(IUPAC)对检出限 L 作如下规定。

对各种光学分析方法,可测量的最小分析信号 x_L 以下式确定:

$$x_L = \overline{x_b} + k's_b$$

式中　　$\overline{x_b}$——空白多次测得信号的平均值;

　　　　s_b——空白多次测得信号的标准偏差;

　　　　k'——根据一定置信水平确定的系数。

与 $x_L - \overline{x_b}$(即 $k's_b$)相应的浓度或量即为检出限 L:

$$L = (x_L - \overline{x_b}) / k = k's_b / k$$

式中　　k——方法的灵敏度(即校准曲线的斜率)。

为了评估 $\overline{x_b}$ 和 s_b,实验次数必须足够多,例如 20 次。

1975 年,IUPAC 建议对光谱化学分析法取 $k' = 3$。由于低浓度水平的测量误差可能不遵从正态分布,且空白的测定次数有限,因而与 $k' = 3$ 相应的置信水平大约为 90%。

此外，尚有建议将 k' 取为 4、4.65 及 6 者。

3）美国 EPA SW—846 中规定方法检出限：

$$MDL = 3.143\delta \quad (\delta \text{ 重复测定 7 次})$$

4）在某些分光光度法中，以扣除空白值后的吸光度与 0.01 相对应的浓度值为检出限。

5）气相色谱分析的最小检测量系指检测器恰能产生与噪音相区别的响应信号时所需进入色谱柱的物质的最小量。一般认为恰能辨别的响应信号，最小应为噪音的两倍。

最小检测浓度系指最小检测量与进样量（体积）之比。

6）某些离子选择电极法规定：当校准曲线的直线部分外延的延长线与通过空白电位且平行于浓度轴的直线相交时，其交点所对应的浓度值即为该离子选择电极法的检出限。

（5）测定限

测定限为定量范围的两端，分别为测定下限与测定上限。

1）测定下限

在测定误差能满足预定要求的前提下，用特定方法能准确地定量测定待测物质的最小浓度或量，称为该方法的测定下限。

测定下限反映出分析方法能准确地定量测定低浓度水平待测物质的极限可能性。在没有（或消除了）系统误差的前提下，它受精密度要求的限制（精密度通常以相对标准偏差表示）。分析方法的精密度要求越高，测定下限高于检出限越多。

美国 EPA SW—846 中规定 $4MDL$ 为定量下限（RQL），即 4 倍检出限浓度作为测定下限，其测定值的相对标准偏差约为 10%。

2）测定上限

在限定误差能满足预定要求的前提下，用特定方法能够准确地定量测定待测物质的最大浓度或量，称为该方法的测定上限。

（6）最佳测定范围

最佳测定范围亦称有效测定范围，指在限定误差能满足预定要求的前提下，特定方法的测定下限至测定上限之间的浓度范围。在此范围内能够准确地定量测定待测物质的浓度或量。

最佳测定范围应小于方法的适用范围。对测量结果的精密度（通常以相对标准偏差表示）要求越高，相应的最佳测定范围越小。

（7）校准曲线

校准曲线是描述待测物质浓度（或量）与相应的测量仪器响应量或其他指示量之间的定量关系的曲线。校准曲线包括"工作曲线"（标准溶液的分析步骤与样品分析步骤完全相同）和"标准曲线"（标准溶液的分析步骤与样品分析步骤相比有所省略，如省略样品的前处理）。

校准曲线的绘制：

1）配制在测量范围内的一系列已知浓度标准溶液。至少应包括 5 个浓度点。

2）按照与样品测定相同的步骤测定各浓度标准溶液的响应值。

3）选择适当的坐标纸，以响应值为纵坐标，浓度（或量）为横坐标，将测量数据标在坐标纸上植点。

4）通过各点绘制一条合理的曲线。在水质监测中，通常选用它的直线部分。

5）校准曲线的点阵符合要求时，亦可用最小二乘法的原理计算回归方程。

线性范围：某方法校准曲线的直线部分所对应的待测物质浓度或量的变化范围，称为该方法的线性范围。

（8）方法适用范围

方法适用范围为某特定方法具有可获得响应的浓度范围。在此范围内可用于定性或定量的目的。

2. 质量保证的重要作用

水质监测的直接产品是监测数据，监测质量的好坏集中地反映在数据上。对于监测数据质量常以代表性、准确性、精密性、完整性、可比性来评价。

（1）代表性

代表性是指在具有代表性的时间、地点，并按规定的采样要求采集有效样品。所采集的样品必须能反映水质总体的真实状况，监测数据能真实代表某污染物在水中的存在状态和水质状况。

任何污染物在水中的分布不可能是十分均匀的，因此要使监测数据如实反映水质现状和污染源的排放情况，必须合理选择采样点的位置，使所采集的水样具有代表性。

（2）准确性

准确性指测定值与真实值的符合程度，监测数据的准确性受从试样的现场固定、保存、传输，到实验室分析等环节影响。一般以监测数据的准确度来表征。

可用测量标准样品或以样品做回收率测定及不同方法的比较等办法评价分析方法和测量系统的准确度。

（3）精密性

精密性和准确性是监测分析结果的固有属性，必须按照所用方法的特性使之正确实现。数据的准确性是指测定值与真值的符合程度，而其精密性则表现为测定值有无良好的平行性、重复性和再现性。精密性以监测数据的精密度表征。

（4）可比性

指用不同测定方法测量同一水样的某污染物时，所得出结果的吻合程度，即使用不同标准分析方法得出的数据应具有良好的可比性。可比性不仅要求各实验室之间对同一样品的监测结果应相互可比，也要求每个实验室对同一样品的监测结果应该达到相关项目之间的数据可比，相同项目在没有特殊情况时，历年同期数据也是可比的。在此基础上，还应通过标准物质的量值传递与溯源，来实现不同时间、不同地点，国际间、行业间、区域间、实验室间的数据一致、可比。

（5）完整性

完整性强调工作总体规划的切实完成，保证按预期计划取得有系统性和连续性的有效样品，且无缺漏地获得这些样品的监测结果及有关信息。

数据的准确性、精密性主要体现在实验室内分析测试方面，而代表性、完整性主要体现在现场调查、设计布点、样品采集、保存、运输等方面，可比性则是监测全过程的综合体现。因此，监测结果的"五性"反映了对监测结果的质量要求。只有达到这"五性"质量指标的监测结果，才是真正正确可靠的，也才能在使用中具有权威性和法律性。

众所周知，"一个错误的监测数据比没有数据更可怕，因为它会导致一系列错误结论"。为了获得质量可靠的监测结果，使所采集的样品具有代表性，测量所得到的有效数据的完整性，分析数据的准确性和精密性，各组数据的可比性，以及综合分析评价的准确可信，就必须建立完整的水质监测质量保证体系，开展质量控制和质量保证工作。

3. 质量保证工作内容

水质监测质量保证是贯穿监测全过程的质量保证体系，它在影响数据有效性的所有方面采取一系列的有效措施，将监测误差控制在限定的允许范围内，是对整个水质监测过程的全面质量管理。包括制定监测计划、采样布点、采样方法、样品采集和保存、实验室供应、仪器设备和器皿的选用、容器和量具的检定、试剂和标准物质的使用、分析测试方法的选择、质量控制程序、数据处理、报告审核、人员水平和技术培训等保证水质监测数据正确可靠的全部活动和措施。使其质量满足代表性、完整性、精密性、准确性和可比性的要求。因此质量保证不仅仅是实验室分析的质量控制，还有采样质量控制，运输保存质量控制，报告数据质量控制等各个监测过程的质量控制，以及影响它的各个方面都是质量保证的具体内容。对从布点到取得数据的整个过程要按照统一的技术规范、方法的要求，依照一定的程序，进行科学的组织与规范化的管理，主要有以下几个方面：

(1) 样品的时空代表性与真实性

按规范布设监测网点，取得最佳点位数和最佳采样点，保证监测数据的代表性、可比性，布点记录和图表应齐全。

（2）样品的采集、保管与运输

按规范要求，保证所采集样品的真实性和代表性，既能满足时空要求，又要样品在分析前不发生物理化学性质的变化。采样方法、采样器、样品的保存、运输及有关的记录表格都要规范化。

（3）样品的测试分析与数据处理

样品测试按规定方法进行。操作要规范化，测试结果有效位数的取舍、异常值的判断与剔除方法、误差的计算等要符合相应的标准规定。

（4）测试工作的质量保证

样品登记、任务下达、原始记录以及数据报表等都应制定出规范化表格。其中，对可能影响测试结果的有关因素（如仪器设备、样品情况、环境条件等）要有详细地记载要求。实验室基础条件（实验室环境、实验用水、实验器皿、化学试剂及试液的配制等）应达到有关规范的要求。在测试过程中要采用平行样、加标回收、标样比对、质控图等质控措施保证数据的质量。

（5）测试结果的审核与发出

数据的规范管理与测试报告的审核程序：数据管理要规范化，测试数据的记录、删改要按照有关规定执行，原始记录一律不得用铅笔书写，个人不得保存原始记录。报出的测试结果要经过三级审核，各级负责人签字后，方为有效。各种原始记录与测试结果报告，一律要按国家规定使用法定计量单位。

（二）样品的采集与保存

水质监测不仅要求有灵敏度高、精密度好的分析方法，而且要根据监测目的，正确选定采样时间、地点、采样方法、以及样品的保存技术等，其重要意义并不低于进行分析时所要注意的其他因素。因为分析所用的水样必须具有代表性，若采样地点和方法有误，保存方法不妥，会造成测定数据不真实，由此做出不正确的评价，使人力、财力受到损失。忽略了试样的代表性，即使采用先进的分析手段进行认真地分析，也得不到正确的结果。因此，要获得正确的、可靠的分析结果，正确的采样是首要问题。

1. 样品的采集及现场检测

（1）采样前的准备

1）制定采样计划

采样负责人在制定采样计划前要充分了解该项监测任务的目的和要求，了解污染源排放规律和污染物的种类，熟悉采样方法、水样容器的洗涤、样品的保存技术。在有现场测定项目时，还应了解有关现场测定技术。

采样计划应包括：确定采样地点、测定项目和数量、采样质量保证措施、采样时间、采样人员和分工、采样器材和交通工具以及需要进行的现场测定项目和安全保证等。

2）采样器材的准备

采样器材主要包括样品容器和采样器。采集和盛装水样容器的材料应满足化学稳定性好，保证水样的各组分在贮存期内不与容器发生反应；大小、形状适宜、能严密封口；容易清洗并可反复使用。常用材料为聚乙烯塑料瓶（以 P 表示），一般玻璃瓶（G）和硬质玻璃瓶（BG）。容量大小按分析项目及数量定。

按采样方法准备采样所需器材及设备，贮样瓶编号并按贮样容器清洗方法清洗。

3）保存剂的准备

各种保存剂的纯度和等级要达到分析方法的要求，按规定配置备用，并在每次使用前检查有无沾污情况。

4）采样前应对准备工作进行一次全面检查。

（2）采样点的设置

1）工业废水采样点的设置。纳入城市下水道的工厂废水采样点选择在工厂管道与城市下水道连接处前，即工厂总排出口。

要掌握工厂污染源，对于排放标准中控制的第一类污染物采样点选择在车间或车间处理设施的排放口。

2）污水处理设施效率监测采样点的设置。对整体污水处理设施效率监测时，在各种进入污水处理设施污水的入口和污水处理设施的总排口设置采样点；对各污水处理单元效率监测时，在各种进入处理设施单元污水的入口和设施单元的排口设置采样点。

3）城市污水采样点的设置。将采样点设置在居民生活排水支管接入城市污水干管的检查井内、城市污水干管的不同位置、合流污水管线的溢流井、雨水支干管的不同位置以及雨水调节池、城市污水进入水体的排放口。

4）入河排污口采样点的设置。工业废水和生活污水入河排污口应设置采样点；此外在污水入河排污口的上、下游适当位置应设置采样点。

（3）水样的类型

1）瞬时水样

瞬时水样是指在某一时间和地点从水体中随机采集的分散水样。当水体水质稳定，或其组分在相当长的时间或相当大的空间范围内变化不大时，瞬时水样具有很好的代表性；当水体组分及含量随时间和空间变化时，就应隔时、多点采集瞬时样，分别进行分析，摸清水质的变化规律。

2）混合水样

混合水样是指在同一采样点于不同时间所采集的瞬时水样的混合水样，有时称"时间混合水样"，以区别于其他混合水样。这种水样在观察平均浓度时非常有用，但不适用于被测组分在贮存过程中发生明显变化的水样。

3）综合水样

把不同采样点同时采集的各个瞬时水样混合后所得到的样品称综合水样。

（4）地表水和地下水样的采集

1）采样方法

采集表层水时，可用桶、瓶等容器直接采取，从桥上等地方采样时，可将系着绳子的聚乙烯桶或带有坠子的采样瓶投入水中汲水。要注意不能混入漂浮于水面上的物质。

采集深层水时，可用直立式或有机玻璃采水器。在河水流动缓慢的情况下，最好在采样器下系上适宜重量的坠子，当水深流急时要系上相应重量的铅鱼。

采集水样前，应先用水样洗涤采样器容器、盛样瓶2~3次。

2）地表水采样注意事项

（A）采样时不可搅动水底部的沉积物。

（B）采样时应保证采样点的位置准确。

（C）认真填写"采样记录表"，用签字笔或钢笔在现场记录，字迹应端正、清晰，项目完整。

（D）保证采样按时、准确、安全。

（E）采样结束前，应核对采样计划、记录与水样，如有错误或遗漏，应立即补采或重采。

（F）测定油类的水样，应单独采样，全部用于测定。采样瓶不能用采集的水样冲洗。

（G）测溶解氧、生化需氧量和有机污染物等项目时的水样，必须注满容器，不留空间，并用水封口。

（H）测定油类、溶解氧、硫化物、余氯、粪大肠菌群、悬浮物等项目要单独采样。

（5）污水样的采集

1）采样方法

（A）污水的监测项目按照行业类型有不同要求

在分时间单元采集样品时，测定pH、COD、BOD_5、DO、硫化物、油类、有机物、余氯、粪大肠菌群、悬浮物等项目的样品，不能混合，只能单独采样。

（B）不同监测项目要求

对不同的监测项目应选用的容器材质、加入的保存剂及其用量与保存期、应采集的水样体积和容器的洗涤方法等见表11-1。

（C）自动采样

自动采样用自动采样器进行，有时间等比例采样和流量等比例采样。例如，自动分级采样式采水器，可在一个生产周期内每隔一定时间将一定量的水样分别采集在不同的容器中；自动混合采样式采水器可定时连续地将定量水样或按流量比采集的水样汇集于一个容器内。当污水排放量较稳定时可采用时间等比例采样，否则必须采用流量等比例采样。

（D）实际采样位置的设置

实际的采样位置应在采样断面的中心。当水深大于 1m 时，应在表层下 1/4 深度处采样；水深小于或等于 1m 时，应在水深的 1/2 处采样。

2）采样注意事项：

（A）根据排污口的污染物排放情况，合理选择污水样品采集类型。

（B）保证采样点准确。

（C）采集污水样品时，应同时测定流量，作为排污量计算的依据。

（D）样品容器装入水样前，必须先用水样冲洗 3 次，然后装入水样，并按要求加入相应的固定剂，贴好标签。

（E）采样时应注意除去水面的杂物、垃圾等漂浮物，随污水流动的悬浮物或固体微粒，应看成是污水的一个组成部分，不应在测定前去除。同时不能搅动水底部沉积物。

（F）在选用特殊的专用采样器时，应按照该采样器的使用方法采样。

（G）采样时应认真填写"采样记录表"。表中应有污染源名称、采样地点、采样时间、样品编号、污水性质、污水流量、采样人姓名及其他有关事项等。现场采样记录应字迹端正、清晰、项目完整，及时核对采样标签，检查保证措施的落实。

（H）凡需现场监测的项目，应进行现场监测。

（I）采样结束前，应仔细检查采样记录和水样，若发现有漏采或不符合规定时，应立即补采或重采。

（J）用于测定硫化物、油类、余氯、悬浮物、BOD_5等项目的水样，必须单独定容采样，全部用于测定。

（K）保证采样按时、准确、安全。

（6）现场检测

1）现场测定准备

（A）配制现场测定参数所需要的缓冲溶液、标准溶液、化学试剂，准备蒸馏水和移液管、吸耳球等器皿。

（B）校准与调整各种现场测定仪与温度计，使其处于有效工作状态。

（C）采样及现场分析前对准备工作进行全面检查。

2）现场测定

pH值、电导率、溶解氧、水温及浊度等参数，应在采样现场测定。水位、流速、流量、气温等参数测量，应尽可能与水质现场测定同步进行。监测数据应记入采样记录中。

2. 样品的保存与运输

（1）水样的保存

1）导致水样变化的因素

水样采集后，应尽快送到实验室分析。样品离开水体后，受物理、化学、生物等因素影响，某些组分的浓度会发生变化，这些变化使进行分析时的样品已不再是采样时的样品。

（A）微生物的代谢活动，如细菌、藻类和其他生物的作用，可改变水中许多被测物的化学形态，如pH、溶解氧、生化需氧量、二氧化碳、碱度、氮、磷和某些有机化合物等。

（B）水中具有还原性的某些组分，由于与空气中的氧接触被氧化。如有机化合物、亚铁离子、硫化物等。

（C）pH值、电导率、二氧化碳、碱度、硬度等可能因从空气中吸收二氧化碳而改变。

（D）溶解于水中的易挥发成分和气体，因压力和温度的骤然变化逸散、挥发，从而引起组分浓度的变化。

（E）溶解状态和胶体状态的金属以及某些有机化合物可能被吸附在盛水器内壁或水样中固体颗粒的表面上。

这些变化进行的程度随水样的化学和生物学性质不同而变化，取决于水样所在的环境温度、所受的光线作用、用于储存水样的容器特性、采样到分析所需的时间等。因此，要想完全制止水样在存放期间内的物理、化学和生物学变化是很困难的。水样保存的基本要求只能是尽量减少其中各待测组分的变化。即做到：①减缓水样的生物化学作用；②减缓化合物或络合物的氧化—还原作用；③减少被测组分的挥发损失；④避免沉淀、吸附或结晶物析出所引起的组分变化。

2）水样保存方法

（A）冷藏或冷冻：样品在4℃冷藏或将水样迅速冷冻，储于暗处，可抑制生物活动，减缓物理挥发作用和化学反应速度。

（B）加入化学保存剂：

a．控制溶液 pH 值：测定金属离子的水样常用硝酸酸化至 pH 值为 1～2，既可防止重金属的水解沉淀，又可防止金属在器壁表面上的吸附，同时抑制生物的活动。大多数金属可以稳定数周或数月。测定氰化物的水样需加氢氧化钠至 pH 值为 12。

b．加入抑制剂：为了抑制生物作用，可在样品中加入抑制剂。如在测氨氮、硝酸盐氮和 COD 的水样中，加氯化汞或加入三氯甲烷、甲苯作防护剂以抑制生物对亚硝酸盐、硝酸盐、铵盐的氧化还原作用。

c．加入氧化剂：水样中痕量汞易被还原，引起汞的挥发性损失，加入硝酸—重铬酸钾溶液可使汞维持在高氧化态，汞的稳定性大为改善。

d．加入还原剂：测定硫化物的水样，加入抗坏血酸保存。

样品保存剂如酸、碱或其他试剂在采样前应进行空白试验，其纯度和等级必须达到分析的要求。

3）水样保存条件

水样的有效保存期限长短，主要依赖于待测物的浓度、化学组成和物理化学性质。不同监测项目样品的保存条件不同，样品的保存时间、容器材质的选择以及保存措施的应用见表 11-1，可作为水质监测保存样品的一般条件。

水样保存和容器的洗涤　　　　表 11-1

项　目	采样容器	保 存 剂 及 用 量	保存期	采样量 mL	容器 洗涤
浊　度	G.P		12h	250	Ⅰ
色　度	G.P		12h	250	Ⅰ
pH	G.P		12h	250	Ⅰ
电　导	G.P		12h	250	Ⅰ
悬浮物	G.P		14d	500	Ⅰ
酸　度	G.P		30d	500	Ⅰ
碱　度	G.P		12h	500	Ⅰ
COD	G	加 H_2SO_4，$pH \leqslant 2$	2d	500	Ⅰ
DO	溶解氧瓶	加入硫酸锰，碱性 KI 叠氮化钠溶液，现场固定	24h	250	Ⅰ
BOD	溶解氧瓶		12h	250	Ⅰ
TOC	G	加 H_2SO_4，$pH \leqslant 2$	7d	250	Ⅰ
F^-	P		14d	250	Ⅰ
Cl^-	G.P		30d	250	Ⅰ
SO_4^{2-}	G.P		30d	250	Ⅰ
PO_4^{3-}	G.P	NaOH，H_2SO_4 调 pH＝7，$CHCl_3$0.5%	7d	250	Ⅳ
总　磷	G.P	HCl，H_2SO_4，$pH \leqslant 2$	24h	250	Ⅳ
氨　氮	G.P	H_2SO_4，$pH \leqslant 2$	24h	250	Ⅰ
NO_2^--N	G.P		24h	250	Ⅰ
NO_3^--N	G.P		24h	250	Ⅰ
总　氮	G.P	H_2SO_4，$pH \leqslant 2$	7d	250	Ⅰ
硫化物	G.P	1L 水样加 NaOH 至 pH＝9，加入 5% 抗坏血酸 5mL，饱和 EDTA3mL，滴加饱和 Zn（AC）$_2$ 至胶体产生，常温避光	24h	250	Ⅰ

项　目	采样容器	保存剂及用量	保存期	采样量 mL	容器洗涤
总　氰	G.P	NaOH, pH≥9	12h	250	Ⅰ
Cr（Ⅵ）	G.P	NaOH, pH=8~9	14d	250	Ⅲ
Mn	G.P	HNO₃, 1L 水样中加浓 HNO₃10mL	14d	250	Ⅲ
Fe	G.P	HNO₃, 1L 水样中加浓 HNO₃10mL	14d	250	Ⅲ
Ni	G.P	HNO₃, 1L 水样中加浓 HNO₃10mL	14d	250	Ⅲ
Cu	P	HNO₃, 1L 水样中加浓 HNO₃10mL	14d	250	Ⅲ
Zn	P	HNO₃, 1L 水样中加浓 HNO₃10mL	14d	250	Ⅲ
As	G.P	HNO₃, 1L 水样中加浓 HNO₃10mL, DDTC 法，HCl 2mL	14d	250	Ⅰ
Cd	G.P	HNO₃, 1L 水样中加浓 HNO₃10mL	14d	250	Ⅰ
Hg	G.P	HCl, 1%，如水样为中性，1L 水样中加浓 HCl 10mL	14d	250	Ⅲ
Pb	G.P	HNO₃, 1L 水样中加浓 HNO₃10mL	14d	250	Ⅲ
油　类	G	加入 HCl 至 pH≤2	7d	250	Ⅱ
酚　类	G	用 H₃PO₄ 调至 pH=2，用 0.01~0.02g 抗坏血酸除去残余氯	24h	1000	Ⅰ
阴离子表面活性剂	G.P		24h	250	Ⅳ
微生物	G	加入硫代硫酸钠至 0.2~0.5g/L 除去残余物，4℃保存	12h	250	Ⅰ

注：1. G 为硬质玻璃瓶；P 为聚乙烯瓶。
　　2. Ⅰ、Ⅱ、Ⅲ、Ⅳ表示四种洗涤方法，如下：
　　　Ⅰ：洗涤剂洗一次，自来水三次，蒸馏水一次；
　　　Ⅱ：洗涤剂洗一次，自来水洗二次，1+3HNO₃ 荡洗一次，自来水洗三次，蒸馏水一次；
　　　Ⅲ：洗涤剂洗一次，自来水二次，1+3HNO₃ 荡洗一次，自来水三次，去离子水一次；
　　　Ⅳ：铬酸洗液洗一次，自来水三次，蒸馏水一次。
　　　如果采集污水样品可省去用蒸馏水、去离子水清洗的步骤。
　　3. 经160℃干热灭菌 2h 的微生物、生物采样容器，必须在两周内使用，否则应重新灭菌；经121℃高压蒸汽灭菌 15min 的采样容器，如不立即使用，应于60℃将瓶内冷凝水烘干，两周内使用。细菌监测项目采样时不能用水样冲洗采样容器，不能采混合水样，应单独采样后2h内送实验室分析。

（2）水样的运输

采样后根据采样记录清点样品，盖紧瓶盖，立即送回实验室。为防止样品在运输过程中因震荡、碰撞而导致损失或沾污，最好将样品装箱运送。同一采样点的样品尽量装在同一箱内，并采取相应保护措施防止运输过程中破损。运输前应检查现场采样记录，核实样品标签是否完整，所有水样是否全部装箱。样品运输必须专人负责，防止样品损坏或沾污。样品移交实验室分析时，接收者与送样者双方应在样品登记表上签名，履行交接手续。

3. 采样质量保证

采样质量保证是水质监测质量保证工作的重要组成部分，它既与采样点布设和采样技术有关，又与其他环节紧密相连，采样环节的差错会导致前后环节诸多努力的前功尽弃。采样过程质量保证最根本的是保证样品真实性和代表性，既满足时空要求，又保证样品在分析之前不发生物理化学性质的变化，要满足样品代表性的要求必须实行严格的质量保证计划及采样质量保证措施。

（1）采样质量保证的基本要求

一般认为，采样过程包括样品采集、样品处理、样品运输等主要因素，对这三个要素的质量保证要求如下：

1）应具有与开展的工作相适应的有关水质监测样品采集的文件化程序和相应的统计技术。

2）应建立并保证切实贯彻执行的有关样品采集管理的规章制度。

3）所有采样人员必须经过采样技术、样品保存、处置和贮运等方面的技术培训，并能切实掌握、熟练运用相关技术，以保证采样质量。

4）应有明确的采样质量保证责任制度和措施，确保样品在采集、贮存、处理、运输过程中，不致变质、损坏、混淆。

5）要认真加强样品采集、运输、交接等记录管理，保证其真实、可靠、准确。同时要随时注意进行样品跟踪观察，确保其代表性。

6）要切实加强采样技术管理，严格执行《水质 采样技术指导》GB12998—91 和统一的采样方法。

（2）水质采样的质量保证

1）采样人员必须通过岗前培训，切实掌握采样技术，掌握现场测定仪器性能，熟知水样固定、保存、运输条件。

2）采样仪器设备应按检定规程或校验方法校准，并处于有效工作状态。其材质应符合有关规范和规程的规定。

3）采样人员应按规定的采样方法进行采样。如果要改变采样方法，应记录在案，并且保证所选择的采样方法比规定的采样方法优越。

4）采样断面应有明显的标志物，采样人员不得擅自改动采样位置。

5）采样时，除细菌总数、大肠菌群、油类、DO、BOD、有机物、余氯等有特殊要求的项目外，要先用采样水荡洗采样器和水样容器 2～3 次，然后再将水样采入容器中，并按要求立即加入相应的固定剂，贴好标签。

6）采样人员应做好现场采样记录，及时核对标签和检查保证措施的落实。

7）采样结束前，应仔细检查采样记录和水样，若发现有漏采或不符合规定时，应立即补采或重采。

8）特殊项目的采样质量保证应符合有关分析方法的规定。

9）每次分析结束后，除必要的留存样品外，样品瓶应及时清洗。各类采样容器应按水质类别分类编号，固定专用。

（3）样品运输的质量保证

样品采集后，除部分水质样品需在现场进行某些项目的测定外，大部分都要送回实验室进行分析。在运输过程中，必须保证样品的完整和清洁。

1）样品装运前必须与采样记录、样品标签进行核对，核对无误后分类装箱。

2）塑料容器要拧紧内外盖，玻璃瓶要塞紧磨口塞。

3）为防止样品在运输过程中因振动、碰撞而导致损失或沾污，最好将样品装箱运送。

4）需冷藏的样品，应配备专用隔热容器，放入致冷剂，将样品放入其中保存。

5）细菌和溶解氧监测用的样品要用泡沫塑料等软物填充运输箱，以免震动和曝气，并要求冷藏运输。

6）冬季要采取保温措施，以免冻裂样品瓶。

样品运输时必须有专人负责，样品交实验室时，送样人和接样人都必须在样品登记表上签字，以示负责。

（4）水样管理的质量保证

1）样品采集后，正确的样品保管能保证使待测组分的变化降到最低，并能避免装运和分析样品的差错。

2）在所有采样和分析的全过程中，从采集的时间起直到数据的报出，保持样品的完整性很重要。正确的链式保管方法能使样品的获得和保管得以自采样开始直到最后处置都有据可查。

3）水样采集后，应在现场填写样品登记表，并认真做好采样记录。现场记录内容应详尽明确，按表格填写后，未尽事宜应在备注栏内注明，使非现场人员无需询问便可了解现场采样的各方面情况。

4）采样记录应使用水不溶性墨水书写，字迹整齐清楚，不随意涂改。

5）现场质控样应详记其采集情况，并记下现场平行样的数量和容量，现场空白样和现场加标样的处置情况。

6）样品的标签必须防水并能牢固地粘贴在每个容器的外面，以防止样品搞错。标签上的内容要有样品编号、采集日期和时间、采集地点和采集人的签名。

7）水样送到实验室后，收样人员应对照标签和送样单一一核对检查验收，然后在送样单上签名。

8）样品能迅速分析的项目应立即分析，否则应分类按保存方法归类存放，需冷藏的则放入冰箱内。

恰当的样品管理能保证在采集、运输和分析样品时，使待测组分变化最小，并防止产生错误。

（三）样品检测质量保证

样品检测质量保证是水质监测质量保证的重要组成部分。当按水质监测计划采集的有代表性的样品送到实验室进行样品分析时，为获得符合质量要求的监测数据，必须在分析过程中实施各项质量保证、质量控制的技术方法、措施和管理规定。由这些方法、措施、技术和管理规定组成的程序就是实验室质量保证与质量控制程序。

1. 实验分析质量保证

水质监测质量保证是贯穿监测全过程的质量保证体系，包括人员素质、监测分析方法的选定、布点采样方案和措施、实验室内的质量控制、实验室间质量控制、数据处理和报告审核等一系列质量保证措施和技术要求。

（1）监测人员技术要求

具备扎实的监测基础理论和专业知识，正确熟练地掌握监测操作技术和质量控制程序；熟知有关法规、标准和规定，学习和了解国内外监测新技术、新方法。

凡承担监测工作，报告监测数据者，必须参加合格证考核（包括基本理论、基本操作技能和实际样品的分析三部分）。考核合格，取得（某项目）合格证，才能报出（该项目）监测数据。

（2）仪器设备管理与定期检查

1）为保证监测数据的准确可靠，必须执行计量法，对所用计量分析仪器进行计量检定，经检定合格，方准使用。

2）应按计量法规定，定期送法定计量检定机构进行检定，合格方可使用。

3）非强制检定的计量器具，可自行依法检定，或送有授权对社会开展量值传递工作资质的计量检定机构进行检定，合格方可使用。

4）计量器具在日常使用过程中的校验和维护。如天平的零点，灵敏性和示值变动性；分光光度计的波长准确性、灵敏度和比色皿成套性；pH 计的示值总误差；以及仪器调节性误差，应参照有关计量检定规程定期校验。

5）新购置的玻璃量器，在使用前，首先对其密合性、容量允许差、流出时间等指标进行检定，合格方可使用。

（3）实验室的基础条件

1）实验室环境：应保持实验室整洁、安全的操作环境，通风良好，布局合理，安全操作的基本条件。做到相互干扰的监测项目不在同一实验室内操作。对可产生刺激性、腐蚀性、有毒气体的实验操作应在通风柜内进行。分析天平应设置专室，做到避光、防振、防尘、防腐蚀性气体和避免对流空气。化学试剂贮藏室必须防潮、防火、防爆、防毒、避光和通风。

2）实验用水：一般分析实验用水电导率应小于 $3.0 \mu S/cm$。特殊用水则按有关规定制备，检验合格后使用。盛水容器应定期清洗，以保持容器清洁，防止沾污而影响水的质量。

3）实验器皿：根据实验需要，选用合适材质的器皿，使用后应及时清洗、晾干，防止灰尘等沾污。

4）化学试剂：应采用符合分析方法所规定的等级的化学试剂。配制一般试液，应不低于分析纯级。取用时，应遵循"量用为出，只出不进"的原则，取用后及时密塞，分类保存，严格防止试剂被沾污。不应将固体试剂与液体试剂或试液混合贮放。经常检查试剂质量，一经发现变质、失效的试剂应及时废弃。

5）试液的配制和标准溶液的标定

（A）试液应根据使用情况适量配制。选用合适材质和容积的试剂瓶盛装，注意瓶塞的密合性。

（B）用精密称量法直接配制标准溶液，应使用基准试剂或纯度不低于优级纯的试剂，所用溶剂应为《实验室用水规格》

（GB6682—86）规定的二级以上纯水或优级纯（不得低于分析纯）溶剂。称样量不应小于0.1g，用检定合格的容量瓶定容。

（C）用基准物标定法配制的标准溶液，至少平行标定三份，平行标定相对偏差不大于0.2%，取其平均值计算溶液的浓度。

（D）试剂瓶上应贴有标签，应写明试剂名称、浓度、配制日期和配制人。试液瓶中试液一经倒出，不得返回。保存于冰箱内的试液，取用时应置室温下使达平衡后再量取。

2. 实验分析质量控制程序

（1）送入实验室水样首先应核对采样单、容器编号、包装情况、保存条件和有效期等，符合要求的样品方可开展分析。

（2）每批水样分析时，空白样品对被测项目有响应的，必须作一个实验室空白，对出现空白值明显偏高时，应仔细检查原因，以消除空白值偏高的因素。

（3）水样分析：用分光光度法校准曲线定量时，必须检验校准曲线的相关系数和截距是否正常。原子吸收分光光度法，气相色谱法等仪器分析方法校准曲线制作，必须与样品测定同时进行。

（4）精密度控制：对均匀样品，凡能做平行双样的分析项目，分析每批水样时均须做10%的平行双样，样品较少时，每批样品应至少做一份样品的平行双样。平行双样可采用密码或明码编入。测定的平行双样允许差符合规定质控指标的样品，最终结果以双样测试结果的平均值报出。平行双样测试结果超出规定允许偏差时，在样品允许保存期内，再加测一次，取相对偏差符合规定质控指标的两个测定值报出。

（5）准确度控制：在地表水监测中，采用标准样品或质控样品作为控制手段，每批样品带一个已知浓度的质控样品。如果实验室自行配制质控样，要注意与国家标准样品比对，但不得使用与绘制校准曲线相同的标准溶液，必须另行配制。质控样品的测试结果应控制在90%～110%范围，标准样品测试结果应控制在95%～105%范围，对痕量有机污染物应控制在70%～130%范围。

污水样品中污染物浓度波动性较大，加标回收实验中加标量难以控制，对一些性质复杂的水样，需做监测分析方法适用性实验，或加标回收实验。

(6) 执行三级审核制：审核范围：采样—分析原始记录—报告表，审核内容包括监测采样方案及其执行情况，数据计算过程，质控措施，计量单位，编号等。

第一级审核为采样人员之间及分析人员之间的互校；第二级为室（科或组）负责人的审核；第三级为站技术负责人（或技术主管）的审核。第一级互校后，校核人应在原始记录上签名，第二、三级审核后，应在报告表上签名。

（四）实验室常用质量控制措施

实验室质量控制是质量保证的重要组成部分，质量控制包括实验室内质量控制和实验室间质量控制，其目的是要把监测分析误差控制在允许限度内，保证测定结果有一定的精密度和准确度。实验室内质量控制是保证实验室提供准确可靠分析结果的必要基础，也是保证实验室间质量控制顺利进行的关键。

1. 实验室内质量控制

实验室内质量控制又称内部质量控制。它表现为分析人员对监测质量进行自我控制及内部质控人员对其实施质量控制技术管理的过程。这个过程的完成，可以选用合适的标准样品，也可以使用标准溶液或质量控制样品，按照一定的质量控制程序进行分析工作，以控制测试误差，便于及时发现偶然发生的异常现象，针对问题查找原因，并作出相应的校正和改进。

(1) 方法选定

分析方法是分析测试的核心。监测分析方法目前有三个层次：标准方法、统一方法和等效方法。每个分析方法各有其特定的适用范围，应首先选用国家标准分析方法。这些方法是通过统一验证和标准化程序，上升为国家标准的，是最可靠的分析方法。

如果没有相应的标准方法时，应优先采用统一方法，这种方法也是经过验证的，是比较成熟和完善的分析方法。

如果在既无标准方法也无统一方法时，可选用试行方法或新方法，但必须做等效实验，报经上级批准后才能使用。

（2）质量控制基础实验

选定分析方法之后，必须反复多次进行实验，以检验分析方法的适用性，熟练掌握方法的实验条件和操作技能。为此应该进行一系列的基础实验，包括全程序空白值测定，分析方法的检出浓度测定，校准曲线的绘制，方法的精密度、准确度及干扰因素等实验。以了解和掌握分析方法的原理和条件，达到方法的各项特性要求。

1）全程序空白值的测定

空白值是指以实验用水代替样品，其他分析步骤及使用试液与样品测定完全相同的操作过程所测得的值。空白值的大小和它的分散程度，影响着方法的检测限和测试结果的精密度。影响空白值的因素有：实验用水的质量、试剂的纯度、器皿的洁净程度、计量仪器的性能及环境条件等。一个实验室在严格的操作条件下，对某个分析方法的空白值通常在很小的范围内波动。空白值的测定方法是：每批做平行双样测定，分别在一段时间内（隔天）重复测定一批，共测定 5～6 批。空白实验的重复结果应控制在一定范围内，一般要求平行双样测定值的相对差值不大于50%。

按下式计算空白平均值。

$$\bar{b} = \frac{\sum X_{b}}{mn}$$

式中 $\bar{b}$——空白平均值；

  X_{b}——空白测定值；

  m——批数；

n——平行份数。

按下式计算批内标准偏差。

$$S_{wb} = \sqrt{\frac{\sum\limits_{i=1}^{m}\sum\limits_{j=1}^{n}X_{ij}^2 - \frac{1}{n}\sum\limits_{i=1}^{m}\left(\sum\limits_{j=1}^{n}X_{ij}\right)^2}{m(n-1)}}$$

式中　　S_{wb}——空白批内标准偏差；

　　　　X_{ij}——为各批所包含的各个测定值；

　　　　i——代表批；

　　　　j——代表同一批内各个测定值。

2）检出浓度

检出浓度为某特定分析方法在给定的置信度（通常为95%）内可从样品中检出待测物质的最小浓度。所谓"检出"是定性检出，即判定样品中存有浓度高于空白的待测物质。检出限受仪器的灵敏度和稳定性、全程序空白试验值及其波动的影响。

实验所测得的分析方法的检出浓度必须达到等于（小于）该标准方法所提出的检出浓度。

3）校准曲线的制作

校准曲线是表述待测物质浓度与所测量仪器响应值的函数关系，制好校准曲线是取得准确测定结果的基础。

（A）水质分析使用的校准曲线为该分析方法的直线范围，根据方法的测量范围（直线范围），配制一系列浓度的标准溶液，系列的浓度值应较均匀分布在测量范围内，至少应包括5个浓度点。

（B）校准曲线测量应按样品测定的相同操作步骤进行（经实验证实，标准溶液系列在省略部分操作步骤时，直接测量的响应值与全部操作步骤具有一致结果时，可允许省略操作步骤），测得的仪器响应值在扣除零浓度的响应值后，绘制曲线。

（C）用线性回归方程计算出校准曲线的相关系数、截距和斜率，应符合标准方法中规定的要求，一般情况相关系数（r）应 $\geqslant 0.999$。

（D）用线性回归方程计算结果时，要求 $r \geqslant 0.999$。

（E）对某些分析方法，如石墨炉原子吸收分光光度法、离子色谱法、等离子发射光谱法、气相色谱法、气相色谱—质谱法、等离子发射光谱—质谱法等，应检查测量信号与测量浓度的线性关系，当 $r \geqslant 0.999$ 时，可用回归方程处理数据；若 $r < 0.999$，而测量信号与浓度确实存在一定的线性关系，可用比例法计算结果。

4）精密度检验

精密度是指使用特定的分析程序，在受控条件下重复分析测定均一样品所获得测定值之间的一致性程度。

检验分析方法精密度时，通常以标准溶液（浓度可选在校准曲线上限浓度值的 0.1 和 0.9 倍）、实际水样和水样加标三种分析样品，求得批内、批间和总标准偏差，偏差应等于（或小于）方法规定的值。

5）准确度检验

准确度是反映方法系统误差和随机误差的综合指标。检验准确度可采用：①使用标准物质进行分析测定，测得值与保证值比较求得绝对误差。②用加标回收率测定（加标量一般为样品含量的 0.5~2 倍，但加标后的总浓度应不超过方法的上限浓度值）。测得的绝对误差和回收率应符合方法规定要求。

6）干扰试验

针对实际样品中可能存在的共存物，检验其是否对测定有干扰，及了解共存物的最大允许浓度。

干扰可能导致正或负的系统误差，其作用与待测物浓度和共存物浓度大小有关。为此干扰试验应选择两个（或多个）待测物浓度值和不同水平的共存物浓度的溶液进行试验测定。

（3）常规监测质量控制技术

常规监测质量控制程序的主要目的是控制数据的准确度和精密度。目前，我国各实验室还没有统一的质量控制标准程序，通常使用的质量控制方法有平行样分析、加标回收分析、密码加标样分析、标准物比对分析、室内互检及质量控制图等，这些控制技术各有其特点和适用范围。

1）平行样分析：同一样品的两份或多份子样在完全相同的条件下进行同步分析，一般做平行双样，它反映测试的精密度（抽取样品数的 10% ~ 20%）。

2）加标回收率分析：在测定样品时，于同一样品中加入一定量的标准物质进行测定，将测定结果扣除样品的测定值，计算回收率，一般应为样品数量的 10% ~ 20%。

进行加标回收率测定时，应注意以下各项内容：加标物质应与待测物质的化学性质相近，而不受方法或基体的干扰；加标应尽量与样品中待测物浓度相近，在任何情况下不得大于待测物含量的 3 倍，加标后测定值不应超出方法测定上限的 90%；当样品中待测物浓度高于校准曲线的中间浓度时，加标量控制在待测物浓度的半量。

3）密码样分析：密码平行样和密码加标样分析，它是由专职质控人员，在所需分析的样品中，随机抽取 10% ~ 20% 的样品，编为密码平行样或加标样，这些样品对分析者本人均是未知样品。

4）标准物质（或质控样）对比分析：标准物质（或质控样）可以是明码样，也可以是密码样，它的结果是经权威部门（或一定范围的实验室）定值，有准确测定值的样品，它可以检查分析测试的准确性。

5）室内互检：在同一实验室内的不同分析人员之间的相互检查和比对分析。

6）室间外检：将同一样品的子样分别交付不同实验室进行分析，以检验分析的系统误差。

7）方法比较分析：对同一样品分别使用具有可比性的不同方法进行测定，并将结果进行比较。

8）质量控制图的绘制：质量控制图是保证分析质量的有效措施之一，它能连续直观地描绘数据质量的变化情况，以便及时

266

发现分析误差的异常变化或变化趋势，从而采取必要的措施加以纠正，尽量避免分析质量出现恶化甚至失控状态。

（A）质控图的作用：

a. 质控图是测量系统性能的系统图表记录，可用来证实测量系统是否处于统计控制状态之中。

b. 质控图能直观地描述数据质量的变化情况、监视测试过程，及时发现分析误差的异常变化或变化趋势，判断分析结果的质量是否异常，对异常情况及时告警，从而采取必要的措施加以纠正。

c. 质控图可累积大量的数据，从而得到比较可靠的置信限。

（B）质量控制图的基本原理

测定结果在受控的条件下具有一定的精密度和准确度，并遵从正态分布。质控图就是建立在实验数据分布接近于正态分布的基础上，把分析数据用图表形式表现出来。在理想条件下，一组连续测试结果，从概率意义上来说，有 99.7% 的机率落在 $\bar{x} \pm 3s$（即上、下控制限——UCL、LCL）内；95.4% 应在 $\bar{x} \pm 2s$（即上、下警告限——UWL、LWL）内；68.3% 应在 $\bar{x} \pm s$（即上、下辅助线——UAL、LAL）内。

以统计量参数值为纵坐标，测定顺序为横坐标，测定结果的预期值为中心线；$\pm 3s$ 为控制域限，限内表示测定结果的可接受域；$\pm 2s$ 为警告域限，表示测定结果超过此范围即应引起注意；$\pm s$ 则为检查测定结果质量的辅助指标的所在区间。若以一个控制样品，用一种方法，由一个分析人员在一定时间内进行分析，累积一定数据。如这些数据达到规定的精密度、准确度（即处于控制状态），以其结果—分析次序编制控制图。在以后的经常分析过程中，取每份（或多次）平行的控制样品随机地编入水样中一起分析，根据控制样品的分析结果，推断水样的分析质量。

常用质量控制图有单值质控图（x 图）、均值—极差质控图（$\bar{x} - R$ 图）、回收率质控图（P 图）和空白值质控图（x_b 图）

等。x 图的统计量为 $\bar{x} \pm 3s$；$\bar{x} - R$ 图的统计量为 $\bar{\bar{x}}$、$\bar{R}$、$\bar{\bar{x}} \pm A_2 \bar{R}$；$P$ 图的统计量为 $\bar{P} \pm 3s_p$；x_b 图的统计量为 $\bar{x_b} \pm 3s_b$。在这四种常用的质量控制图中，以其统计量的性质而言，实际上只有单值质量控制图如 x 图、x_b 图和 P 图，与均值质量控制图如 $\bar{x} - R$ 图两类。

（C）质量控制图的绘制

质量控制图基本图形的组成如图 11-1。图的中心线表示预期值；上、下警告限之间的区域为目标值；上、下控制限之间的区域为实测值的可接受范围；在中心线两侧与上、下警告限之间各一半处有上、下辅助线。

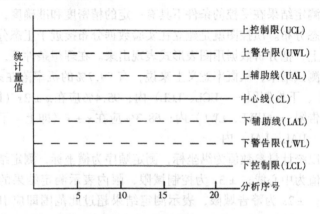

图 11-1　质量控制图的基本组成

建立质量控制图首先要分析质量控制样品，按所选质控图的要求积累数据。然后计算各项统计量值，绘制出质控图。最后按照质控图的质量指标检查，证明原始图的质量符合要求时，即表明分析工作的质量是处于稳定的受控状况，此时即可用它对常规分析的结果进行质量判断。

a．质量控制样品

用以建立质量控制图的质量控制样品，可以选用标准物质，也可用自制的质控样或质量可靠的标准溶液。选用的质量控制样品应该与实际样品的组成成分相似或相近，其中待测物浓度力求与实际样品的水平相当。由于污水样品成分复杂，待测物浓度范围多变，而且，在监测分析中，常常在同批测试时就有不同来源的样品，要选到能同时满足各个样品组成的质量控制样品是不现实的。实践证明，使用有代表性基体组成的质量控制样品，即可满足一般的常规工作要求。在此情况下，比选用不带基体的标准物质或自制的标准溶液的效果更为理想。但控制样品必须有足够的一致性和稳定性，每次测定变异要较小。

质量控制样品的待测物含量很低时，其浓度极不稳定，可先配制较高浓度的溶液，临用时再按所用方法的要求进行稀释。

分析质量控制样品所用的方法及操作步骤，必须与样品的分析完全一致。

b. 积累数据

为建立单值质控图，可每天测一个数据，在一段时间内累积100个数据。空白值质控图和回收率质控图与此相同。对于获取数据困难较大或代价过高的项目，其累积的数据以 20 个至 40 个为宜。如需建立均值—极差质控图，即应按这种质控图的要求，每天测定一次平行样，于一定间隔时间内，例如 20 天或更多，积累至少 20 对数据。

C. 计算统计量值

当按要求完成数据积累时，即可根据相应质量控制图的需要，用下列各公式计算各项统计量值：

$$\overline{x}_i = \frac{\sum x_{ij}}{n} \qquad \overline{\overline{x}} = \frac{\sum \overline{x}_i}{n}$$

$$s = \sqrt{\frac{\sum x_{ij}^2 - (\sum \overline{x}_i)^2 / n}{n - 1}}$$

$$R_i = |x_1 - x_2| \qquad \overline{R} = (\sum R_i)/n$$

其中，标准偏差 s 的值不得大于所用分析方法中规定的相应浓度水平的值。

d. 绘制质量控制图

先在方格坐标纸的纵轴上按算出的统计量值的范围标注整分度，再将各统计量值准确地标注在相应的位置。按此位置绘出与横轴平行的中心线，上、下控制线，上、下警告线和上、下辅助线。在横坐标上绘一条基线，按均匀的等分度标出测定顺序。基线与下控制线之间应留有一定的空间。最后，按测定顺序将相对应的各统计量值在图上植点，用直线连接各点，即成所需的质量控制原始图。

e. 质量控制图的检验

对已建立的质量控制原始图，可按照如下准则判断其质量是否有异常。

① 图中各点的分布应在控制域内中心线两侧随机排列。落在上、下辅助线范围内的点数应占总点数的 68%。由于绘制质量控制图的数据量有限，因而，落在此范围内的点数不得小于 50%。

② 落在上、下控制线上或线外的点，表示为失控数据，应予剔除。剔除后，需补充新数据，重新计算统计量值并绘图。如此反复进行直至落在控制域限内的点数符合要求为止。

③ 如果连续 7 个点位于中心线同一侧，表示工作中已出现系统误差，属失控状态。需重新作图。

④ 相邻三个点中有两个点接近控制限时，表示工作质量异常，此时应立即停止实验，查明原因，并补充不少于 5 个数据，再重新计算统计量值、绘图。

⑤ 连续 7 点递升或递降呈明显倾向时，判断工作质量出现异常，可能是仪器、试剂出现问题，或操作人员的技术问题。此时应停止实验，分析原因。

质量控制图绘成后，应标注有关内容，如测定项目、质量控制样品浓度、分析方法、实验的起止日期、温度范围、分析人员和绘制日期等。

(D) 质量控制图的使用方法

根据日常工作中该项目的分析频率和分析人员的技术水平，每间隔适当时间，取两份平行的控制样品，随日常水样同时测定，对操作技术较低的人员和测定频率低的项目，每次都应同时测定控制样品，将控制样品的测定结果平均值依次点在控制图上，根据下列规定检验分析过程是否处于控制状态。

a. 如此点在上、下警告限之间区域内，则测定过程处于控制状态，水样测定结果有效。

b. 如果此点超出上、下警告限，但仍在上、下控制限之间的区域内，提示分析质量开始变劣，可能存在"失控"倾向，应进行初步检查，并采取相应的校正措施。

c. 若此点落在上、下控制限之外，表示测定过程"失控"，应立即检查原因，予以纠正。水样应重新测定。

d. 即使过程处于控制状态，尚可根据相邻几次测定值的分布趋势，对分析质量可能发生的问题进行初步判断。

e. 如遇到 7 点连续上升或下降时（虽然数值在控制范围之内），表示测定有失去控制倾向，工作质量出现异常，应立即查明原因，予以纠正。

f. 相邻三个点中有两个点接近控制限时，表示工作质量异常，此时应立即停止实验，查明原因。

g. 如果连续 15 个点在中心线上下（上下辅助线之间），应注意到它的非随机性，检查分析是否有数据虚假及数据计算错误。

(E) 质量控制图的应用

a. 单值质控图（x 图）

单值质控图是反映单个测定值的波动情况以控制其质量状况的质量控制图，由样品单个测定值的平均值（$\bar{x}$）及其标准偏差（s）组成。如图 11-2。

中心线：以样品单个测定值的平均值（$\bar{x}$）估计 μ。

上、下控制限：以单个测定值的均值及其标准偏差的 3 倍为限，即 $\bar{x} \pm 3s$。

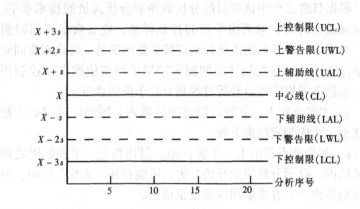

图 11-2　单值质控图 (x 图)

上、下警告限：以单个测定值的均值及其标准偏差的 2 倍为限，即 $\bar{x} \pm 2s$。

上、下辅助限：以单个测定值的均值及其标准偏差的 1 倍为限，分别位于中心线与上下警告限之间的一半处，即 $\bar{x} \pm s$。

单值质控图也可用于单个空白实验值的质量控制。空白实验值质控图中没有下控制限和下警告限。因为空白实验值越小越好。但在图中仍应保留低于中心线的空间位置。当测定的空白实验值逐渐稳步下降而低于中心线时，表明实验水平有所提高，即可酌情逐次以较小的空白实验值取代原有的空白实验值，重新计算各统计量和绘图。

【例】　用某标准方法分析化验含铜量为 0.250mg/L 的水质标准物质，得到下列 20 个分析结果（单位，mg/L）：0.251、0.250、0.250、0.263、0.235、0.240、0.260、0.290、0.262、0.234、0.229、0.250、0.283、0.300、0.262、0.270、0.225、0.250、0.256、0.250。画出其质控图。

【解】　平均值 $\bar{x} = 0.256$mg/L

标准偏差 $s = 0.020$mg/L

控制限：$\bar{x} \pm 3s = (0.256 \pm 0.060)$ mg/L

警告限：$\bar{x} \pm 2s = (0.256 \pm 0.040)$ mg/L

辅助限：$\bar{x} \pm s = (0.256 \pm 0.020)$ mg/L

用以上统计量绘制质量控制图。

b. 均值 – 极差质控图（$\bar{x} - R$）图

$\bar{x} - R$ 图由均值（$\bar{x}$）质控图和极差（R）质控图两部分组成，$\bar{x}$ 图部分控制分析结果的准确度和批间精密度，R 图部分控制分析结果的批内精密度。

① 均值质控图部分

中心线：以各平行测定结果均值（$\bar{x}$）的总均值（$\bar{\bar{x}}$）估计 μ，$\bar{\bar{x}} = \sum_{i=1}^{n} \bar{x}_i / n$；

上、下控制限：以总均值加、减 A_2 倍的极差均值为限，即 $\bar{\bar{x}} \pm A_2 \bar{R}$；

$$|R_i| = x_i - x'_i \qquad \bar{R} = \sum_{i=1}^{n} R_i / n。$$

上、下警告限：以总均值加、减 $\frac{2}{3} A_2$ 倍的极差均值为限，即 $\bar{\bar{x}} \pm \frac{2}{3} A_2 \bar{R}$；

上、下辅助限：以总均值加、减 $\frac{1}{3} A_2$ 倍的极差均值为限，即 $\bar{\bar{x}} \pm \frac{1}{3} A_2 \bar{R}$；

控制因子 A_2 可于"质控图系数表"中查得。

② 极差质控图部分

中心线：以各平行测定结果之间的极差求得的平均值，极差均值为中心线，即 $\bar{R}$；

上控制限：以极差均值的 D_4 倍为限，即 $D_4 \bar{R}$；

上警告限：以极差均值的 $\frac{1 + 2D_4}{3}$ 倍为限，即 $\left(\frac{1 + 2D_4}{3} \right) \bar{R}$，或 $\bar{R} + \frac{2}{3}(D_4 \bar{R} - \bar{R})$；

上辅助限：以极差均值的 $\dfrac{2+D_4}{3}$ 倍为限，即 $\left(\dfrac{2+D_4}{3}\right)\overline{R}$，或 $\overline{R}+\dfrac{1}{3}$ $(D_4\,\overline{R}-\overline{R})$。

下控制限：以极差均值的 D_3 倍为限，即 $D_3\,\overline{R}$。

控制因子 D_3、D_4 可于"质控图系数表"中查得。

由于极差愈小愈好，所以极差控制图部分没有下警告限，但仍有下控制限。在使用此控制图的过程中，如 R 值稳步下降逐次变小，以至于 $R\approx D_3\,\overline{R}$，即接近下控制限，则表明测定的精密度已有所提高，原质量控制图已失去作用。此时应使用新的测定值重新计算 $\overline{x}$、$\overline{R}$ 和各相应的统计量，并改绘新的 $\overline{x}-R$ 图。

使用 $\overline{x}-R$ 图时，只要两部分图中有任一点超出控制限（不包括 R 图的下控制限），都表示分析工作的"失控"。故其灵敏度远比单值图好。

c. 加标回收率质控图（P 图）

在监测工作中，常用加标回收率实验的结果作为准确度的判断指标。为此也可以绘制加标回收率质控图进行准确度控制。加标回收率质控图是直接以样品加标回收率测定值绘制而成的。同理，在至少完成 20 份样品和加标样品测定后，先计算出各次加标回收率（P），再算出加标回收率平均值和加标回收率标准偏差，由于加标回收率受到加标量大小的影响，因此一般加标量应尽量与样品中待测物质含量相近；当样品中待测物含量小于测定下限时，按测定下限的量加标；在任何情况下，加标量不得大于待测物含量的三倍，加标后的测定值不得超出方法的测定上限。

当各样品的加标回收率均为单次测定时，可以用单值质控图（x 图）反映和控制它的波动及质量状况。在取得不少于 20 份样品加标回收率实验的测定结果后，按下列各式计算统计量：

中心线：$\overline{P}\%=\dfrac{1}{n}\sum\limits_{i=1}^{n}P_i\%$

上、下控制限：$\overline{P} \pm 3s_\mathrm{p}$，$s_\mathrm{p} = \sqrt{\dfrac{\sum\limits_{i=1}^{n} P_i^2 - \left(\sum\limits_{i=1}^{n} P_i\right)^2 / n}{n-1}}$

上、下警告限：$\overline{P} \pm 2s_\mathrm{p}$

上、下辅助限：$\overline{P} \pm s_\mathrm{p}$

2. 实验室间质量控制

实验室间质量控制也叫外部质量控制。是由常规监测之外的有工作经验和技术水平的第三方或技术组织对某些实验室的监测分析质量进行评价的工作，常实施于诸多部门或众多实验室之间的协作实验中。进行这项工作应该以实验室内质量控制为基础。它可以通过共同分析一个统一样品来实现，也可以用对分析测量系统的现场评价方式进行。施行实验室间质量控制可以协助各实验室发现一些室内不易核对的问题，提高分析结果的总体可信度，了解或证实各实验室提供优质数据的能力，加强实验室间数据的可比性，使这些数据具有较高的一致性。

（五）实验室规范化管理

1. 建立实验室质量体系

（1）质量体系的构成

实验室为了保证检验数据的科学、准确、公正，满足社会的需求，就要加强实验室的内部管理，建立质量体系。通过质量体系的建立对影响检验数据的诸多因素进行全面控制，将检验工作的全过程以及涉及到的其他方面，作为一个有机的整体，系统地、协调地把影响检验质量的技术、人员、资源等因素及其质量形成过程中各个活动的相互联系和相互关系加以有效的控制，解决质量体系运行中的问题，探索和掌握实验室质量体系的运作规律，使质量体系不断完善，适应内外环境，持续有效地运行，才能保证检验数据的真实可靠、准确公正。

质量体系的定义是："为实施质量管理的组织结构、程序、职责、过程和资源"。质量体系包含硬件部分和软件部分。首先对于一个实验室必须具备相应的检验条件，包括必要的、符合要求的仪器设备、试验场地及办公设施、合格的检验人员等资源，然后通过与其相适应的组织机构，分析确定各检验工作的过程，分配协调各项检验工作的职责和接口，指定检验工作的工作程序及检验依据方法，使各项检验工作能有效、协调地进行，成为一个有机的整体。并通过采用管理评审，内外部的审核，实验室之间验证、比对等方式，不断完善和健全质量体系。

（2）质量体系特性

质量体系的特性主要由系统性、全面性、有效性和适应性等四个方面体现。

系统性：实验室建立的质量体系是为实施质量管理，根据自身的需要确定其体系要素，将质量活动中的各个方面综合起来的一个完整的系统。质量体系各要素之间不是简单的集合，而是具有一定的相互依赖、相互配合、相互促进和相互制约的关系，形成了具有一定活动规律的有机整体。

全面性：质量体系应对质量各项活动进行有效地控制。对检验报告质量形成进行全过程、全要素、全方位（硬件、软件、物资、人员、报告质量、工作质量）控制。

有效性：实验室质量体系的有效性，体现在质量体系应能减少、消除和预防质量缺陷的产生，一旦出现质量缺陷能及时发现和迅速纠正并使各项质量活动都处于受控状态。体现了质量体系要素和功能上的有效性。

适应性：质量体系能随着所处内外环境的变化和发展进行修订补充，以适应环境变化的需求。

质量体系应具备的功能：质量体系能够对所有影响实验室质量的活动进行有效地和连续地控制；质量体系能够注重并且能够采取预防措施，减少或避免问题的发生；质量体系具有一旦发现问题能够及时做出反应并加以纠正的能力。

（3）质量体系的建立

实验室应根据《评审准则》的要求，结合自身的特点，建立与其承担的监测工作类型、范围相适应的质量体系。质量体系应形成文件，包括质量手册、程序文件、作业指导书、质量计划和质量记录表格。通过质量体系的运行对所有影响实验室质量的活动进行有效地和连续地控制，定期进行内审和管理评审，解决质量体系运行中的问题，不断完善和健全质量体系，并使之持续有效运行，只有这样才能更好地实施质量管理，达到质量目标的要求，以保证监测工作质量和监测数据的真实准确。

2. 实验室规范化管理

为保证监测工作质量，出具科学、准确、公正的水质监测数据，高质量、高效率地完成水质监测各项任务，必须切实加强水质监测机构的规范化、标准化管理。根据《产品质量检验机构计量认证/审查认可评审准则》的要求，排水监测机构的实验室管理工作主要应包括以下几个方面的内容。

（1）组织管理

组织管理的主要任务，是建立组织的权力机构，明确实验室的法律地位和合理的组织结构，使其具备尽责所需的组织权、指导权、控制权以及承担相应责任的能力。建立责任制度，明确规定各级人员和职能部门的权力界限、职责范围和岗位责任，使全体人员都能各司其职，各尽其责，通过岗位责任制把全体人员及部门有机地组织起来，协调地进行工作和管理活动，使组织系统最有效地运行。

（2）质量体系管理

质量体系管理的主要任务，是建立健全监测工作质量体系，明确对体系的运作管理要求，制定相应的手册文件，定期对实验室活动按照计划进行内部审核、管理评审、监督检查、质量管理以及能力比对测试等，并应及时地修改质量手册和有关文件，不断完善质量体系，使其持续、有效和正常运行。

（3）人员管理

人员管理的主要任务，一是实验室应配备满足其工作需求的人员，确保其承担的各项监测项目均有具备资格的人员承担，二是要采取有效措施，保证各类专业人员都能适时接受知识更新和技能提高培训，以不断适应监测工作的需要和要求，提高监测工作的效能，同时要强化职工的责任意识和质量意识，从根本上保证监测工作的质量。

（4）设施与环境管理

设施与环境管理的主要任务，是采取有效措施保证监测实验室的设施、测试场所以及能源、照明和通风等与开展的监测工作的要求相适应，保证其环境条件不对监测结果的有效性或所要求的测量准确度、稳定性及操作产生不利影响。对特殊的监测分析场所和环境要素进行隔离和控制，确保监测结果的有效性和可靠性。同时应加强实验室的内务管理，保持其清洁、整齐，努力使其符合安全、卫生和环境要求。

（5）仪器设备和标准物质管理

实验室的仪器设备（含标准物质）是保证各项监测工作开展的必要手段，要配备与承担的监测任务相适应的仪器设备，满足开展工作的需要。同时要采取措施，保证其正确操作、使用和维护保养，使仪器设备均处于受控状态。

（6）量值溯源和校准管理

制定仪器设备的周期检定计划，保证其严格按照要求进行校准检定，以确保其量值溯源和准确可靠。

（7）检测方法管理

检测方法是实施监测工作的基本依据，对其管理的主要任务是采取必要措施，保证监测工作按照完善、规范、统一的监测方法进行。应保证与本实验室所开展监测工作有关的作业指导书、标准、手册和参考数据等的现行有效性，并能及时提供给工作人员使用。在监测时应使用国家或行业统一的和公认的方法和程序。如果某一项目没有指定方法，需要使用非标准方法时，这些方法必须有权威的出处并征得用户或委托方同意，并形成有效文件，使出具的报告为委托方和用户接受。对于一些规定不够具体的方法或程序，实验室应结合自己的实际情况，编制比较详尽的、操作性较强的作业指导书，供操作者随时参照执行，以确保监测全过程规范化操作。

(8) 样品管理

其主要任务是建立样品的唯一识别系统及样品接收、保存的程序文件，并按其操作。样品管理必须有专人负责，做好样品的标识以及样品储存、流转、处置过程中的质量控制。

(9) 记录管理

记录是水质监测工作的原始基础依据。其管理的主要任务是制定和建立记录管理的程序文件，对记录的格式、书写、更改、保存方式、保存年限和使用、归档、校核、审批以及记录人员和记录保管人员的职责等做出具体规定，保证这些管理程序和制度的贯彻执行，以满足各种记录的信息充分性和结果复现性的要求。

(10) 报告管理

报告是监测工作的最终成果。报告管理的主要任务是建立报告管理程序文件，对报告格式、信息量、报告书写方法、报告签发、审批、报告更改、补充、报告传送保管以及有关人员的职责等做出具体规定。以保证对所完成的每一项监测工作的结果都能按照检测方法中的规范给出准确、清晰、明确、客观的报告。

(11) 外部支持服务管理

外部支持协作管理的主要任务，是建立并执行保证外部支持协作和服务符合规定要求的管理程序和制度。以保证外部支持与协作方的产品满足标准要求，保证外部保障及服务符合有关标准和规范要求，进而确保监测工作质量不致由于外部协作而受到影响。

(12) 抱怨管理

抱怨是指委托方对监测工作提出的意见和质疑，是对监测工作的信息反馈，是不断改进实验室工作的重要动力和依据。抱怨管理的主要任务是建立处理来自委托方对监测工作提出的意见的工作程序和规定，并据此对与该抱怨涉及的范围和职责进行审核，采取适当措施予以更正和弥补，以切实履行承诺，保证工作质量和委托方权益。

为实现以上规范化管理内容，应建立相应的岗位责任制度和各项管理制度，以保证监测工作质量，科学、准确、高效地开展水质监测工作。

思 考 题

1. 简要叙述什么是水质监测质量保证？

2. 实验室质量控制包括哪两类？

3. 在监测工作中，为保证监测结果的质量，监测数据必须具有哪五方面的特性？

4. 为什么必须控制现场采样的工作质量？

5. 采集到的水样在放置期间，受哪些因素的影响？应如何保存？

6. 简述采集污水样的注意事项。

7. 工业废水采样点应如何设置？

8. 什么是准确度？什么是精密度？

9. 实验室通常使用的质量控制方法有哪些？

10. 质控图的作用是什么？

11. 试绘出单值质控图的基本组成图形，并表述图中各统计量的实际意义。

12. 什么是质量体系？

13. 质量体系文件包括哪些内容？

14. 实验室规范化管理包括哪几方面的内容？

十二、安全常识及工作要求

污水监测化验中大量使用易燃、易爆、腐蚀性及有毒的试剂，工作中时时都要接触水、火、电。因此，安全防护至关重要。本章介绍监测化验中的相关安全知识，促使工作人员时时将安全放在首要位置，经常保持警惕，消灭各种不安全的因素和隐患，并及时妥善地处理所发生和发现的各种意外事故，把损害减低到最小程度。

因此，首先需要从思想上重视安全工作，决不能麻痹大意。其次，在实验前应了解仪器的性能和药品的性质，以及本次实验中的安全注意事项。在实验过程中，应集中注意力，并严格遵守实验安全守则，以防意外事故的发生。第三，要学会一般救护措施。一旦发生意外事故，可进行及时处理。最后，对于实验室的废液，应了解一些处理的方法，以保持实验室环境的清洁，防止污染环境。

（一）常用化学危险品

1. 易燃易爆危险品

实验室内常使用易燃、易爆物质，实验过程中也经常产生易燃物，如果对此缺乏足够的认识，就会发生危险。

（1）下面这些物质彼此混合，特别容易引起火灾，应该加以警惕：

1）活性炭与硝酸铵。

2）沾染了强氧化剂（如氯酸钾）的衣服。

3）抹布与浓硫酸。

4）可燃性物质（木材、织物等）与浓硝酸。

5）有机物与液态氧。

6）硝酸铵或氯酸钾与有机物混合。

7）硅烷、烷基金属、白磷等与空气接触。

8）易燃性气体、液体与火种。

（2）下列物质可能发生爆炸：

1）高氯酸和还原剂或有机物反应。

2）高氯酸镁与强酸或有机物混合使用。

3）硝酸与锌、镁等活泼轻金属。

4）钠或钾遇水。

5）氯酸盐、高氯酸盐与浓硫酸。

6）硝酸盐与氯化亚锡。

7）亚硝酸盐与氰化钾。

8）硝酸钾与醋酸钠。

9）高锰酸钾与硫酸、甘油或有机物。

10）液态空气或液态氧与有机物。

11）点燃不纯的氢气。

另外，贮于钢瓶内的压缩气体和液化气体，在压力过高、受热、撞击等情况下可发生爆炸。

（3）为预防爆炸，应遵守以下规则：

1）在保证实验精确度的条件下，使用易爆试剂尽可能减至最小量。

2）严禁在火焰、电热器具或其他热源附近放置易燃易爆等危险品。易燃易爆物质不得直接在火上加热。蒸发、蒸馏或回流易燃易爆物品时，分析人员不得擅自离开，并加强通风。

3）及时销毁爆炸性物质的残渣，去掉危险源。销毁法：卤氮化合物用氨，叠氮化合物用酸化法，偶氮化合物可与水共同煮沸。

4）使空气中的粉尘量降低或混入惰性尘。

5）在不了解其化学性质的情况下，严禁任意混合化学物质。

严禁使用无标签试剂。

6）严格按照规程操作高压气体钢瓶。

2. 常用有毒化学品

凡以较小剂量作用于机体，能使细胞和组织发生生物化学或生物物理变化而引起机体产生功能性或器质性病变，使之受到暂时性或永久性损害，严重时可导致生命危险的化学物质均为化学毒物。

（1）化学毒物的中毒途径与特征

化学毒物常由呼吸道、消化道及皮肤侵入人体。

1）经呼吸系统进入人体

呼吸系统是毒物进入人体的主要途径。引起呼吸系统中毒的毒物主要是刺激性气体，如氯气、硫化氢、光气、二氧化硫、甲醛、氨气等。

急性中毒症状常有咽痛、咳嗽、胸闷、胸痛、气急乏力、恶心、呕吐等。腐蚀性较强的毒物如硫酸二甲酯、光气等可引起喉头水肿，乃至呼吸困难甚至窒息。

2）经消化系统进入人体

毒物经消化系统进入人体后，能引起血液、肝脏和肾脏系统病变，诱发细胞癌变。

3）经皮肤进入人体

毒物经皮肤进入人体后，可引起皮肤发痒、疼痛、湿疹、各种皮炎甚至皮肤癌等。

（2）实验室常用的化学毒物有以下几种：

1）氰化物

氰化钾、氰化钠等属剧毒品，进入人体 50 mg 即可致死，与皮肤接触经伤口进入人体即可引起严重中毒，这些氰化物与酸产生氢氰酸气体，易被人体吸收而中毒。使用氰化物时，应戴上口罩和橡皮手套，含有氰化物的废液，严禁倒入酸缸，应先加入硫酸亚铁使之转变为毒性较小的亚铁氰化物。

发生氰化物中毒后，应立即将中毒者移出毒区，脱去衣服，施行人工呼吸，还可以吸入含5%二氧化碳的氧气，随即立即送往医院。

2）汞及其化合物

汞可分为无机汞和有机汞两大类。无机汞主要有：Hg（金属汞），$HgCl_2$（升汞），Hg_2Cl_2（甘汞），$Hg(CNO)_2$（雷汞）和$Hg(NO_3)_2$（硝酸汞）等；有机汞主要有：烷基汞化合物（如氯化甲基汞、氯化乙基汞等），芳基汞化合物（如醋酸苯基汞等）和烷氧基汞化合物等。汞及其化合物都具有毒性或强毒性。一般有机汞的毒性高于无机汞。

实验中汞的污染主要来自于破损的含汞仪表如温度计、气压计、荧光灯和极谱分析中所用的汞电极及贮汞瓶。汞能逐渐贮积于体内，长期接触低浓度的汞蒸气，也有可能发生汞中毒。

误服汞盐或吸入高浓度的汞蒸气能引起急性中毒，中毒者可出现口中有金属味、流涎、恶心、呕吐，血性黏液大便，尿少且为血尿，严重者可出现脱水、休克、尿急、急性肾功能衰竭、高热、昏迷以至死亡。

要避免在敞开的容器内使用汞，贮汞瓶应用蒸馏水掩盖，以抑制汞的大量挥发。汞旁勿放置发热体，绝对不能在烘箱中烘汞。使用时要尽量避免汞洒出。凡贮存汞的容器以及涉及汞的操作，均应在搪瓷盘内进行，便于回收洒落的汞。用过的废汞应回收处理后继续使用。在废汞的表面覆盖10%的NaCl溶液并加盖密封，可防止汞蒸气的挥发。被汞污染的地面可直接用漂白粉及5%~10%的$FeCl_3$溶液冲洗。

急性汞中毒早期可用饱和碳酸氢钠溶液洗胃，或立即饮浓茶、牛奶，喝蛋清和蓖麻油，立即送医院救治。

3）砷及其化合物

砷和砷的化合物都有毒性，特别是有机胂化物，可引起肺癌和皮肤癌。

吸入大量砷化物蒸气会产生头痛、痉挛、昏迷等症状，因此操作含砷化合物时要做好防护，避免吸入口中和接触皮肤。

吸入砷化物蒸气的中毒者应立即离开现场，吸入新鲜空气或含5%二氧化碳的氧气，送医院救治。

4）氢氟酸

氢氟酸与氟化氢都具有剧毒、强腐蚀性，被其灼伤肌体，轻者剧痛，重者肌肉腐烂，如不及时抢救，就会造成死亡。因此，在使用氢氟酸时应特别小心，操作必须在通风橱内进行，戴上橡胶手套。

皮肤被氢氟酸灼伤时，立即用水冲洗，再用5%的碳酸氢钠溶液洗，最后用甘油和氧化镁（2:1）糊剂涂敷。

5）硫化氢

硫化氢是具有臭鸡蛋气味的有毒气体，能麻痹人的嗅觉，高浓度下能迅速致人死亡。使用硫化氢和用酸分解硫化物时，应在通风橱中进行。

（3）为预防中毒，应遵守以下规则：

1）严禁在实验室内饮食和吸烟，不准用实验器皿做饮食用具。

2）有机溶剂多属有毒物品，只要实验允许，应尽量选用毒性弱的溶剂。

3）使用和处理有毒或腐蚀性物质时，应在通风柜中进行或加气体吸收装置，并戴好防护用品。尽可能避免蒸气外逸，以防造成污染。室内散逸大量有毒气体时，应立即打开门窗加强换气。

4）称量药品时应使用工具，不得直接用手接触，尤其是毒品。任何药品不能品尝。实验后必须充分洗手，不要用热水洗涤。

5）检查物品的气味时，不得直接对着容器口猛吸，只能用手拂气轻嗅。

6）使用能经皮肤和黏膜入体的有毒物质或某些脂溶性毒物时，应戴橡皮手套，穿长袖衣衫。

7）沾有毒物的容器用后应立即清洗，有毒废液应作适当处理，不得随意倒入下水道或废液缸中。

（二）实验室安全常识

1. 防触电

（1）触电的预防

1）使用新电气设备时，应先熟悉操作方法及注意事项，不得盲目开机。凡仪器说明书要求接地或接零的设备，都应做好可靠的"保护接地"或"保安接零"，并应定期检查其完好性。有些仪器还应根据说明书的要求加装保险丝等保护设备。

2）不要在同一线路上接装过多的仪器设备，不得使电气设备超负荷运转。严禁使用裸线、残损的电闸和开关。电线接头应严密包裹绝缘胶布。

3）接通或切断380V以上电源时，必须佩戴胶皮绝缘手套。切不可用湿手去开启电闸和电器开关，漏电的设备严禁使用，以免触电。

4）仪器用毕后，除关闭电源外，还应拔下插头，以防长期带电损伤仪器造成触电。

5）使用搁置时间较长的仪器时，必须先做必要的检查，如有损伤应及时修理，不能勉强使用。

6）电气设备发生故障时，必须首先切断电源，请专业电工或维修人员修理。检修时应先熟悉其性能和使用方法，严格按操作规程进行操作。

7）室内电线或电气设备起火时，应先切断电源。若来不及断电，则应避免用水灭火。因为水能导电，带电的电线或电器设备漏电就会发生触电。

（2）触电的急救

正确、及时的急救对挽救触电者的生命至关重要。因此，实验室人员必须掌握触电急救的基本知识。

1）发生触电事故时，应迅速切断电源，使触电者尽快脱离电源。如不能作到，则应用干木棒、竹竿等非导电体使其尽快脱离电源。

2）若触电者有肌肉痉挛，紧握电线很难解脱，应设法使触电者离开地面，如自脚下插入干木板，用干布或衣物将其提起使与地面离开。触电发生在高处时，注意防止截断电源后摔伤触电者。

3）紧急救护应尽可能在现场立即进行，若现场对救护者及触电者都有危险，则应尽快将其移至安全地方进行急救。

4）如触电者为一度昏迷但尚未失去知觉，又无灼伤及外伤，应使其静卧，注意观察，对症处理。

5）如触电者已失去知觉但尚未停止呼吸和心跳，则应使其静卧在空气流通的平坦地方，松开衣带，进行必要的急救，并速请医生或送往医院抢救。

6）如触电者呼吸困难且逐渐变弱，或有断续抽搐症状，应立即施行人工呼吸。

2. 防火

（1）火灾的预防

引起着火的原因很多，如用敞口容器加热低沸点的溶剂，加热方法不正确等，均可引起着火。为了防止着火，实验中应注意以下几点：

1）实验室不得存放大量易燃、易挥发性物质。

2）不能用敞口容器加热和放置易燃、易挥发的化学药品。应根据实验要求和物质的特性，选择正确的加热方法。如对沸点低于80℃的液体，在蒸馏时，应采用水浴，不能直接加热。

3）尽量防止或减少易燃物气体的外逸。处理和使用易燃易爆品时，应远离明火，注意室内通风，及时将蒸气排出。

4）易燃、易挥发的废物，不得倒入废液缸和垃圾桶中，应专门回收处理。

5）有煤气的实验室，应经常检查管道和阀门是否漏气。

（2）灭火

一旦发生着火，应沉着镇静，及时采取正确措施，控制事故的扩大。首先应立即切断电源，移走易燃物。然后根据易燃物的性质和火势采取适当的方法进行扑救。

常用灭火器有二氧化碳、四氯化碳、干粉及泡沫等灭火器。

1）干粉灭火器。目前实验室中常用的是干粉灭火器。使用时，拔出销钉，将出口对准着火点，将上手柄压下，干粉即可喷出。

2）二氧化碳灭火器。灭火器内存放着压缩的二氧化碳气体，适用于油脂、电器及较贵重的仪器着火时使用。

3）虽然四氯化碳和泡沫灭火器都具有较好的灭火性能，但四氯化碳在高温下能生成剧毒的光气，而且与金属钠接触会发生爆炸。泡沫灭火器会喷出大量的泡沫而造成严重污染，给后处理带来麻烦。因此，这两种灭火器一般不用。

不管采用哪一种灭火器，都是从火的周围开始向中心扑灭。

不同物品着火的灭火方法：

1）配电盘、电气设备或电线着火，先用四氯化碳灭火器灭火，切断电源后才能用水扑救。未切断电源前，严禁用水或泡沫灭火器灭火。

2）提纯、回收易燃试剂，或回流萃取时，如因冷凝效果不好，造成在冷凝器顶部着火应首先切断加热源再行扑救，绝不能用堵塞冷凝器的方法处理，以免发生爆炸引起大火。

3）敞口器皿（如油浴、蒸发皿等）中发生燃烧时，应即切断热源设法严盖器皿（最好使用石棉布）隔绝空气熄灭火焰。

4）与水发生猛烈作用的物质（如金属钾、金属钠、五氧化二磷、过氧化钾、过氧化钠、浓硫酸等）失火时，不能用水灭火。这类物质小范围燃烧时，可用防火砂覆盖。

5）溶于水或稍溶于水的易燃及可燃物质，如醇、醚、酯、酮等类物质失火，数量不大时可用雾状水、化学泡沫、皂化泡沫、二氧化碳或干粉灭火器灭火，其中皂化泡沫灭火器最有效。

6）不溶于水，密度小于水的易燃及可燃物质，如石油烃类化合物及苯等芳香族化合物着火时，不得用水灭火，可用化学泡沫灭火器灭火。火势不大时可用二氧化碳或化学干粉灭火器灭火。

7) 不溶于水，密度大于水的易燃及可燃液体，如二硫化碳等引起的燃烧，可用水扑救，水能在液面上将空气隔绝，也可用防火砂、二氧化碳泡沫灭火器灭火，不得用四氯化碳灭火剂。

8) 地面或桌面着火时，还可用砂子扑救，但容器内着火不宜使用砂子扑救。

9) 身上着火时，应就近在地上打滚（速度不要太快）将火焰扑灭。千万不要在实验室内乱跑，以免造成更大的火灾。

10) 扑救产生有毒蒸气的火情时（如甲醇、苯、氯仿、二硫化碳等物质着火），要特别注意防毒。

3. 高压钢瓶的使用

在化学实验中，经常要使用一些气体，例如氧气、氮气、氢气等。为了便于使用、贮存和运输，通过将这些气体压缩成压缩气体或液化气体，灌入耐压钢瓶内。使用钢瓶的主要危险是当钢瓶受到撞击或受热时可能发生爆炸。另外还有一些气体具有剧毒，一旦泄漏后果严重。所以在实验中，必须正确安全地使用各种钢瓶。

（1）压缩气体和液化气体

1) 特性

（A）贮于钢瓶内的各种气体性质各异，有些成液态，有的仍为气态。

（B）装贮的压缩气体和液化气体有的具有易燃、易爆、助燃或剧毒特性。

（C）贮气钢瓶内压力较高，在受热、撞击等情况下可使钢瓶爆炸。

（D）氧气瓶严禁与油脂接触，以防起火或爆炸。如果钢瓶沾有油脂，应立即用四氯化碳擦去。

（E）有些气体，如氯、乙炔等，比空气重，泄漏后往往沉积于地面低洼处不易挥散，增加了危险性。

2）分类

根据压缩气体和液化气体的性质，可分为四类。

（A）剧毒气体：这类气体毒性极强，吸入后能使人中毒甚至死亡。有些剧毒气体还是可燃的，如氯气、光气、二氧化硫、氰化氢等。

（B）易燃气体：此类气体极易燃烧，与空气混合能形成爆炸性混合物，如氢、一氧化碳、乙炔、石油气等，其中有些还有毒性。

（C）助燃气体：如氧、压缩空气、一氧化二氮等。

（D）不燃气体：如氩和窒息性气体氮与二氧化碳等。

（2）高压钢瓶的标记

不同类型气体钢瓶，其外表漆的颜色、标记的颜色等有统一规定。我国钢瓶常用的标记见表12-1。

高压钢瓶的标记　　　　　　　　　　　　　表 12-1

气体钢瓶名称	外表颜色	字体颜色	字　样	性质	钢瓶内气体状态
氧　　气	天蓝	黑	氧	助燃	压缩气体
压缩空气	黑	白	压缩空气	助燃	压缩气体
氯　　气	草绿	白	氯	助燃	液　态
氢　　气	深绿	红	氢	易燃	压缩气体
乙　　炔	白	红	乙炔	易燃	乙炔溶解在活性丙酮中
石油液化气	灰	红	石油液化气	易燃	液　态
氮　　气	黑	黄	氮气	不可燃	压缩气体
二氧化碳	黑	黄	二氧化碳	不可燃	液　态
氩　　气	灰	绿	氩	不可燃	压缩气体

（3）高压钢瓶的使用注意事项

1）高压气瓶应分类保管，远离热源，避免严寒冷冻，不得曝晒和强烈振动。

2）使用中的高压气瓶应固定牢靠，减压器应专用，安装时要紧固螺口，不得漏气。

3）开启高压气瓶时应在接口的侧面操作，避免气流直冲人体。操作时严禁敲击阀门。如有漏气，立即修好。不得对在用气瓶进行挖补修焊。

4）瓶内气体不得用尽。永久性气体气瓶的残压应不小于0.05MPa，液化气体气瓶应保留不少于0.5%～1.0%规定充装量的余气。

5）气瓶应定期进行检验。装贮腐蚀性气体的气瓶，每两年检验一次。盛装一般气体的气瓶，每三年检验一次。装贮惰性气体的气瓶，每五年检验一次。液化石油气瓶使用未超过20年的，每五年检验一次；超过20年的，每两年检验一次。库存和停用时间超过一个检验周期的气瓶，启用前应进行检验。在用气瓶如发现有严重腐蚀、损伤，或对其安全可靠性有怀疑时，应提前进行检验。

6）在可能造成回流的情况下使用时，所用设备必须配置防止倒灌的装置，如单向阀、止回阀、缓冲罐等。

4. 紧急事故的处理

（1）创伤：伤处不能用手抚摸，也不能用水洗涤。若是玻璃创伤，应先把碎玻璃从伤处挑出，轻伤可涂以红汞、碘酒，必要时撒些消炎粉或敷消炎膏，用绷带包扎。

（2）烫伤：切勿用冷水洗涤伤处。伤处皮肤未破时，可涂擦饱和碳酸氢钠溶液或用碳酸氢钠粉调成糊状敷于伤处，也可抹烫伤膏；如果伤处皮肤已破，可涂10%高锰酸钾溶液。如伤势较重，可在烫伤处涂万花油并用油纱绷带包扎。

（3）强酸腐蚀伤：先用大量水冲洗，再用饱和碳酸氢钠溶液（或稀氨水、肥皂水）洗，最后再用水冲洗。如果酸液溅入眼内，迅速用大量水冲洗后，送医院诊治。

（4）碱腐蚀伤：先用大量水冲洗，再用2%醋酸溶液或饱和硼酸溶液洗，最后用水冲洗。如果碱液溅入眼中，用硼酸溶液洗。

（5）吸入刺激性或有毒气体：吸入氯气、氯化氢气体时，可吸入少量酒精和乙醚的混合蒸气使之解毒。吸入硫化氢或一氧化碳气体而感到不适时，应立即到室外呼吸新鲜空气，但应注意氯气、溴中毒不可进行人工呼吸，一氧化碳中毒不可施用兴奋剂。

（6）毒物进入口内：将 5～10mL 稀硫酸铜溶液加入一杯温水中，内服后，用手指入咽喉部，促使呕吐，吐出毒物，然后立即送医院。

（7）触电：首先切断电源，然后在必要时进行人工呼吸。

（8）起火：起火后，要立即边灭火，边防止火势蔓延（如采取切断电源，移走易燃药品等措施）。灭火要针对起因选用合适的方法，一般的小火可用湿布、石棉布或砂子覆盖燃烧物，即可灭火；火势大时可使用泡沫灭火器。但电器设备所引起的火灾，只能使用二氧化碳或四氯化碳灭火器。

（9）重伤：对于意外事故中伤势较重者，应立即送医院救治。

5. 实验室废液的处理

实验中经常会产生某些有毒的气体、液体和固体，需要及时排弃，特别是某些剧毒物质，如果直接排出可能污染周围空气和水源，污染环境，损害人体健康。因此，对废液和废气、废渣要经过一定的处理后，才能排弃。

产生少量有毒气体的实验应在通风橱中进行，通过排风设备将少量毒气排到室外（使排出气在外面大量空气中稀释），以免污染室内空气。产生有毒气体量大的实验都必须备有吸收或处理装置，如二氧化氮、二氧化硫、氯气、硫化氢、氟化氢等可用导管通入碱液中，使其大部分吸收后排出。一氧化碳可点燃转成二氧化碳。

废液是实验室中产生最多的有害物质，下面主要介绍常见废液的处理方法。

（1）废酸液应专门收集于废酸缸中。可先用耐酸塑料网纱或玻璃纤维过滤，滤液中加碱中和，调 pH 至 6～8 即可排出。

（2）氰化物是剧毒物质，含氰废液必须认真处理。少量的含氰废液可先加氢氧化钠调 pH 至 8～10，再加入几克高锰酸钾使 CN^- 氧化分解。大量的含氰废液可用碱性氯化法处理：先用碱调至 pH > 10，再加入漂白粉，使 CN^- 氧化成氰酸盐，并进一步分解为二氧化碳和氮气。

（3）含汞盐废液应先调 pH 至 8～10 后，加适当过量的硫化钠，生成硫化汞沉淀，再加硫酸亚铁生成硫化亚铁沉淀，从而吸附硫化汞沉淀下来。静置后分离，再离心，过滤，清液含汞量可降到 0.02mg/L 以下，之后排放。少量残渣可埋于地下，大量残渣可用焙烧法回收汞，但一定要在通风橱内进行。

（4）含重金属离子的废液，最有效和最经济的处理方法是加碱或硫化钠把重金属离子变成难溶性的氢氧化物或硫化物沉淀，过滤分离；少量残渣可埋于地下。

（三）安全工作要求和规章制度

1. 样品采集及运输安全规则

（1）采样的安全规则

1）采样人员必须身体健康，有突发性疾病史的人员不得参与采样。采样车上应配备必要的安全用具，如安全绳、防毒面具、救生圈、救生衣、安全帽等。

2）在具有腐蚀性、有毒的排污口或水域采样时，必须佩戴防毒面具或口罩，穿好防护服，防止有害物质通过呼吸系统或皮肤进入体内。

3）需要到污水井下采样或进行其他作业时，必须首先检测井内气体对人体是否有危害性，确定无害后方可下井，并佩戴好各种防护用具，系好安全绳，井口须有专人监护。

4）在污水井口采样作业时，严禁吸烟，防止井内可燃气体燃烧爆炸酿成灾祸。

5）在河坡两侧采样时，穿好防滑鞋，冬季有冰季节在河坡采样要系好安全绳。

6）在车流较大的干道污水井内采样时，要在距采样口安全距离处设置明显标志，引导过往车辆绕行，防止发生交通事故。

7）采集可能含传染病菌的污水样品时，要穿戴好防护服，采集完后对样品瓶外壁消毒并妥善保存，防止病原扩散。

8）在河渠中采样时，如水浅需涉水采样时，不得赤身下水，必须穿好防水裤，系好安全绳。并要十分谨慎，防止陷入淤泥、暗坑中或发生其他事故。水深需划船采样时，船上必须有熟悉水性的人员，并用软绳在河两岸固定小船，船上须有专人拉绳做好防护。

（2）样品保存及运输的安全措施

1）利用酸或碱来保存水样时，应戴手套和保护镜，穿实验服，小心操作，避免烟雾吸入或直接与皮肤接触。

2）酸碱保存剂在运输期间应妥善保存，防止溢出。溢出部分应立即用大量的水冲洗稀释，或用化学物质中和。

2. 样品管理制度

（1）采样前应详细制定采样计划，使采样与实验室检测紧密衔接，保证样品采集的数量与质量。

（2）采样人员应熟悉样品采集的程序与规定，注意样品容器的某些特殊要求，严格按采样技术规范进行，认真记录现场的环境参数及采样情况。

（3）现场需加固定剂处理的样品，需注明处理方法及注意事项。运输途中应避免样品损失、沾污、变质及互相混淆，应尽快送交实验室，必要时冷藏保存。

（4）实验室应有专人验收样品，并进行登记，如发现采样及样品交接单填写不符合要求时可拒收样品，并上报有关领导。

（5）样品验收登记后应妥善保存，并在规定时间内尽快测定。

（6）固体样品采集后不得曝晒或高温烘干，需自然风干，风干后的样品再按照规程进一步处理。

（7）采样记录、样品交接单、登记表以及现场检测的原始记录应填写规范，整齐清晰，并与实验室检测记录汇总保存。

3. 实验室安全规则

（1）新参加工作的化验员进入实验室前，应首先查看灭火设施的存放位置及熟悉应急通道，学会消防器材的使用方法。

（2）严禁在实验室内饮食或把食具带进实验室，决不允许在实验室内抽烟。

（3）有刺激性气味或能生成有毒气体的实验须在通风橱中进行。嗅闻气体时，不要俯向容器去嗅放出的气味，应面部远离容器，用手把逸出容器的气流慢慢地扇向自己的鼻端。

（4）用指定的药匙或容器取用药品，不允许用手接触药品，严禁品尝药品。

（5）不允许随便将各种药品混合，以免发生意外事故。实验严格按操作规程进行，研究性实验要在技术人员指导下进行。

（6）配备必要的护目镜。倾注药剂或加热液体时，容易溅出，不要俯视容器。尤其是浓酸、浓碱具有强腐蚀性，切勿使其溅在皮肤或衣服上，眼睛更应注意防护。稀释它们时（特别是浓硫酸），应将它们慢慢倒入水中，而不能相反进行，以避免迸溅。

（7）使用三氯甲烷、石油醚、苯等有机试剂时，要远离火源或热源，使用完后要盖紧瓶塞，存放于阴凉处。

（8）实验室内所有药品不得带出室外，剧毒试剂（如三氧化二砷、氰化物）严格遵守领用制度，剩余的废液不得随便倒入下水道，应倒入废液缸或指定的容器里，交专业部门处理。

（9）使用电器设备时，应特别细心，切不可用湿手去开启电闸或电器开关，漏电的设备严禁使用。

（10）实验室发生意外安全事故时，应迅速切断电源或气源、火源，立即采取有效措施并上报主管领导。

（11）装有煤气管道的实验室，应注意经常检查管道和开关的严密性。入室工作应先打开门窗通风换气。

（12）下班前要检查水、电、气、门、窗等，避免因疏忽酿成事故。

4. 仪器设备使用管理制度

（1）精密仪器应有专人保管，逐一登记，建立档案，档案应包括：使用说明书、调试及验收记录、维修保养记录、检定校准记录、零配件清单以及使用情况登记记录等。

（2）应按照说明书中要求的温度、湿度等条件使用保管仪器，以免使仪器的光学及电子部件受损。

（3）精密仪器的安装、调试及保养、维修应严格按说明书及操作规程进行，操作人员应经考核合格后方能上机操作。

（4）使用仪器前，应先检查仪器是否正常，如有问题应查明原因，排除故障后方可开机运行，不得使仪器带病运行。

（5）仪器使用完毕，应使其恢复到所要求状态，切断电源，盖好防尘罩。仪器要保持清洁。

（6）计量仪器要定期检定、校准，以保证实验结果的准确性。

（7）每次使用仪器都要做好记录，包括仪器状态、开关机时间、工作内容、操作人等。

5. 化学试剂使用管理制度

（1）实验室内使用的化学试剂应有专人保管，分类存放（如酸碱试剂必须分开存放），并定期检查。易燃易爆物品必须专库储存、专车运输，易燃物品应与氧、氯、氧化剂等分别贮存。

（2）实验室内正在使用的易燃易爆品要放在阴凉通风处，严格管理，遵守使用规定。

（3）剧毒试剂应放在毒品库内，有条件的要设置报警装置。使用时要有审批手续，施行"双人保管、双人收发、双人领料、双锁、双账"的"五双"保管制度。

（4）氧化剂贮存时，应将无机氧化剂与有机氧化剂分别保存，不应与亚硝酸盐、次氯酸盐、亚氯酸盐混贮。取用化学试剂的器皿应洁净、干燥，取出的化学试剂不能倒回试剂瓶，以免沾污试剂。

（5）化学试剂必须轻拿轻放，严禁摔、滚、翻、掷、抛、拖拽、摩擦或撞击，以防引起爆炸或燃烧。

（6）取用挥发性强的试剂需在通风橱内进行，使用挥发性强的有机试剂时要远离明火，决不能用明火加热。

（7）配制各种溶液时必须严格遵守操作规程，配完后立即贴上标签，以免用错试剂，不得使用过期试剂。

思 考 题

1. 如何预防触电？
2. 简述不同物品着火的灭火方法。
3. 熟悉高压钢瓶的标记。
4. 高压钢瓶的使用注意事项有哪些？
5. 采样时的安全要求有哪些？

参 考 文 献

1 肖新亮，古风才，赵桂英编．实用分析化学．天津：天津大学出版社，2000

2 时红，孙新忠，范建华，张永波编著．水质分析方法与技术．北京：地震出版社，2001

3 沈君朴主编．实验无机化学．第2版．天津：天津大学出版社，2003

4 谭志琼主编．水化学与水微生物学．北京：中国建筑工业出版社，1993

5 中国环境监测总站《环境水质监测质量保证手册》编写组编．环境水质监测质量保证手册．第2版．北京：化学工业出版社，1994

6 国家环境保护总局《水和废水监测分析方法》编委会编．水和废水监测分析方法．第4版．北京：中国环境科学出版社，2002

7 何燧源主编．环境污染物分析监测．北京：化学工业出版社，2001

8 李青山，李怡庭主编．水环境监测实用手册．北京：中国水利水电出版社，2003

9 韦进宝，钱沙华编著．环境分析化学．北京：化学工业出版社环境科学与工程出版中心，2002

10 徐琰，何占航主编．无机化学实验．郑州：郑州大学出版社，2002

11 徐勉懿，方国春，潘祖亭，张正信编著．无机及分析化学实验．武汉：武汉大学出版社，1991

12 华中师范大学，陕西师范大学，东北师范大学编．分析化学下册．第3版．北京：高等教育出版社，2001

13 华中师范大学，东北师范大学，陕西师范大学，北京师范大学编．分析化学实验．第3版．高等教育出版社，2001

14 吴忠标主编．吴祖成，沈学优，官宝红副主编．环境监测．北京：化学工业出版社，2003

15 邓桂春，臧树良编著．环境分析与监测．辽宁大学出版社，2001

16 龚淑华主编．陈实，毛新华副主编．无机及分析化学．广州：华南理

　　工大学出版社，2002

17　张尧旺主编．吴青副主编．水质监测与评价．黄河水利出版社，2002

18　国家质量技术监督局认证与实验室管理评审司编．计量认证/审查认可评审准则宣贯指南．北京：中国计量出版社，2001